Maaß/Hünersen/Fritzsche
Stahltrapezprofile

VOGEL, WAGNER und PARTNER GbR
Ingenieurbüro für Baustatik
Tel. 07 21 / 2 02 36, Fax 2 48 90
Postfach 11 14 52, 76064 Karlsruhe
Leopoldstr. 1, 76133 Karlsruhe

# Stahltrapezprofile

**Berechnung und Konstruktion
nach DIN 18800 und DIN 18807**

Dipl.-Ing. Günther Maaß
Prof. Dr.-Ing. habil. Gottfried Hünersen
Dr. sc. techn. Ehler Fritzsche

2., neubearbeitete Auflage 2000

**Werner Verlag**

1. Auflage 1985
2. Auflage 2000

Die Deutsche Bibliothek – CIP-Einheitsaufnahme

**Maaß, Günther:**
Stahltrapezprofile: Berechnung und Konstruktion nach DIN 18 800 und DIN 18 807 / Günther Maaß ; Gottfried Hünersen ; Ehler Fritzsche. –
2. Aufl. – Düsseldorf : Werner, 2000
ISBN 3-8041-2699-5

© Werner Verlag GmbH & Co. KG · Düsseldorf · 2000
Printed in Germany

Alle Rechte, auch das der Übersetzung, vorbehalten.
Ohne ausdrückliche Genehmigung des Verlages ist es auch nicht gestattet,
dieses Buch oder Teile daraus auf fotomechanischem Wege
(Fotokopie, Mikrokopie) zu vervielfältigen sowie die Einspeicherung
und Verarbeitung in elektronischen Systemen vorzunehmen.
Zahlenangaben ohne Gewähr.
Satz: Graphische Werkstätten Lehne GmbH, Grevenbroich
Druck und Verarbeitung: Verlagsdruckerei Schmidt GmbH, Neustadt an der Aisch
Archiv-Nr.: 708/2-9.2000
Bestell-Nr.: 3-8041-2699-5

# Vorwort zur 2. Auflage

Die Darstellung der konstruktiven Durchbildung und das Vorgehen bei der statischen Nachweisführung für Dächer, Wände und Decken bei Verwendung von Stahltrapezprofil-Tafeln als hauptsächlich tragendes Element sind auch in der 2. Auflage des Buches Hauptanliegen der Autoren.

In den 14 Jahren seit dem Erscheinen der 1. Auflage hat sich die DIN 18 807 „Trapezprofile im Stahlbau, Stahltrapezprofile" in der Praxis bewährt. Ebenfalls bewährt hat sich der Umgang mit den von den Profilherstellern für die einzelnen Profile erarbeiteten und von den zuständigen Bauaufsichtsämtern geprüften Typenentwürfen.

Als Schwierigkeit hat sich allerdings erwiesen, daß die DIN 18 807 bei den Berechnungsansätzen zwar auf Tragfähigkeitswerte bezogen ist, aber das später in der DIN 18 800 festgelegte Bemessungskonzept nach Grenzzuständen noch nicht berücksichtigt werden konnte. Die vorhandene Diskrepanz wurde mit der Veröffentlichung der „Anpassungsrichtlinie Stahlbau" des DIBt vom Mai 1996 beseitigt.

In den Abschnitten 3, 4 und 5 werden die Auswirkungen auf die Bemessungsgrundlagen und auf die Nachweisführung von Stahltrapezprofilen dargestellt.

Gegenüber der 1. Auflage sind die zu beachtenden bauphysikalischen Grundlagen ausführlicher berücksichtigt. Auch der konstruktiven Gestaltung, den Hinweisen auf die Bauausführung und einigen Sonderkonstruktionen ist mehr Platz eingeräumt worden. Dafür sind im Anhang die Schubfeldtafeln weggelassen worden.

Aus beruflichen Gründen stand Herr Dipl.-Ing. G. Maaß für die Arbeit an der 2. Auflage nicht mehr zur Verfügung. Um die Neubearbeitung zu erreichen und die vorhandene Lücke im Verlagsangebot zu schließen, hat der Werner Verlag die beiden nachgenannten Verfasser verpflichtet.

Zu danken ist Frau Astrid Haase und Herrn Berthold Fritzsche für die Erledigung der umfangreichen Zeichenarbeit und für die Textaufbereitung. Dem Werner Verlag danken die Verfasser für das entgegengebrachte Vertrauen und die traditionell gute Zusammenarbeit.

Leipzig, im August 2000                                                              Gottfried Hünersen
                                                                                                                        Ehler Fritzsche

# Inhaltsverzeichnis

| | | |
|---|---|---|
| **1** | **Beschreibung der Anwendungsvoraussetzungen und der Einsatzmöglichkeiten** | 1 |
| | 1.1 Geschichtliches | 1 |
| | 1.2 Ausgangsmaterial | 2 |
| | 1.3 Herstellung und Anwendung der Stahltrapezprofil- und Stahlkassetten-profil-Tafeln | 6 |
| | 1.4 Herstellung und Anwendung der Stahl-PUR-Sandwichelemente | 8 |
| | 1.5 Bezeichnungen und Begriffe | 9 |
| | 1.5.1 Dächer und Wände | 9 |
| | 1.5.2 Decke und Verbund | 11 |
| | 1.5.3 Elemente und Verbindungen | 12 |
| **2** | **Bauphysikalische Grundlagen und Sicherheitsmaßnahmen** | 17 |
| | 2.1 Wärmeschutz | 17 |
| | 2.2 Feuchteschutz | 20 |
| | 2.3 Schallschutz | 28 |
| | 2.4 Baulicher Brandschutz | 34 |
| | 2.4.1 Forderungen der Bauaufsicht | 34 |
| | 2.4.2 Einordnung von Stahltrapezprofil-Tafeln nach DIN 4102-4 | 36 |
| | 2.4.3 Brandschutz bei Dächern | 36 |
| | 2.4.4 Brandschutz bei Decken | 42 |
| | 2.4.5 Brandschutz bei Wänden | 44 |
| | 2.4.6 Brandschutz bei Sandwichkonstruktionen | 45 |
| | 2.5 Blitzschutz | 46 |
| | 2.6 Korrosionsschutz | 47 |
| **3** | **Bemessungsgrundlagen** | 50 |
| | 3.1 Begriffe und Formelzeichen | 50 |
| | 3.1.1 Einwirkungen und deren Größen | 50 |
| | 3.1.2 Widerstände und deren Größen | 50 |
| | 3.1.3 Bemessungswerte | 50 |
| | 3.1.4 Charakteristische Werte | 51 |
| | 3.1.5 Teilsicherheitsbeiwerte | 51 |
| | 3.1.6 Kombinationsbeiwerte | 51 |
| | 3.1.7 Beanspruchungen, Grenzzustände und Beanspruchbarkeiten | 52 |
| | 3.1.8 Formelzeichen | 52 |
| | 3.2 Nachweise, Nachweisverfahren | 54 |
| | 3.3 Auswirkungen des neuen Bemessungskonzeptes | 57 |
| **4** | **Tragverhalten und Bemessung** | 59 |
| | 4.1 Wirkungen der Profilierung, Systemwahl | 59 |
| | 4.2 Einflüsse auf die Profilwahl | 60 |
| | 4.3 Zu beachtende Besonderheiten bei den Einwirkungen | 62 |
| | 4.4 Durchbiegungsbegrenzung | 64 |
| | 4.5 Schubfelder | 64 |
| **5** | **Nachweisführungen und Rechenbeispiele** | 66 |
| | 5.1 Nachweisführung für Querbelastung | 66 |

5.1.1 Nachweisschema für Tragsicherheit und Gebrauchstauglichkeit von STP-Tafeln nach geprüftem Typenentwurf bei Beanspruchung auf Biegung und Biegung mit Normalkraft ............................. 67
5.1.2 Rechenbeispiele ............................................. 69
5.2 Nachweisführung für STP-Tafeln bei kombinierter Beanspruchung – Drehbettung ................................................ 75
5.2.1 Nachweisschema für Träger, die durch STP-Tafeln stabilisiert werden – einachsige Biegung ohne Normalkraft ............................. 76
5.2.2 Rechenbeispiele ............................................. 81
5.3 Nachweisführung für STP-Tafeln bei kombinierter Beanspruchung – Schubfeld ................................................... 87
5.3.1 Nachweisschema für STP-Tafeln als Schubfeld in Dächern ............. 88
5.3.2 Rechenbeispiel STP-Tragscheibe als Hallendach .................... 90
5.4 Weitere Hilfsmittel für die Bemessung ............................ 96

# 6 Verbindungen und Verbindungselemente ................................ 97
6.1 Verbindungselemente – Typen und Anwendung ...................... 97
6.1.1 Blindniete ................................................... 99
6.1.2 Schrauben .................................................. 100
6.1.3 Setzbolzen .................................................. 100
6.1.4 Schweißverbindungen ......................................... 101
6.2 Anforderungen an die Unterkonstruktion als Auflager für STP-Tafeln ..... 101
6.3 Verbindungen der STP-Tafeln an Längs- und Querrand ................ 104
6.4 Einbinden von Öffnungen in Verlegeflächen ........................ 107
6.5 Beanspruchungsarten und Nachweisführung für Verbindungselemente .... 109
6.6 Versagensarten von Verbindungen ................................ 112
6.7 Verbindungselemente und erforderliche Werkzeuge .................. 115

# 7 Konstruktive Gestaltung von Gebäudehüllen und Decken unter Verwendung von Stahlblechprofiltafeln ................................ 117
7.1 Dachkonstruktionen ........................................... 117
7.1.1 Kaltdach – einschalig, ungedämmt ............................... 119
7.1.2 Warmdach – einschalig, Wärmedämmung innen ..................... 120
7.1.3 Warmdach – einschalig, Wärmedämmung außen ..................... 120
7.1.4 Warmdach – doppelschalig, Wärmedämmung ....................... 121
7.1.5 Warmdach – doppelschalig, Wärmedämmung und Hinterlüftung (Kaltdachprinzip) ............................................. 127
7.2 Wandkonstruktionen ........................................... 128
7.2.1 Wandkonstruktion – einschalig, ungedämmt ........................ 128
7.2.2 Wandkonstruktion – einschalig, wärmegedämmt ..................... 128
7.2.3 Wandkonstruktion – doppelschalig, wärmegedämmt .................. 131
7.3 Konstruktive Besonderheiten bei Dach und Wand .................... 132
7.3.1 Auswechselungen ............................................ 132
7.3.2 Einfassungen von großen Dachöffnungen .......................... 132
7.3.3 Zusammenbau verschiedener Metalle ............................. 132
7.4 Stahl-PUR-Sandwichelemente für Dach und Wand ................... 133
7.4.1 Vorbemessung für SPS-Elemente ohne bauaufsichtliche Prüfung und Genehmigung (Hoesch-isorock) .................................. 136
7.4.2 Bemessung für SPS-Elemente mit bauaufsichtlicher Prüfung und Genehmigung (Hoesch-isodach) .................................. 138
7.5 Deckenkonstruktionen mit Stahlblechprofiltafeln an der Unterseite ....... 143

|  |  |  |
|---|---|---|
| 7.5.1 | Besonderheiten der Stahltrapezprofil-Decken ohne Verbund mit Beton | 143 |
| 7.5.2 | Stahlblechprofil-Betonverbunddecken | 145 |
| 7.6 | Allgemeine Bemerkung zu den Konstruktionsbeispielen | 156 |

## 8 Hinweise für die Bauausführung .................................... 157

|  |  |  |
|---|---|---|
| 8.1 | Transport | 157 |
| 8.2 | Abladen und Lagern | 157 |
| 8.3 | Kontrollen vor der Verlegung | 158 |
| 8.4 | Voraussetzungen zur Verlegung | 159 |
| 8.5 | Verlegevorgang | 162 |
| 8.6 | Abnahme nach der Verlegung | 163 |
| 8.7 | Regeln für die Sicherheit und den Gesundheitsschutz | 163 |

## 9 Sonderkonstruktionen ............................................ 165

|  |  |  |
|---|---|---|
| 9.1 | Stahltrapezprofile als Stege zwischen Holzgurten | 165 |
| 9.1.1 | Form der Träger | 165 |
| 9.1.2 | Herstellung der Träger | 166 |
| 9.1.3 | Anwendung der Träger | 167 |
| 9.1.4 | Berechnung von Holzträgern mit Stahlkern | 168 |
| 9.2 | Stahltrapezprofile als Bogendächer | 169 |
| 9.2.1 | Form der Dächer | 169 |
| 9.2.2 | Konstruktion der Dächer | 172 |
| 9.3 | Metalldachdeckung – Stehfalzsystem | 174 |

## 10 Anhang ........................................................ 176

|  |  |  |
|---|---|---|
| 10.1 | Verzeichnis der Hersteller und Lieferfirmen | 176 |
| 10.1.1 | Stahltrapezprofile | 179 |
| 10.1.2 | Stahlkassettenprofile | 190 |
| 10.1.3 | Stahl-PUR-Sandwichelemente | 195 |
| 10.2 | Tafel für [PE-Profile, parallelflanschig | 205 |
| 10.3 | Verbindungselemente (Auswahl von Tafeln) | 206 |
| 10.4 | Wortlaut der Anpassungsrichtlinie Stahlbau | 229 |
| 10.4.1 | Hinweise zum Text der Anpassungsrichtlinie | 233 |
| 10.5 | Typenblätter (Auswahl) | 235 |
| 10.6 | Verzeichnisse | 246 |
| 10.6.1 | Normen und Richtlinien | 246 |
| 10.6.2 | Zulassungen (Auswahl) | 247 |
| 10.6.3 | IFBS-Veröffentlichungen und technische Informationen | 247 |
| 10.6.4 | Zeitschriften-Artikel: Anwendung, Konstruktion | 249 |
| 10.6.5 | Zeitschriften-Artikel: Forschung, Entwicklung | 250 |
| 10.6.6 | Zeitschriften-Artikel: Nachweisführung | 252 |
| 10.6.7 | Monographien | 254 |

**Stichwortverzeichnis** .................................................. 256

# 1 Beschreibung der Anwendungsvoraussetzungen und der Einsatzmöglichkeiten

## 1.1 Geschichtliches

Die Herstellung und Verwendung leichter Hüllelemente für Gebäude aus in Längsrichtung kontinuierlichem, kaltprofiliertem Stahlblech (Feinblech) begann in Deutschland etwa 1960. Voraussetzung für die Produktion in hoher Qualität war die Anwendung eines Korrosionsschutzverfahrens, welches, vor dem Umformungsprozess ausgeführt, auch nach dem Kaltwalzen auf dem dünnen Blech eine unversehrte Schutzschicht garantierte.

Das modifizierte Sendzimir-Verfahren konnte als kontinuierliches Feuerverzinken auch für Kaltwalzradien wenig größer als die Blechdicke volle Wirksamkeit gewährleisten.

Eine weitere Voraussetzung für qualitätsgerechte Produktion waren leistungsfähige Breitband-Kaltwalzstraßen, deren Walzensätze vielgestaltige, genaue Profilierung gestattete.

Diese Voraussetzungen nutzend und darauf aufbauend, ist in den vergangenen 40 Jahren die technologische Entwicklung der Erzeugnisse sehr schnell vorangekommen.

Die Palette der Erzeugnisse reicht heute von den Stahltrapezprofilen über die Stahlkassettenprofile für Dach und Wand bis zu den Schwalbenschwanzprofilen für Decken des Stahlverbundbaues. Aber auch Wellbleche mit langer Tradition und früher handwerklich hergestellte Stehfalzprofile haben ihre Anwendungsgebiete.

Erzeugnisse mit besonders hohem Vorfertigungsgrad sind die erst seit 30 Jahren hergestellten Stahl-PUR-Sandwichelemente.

Bei Wirtschaftsbauten (Industriehallen, Lagerhallen, Großmärkte) und bei Gesellschaftsbauten (Sporthallen, Ausstellungshallen) sind 60 % bis 70 % der raumabschließenden Bauteile kaltprofilierte Tafeln kleiner Breite und großer Länge.

Großen Anteil am wirtschaftlichen Erfolg dieser Leichtbauweisen haben neben der Industrie und den Industrieverbänden auch viele Entwicklungs- und Forschungseinrichtungen an den Hochschulen, Instituten, Gesellschaften und Ämtern.

Alle haben wesentlich zur Verbreitung des Kenntnisstandes über Herstellung, Bemessung, Konstruktion und Nutzung beigetragen. Besonders hilfreich für das Bauen mit leichten, kaltgeformten Stahlelementen hat sich die Informationstätigkeit des Industrieverbandes zur Förderung des Bauens mit Stahlblech e. V. (IFBS) ausgewirkt.

Für die Stahltrapezprofil-Tafeln hat mit der Herausgabe und Einführung der Normen DIN 18 807 Teil 1 bis 3 : 06.87, zumindest in Deutschland, eine bauteilgeschichtlich neue Zeit begonnen.

Diese Bauelemente gehörten gemäß Bauordnung bis Juni 1987 noch zu den neuartigen Bauteilen, deren Verwendung durch allgemeine bauaufsichtliche Zulassung oder durch Zustimmung im Einzelfall geregelt werden mußte. Seit dem 1. Januar 1990 gelten die vereinheitlichten Bestimmungen bindend. Die Gültigkeit aller bauaufsichtlichen Zulassungen endete mit dem Jahr 1989.

Als Grundlage für die Bemessung der Stahltrapezprofile sind aber auch weiterhin von den Profilherstellern für die einzelnen Profiltypen Formblätter zu erarbeiten. Die neuen Formblätter entsprechen in ihrer Art denen der Zulassung. Allerdings sind die zur Bemessung für

Biegebeanspruchung angegebenen Schnittgrößen jetzt Tragfähigkeitswerte. Die Bemessung der Normalkraftbeanspruchung weicht von den bisherigen Regeln ab. Die neuen Querschnittswerte in den Formblättern unterscheiden sich von denjenigen der Zulassungen. Für die Schubfeldbemessung ändert sich nichts.

Zur Vereinfachung der Umstellung war es möglich, die Daten der Zulassungen nach den Regeln der Norm umzurechnen und in die neuen Typenblätter zu übernehmen. Die Prüfämter der Länder, die die Formblätter als amtlichen Typenentwurf bestätigen müssen, schlossen sich dem Vorschlag des Arbeitskreises „Profile und Kassetten" im IFBS an.

Um den dringenden Wünschen der Praxis zu entsprechen, hat der Deutsche Ausschuss für Stahlbau (DASt) von seinem Unterausschuß „Dünnwandige Bauelemente" die Richtlinie 016 „Bemessung und konstruktive Gestaltung von Tragwerken aus dünnwandigen, kaltgeformten Bauteilen" erarbeiten lassen. Die Richtlinie wurde im Juli 1988, von Kommentaren begleitet und durch Berechnungsbeispiele und konstruktive Hinweise ergänzt, veröffentlicht. Sie wird von Seiten der Bauaufsicht wie eine DIN-Norm behandelt und ergänzt das Regelwerk der DIN 18 807.

Obwohl das neue Bemessungskonzept der DIN 18 800, Stahlbauten, in Norm und Richtlinie schon beachtet ist, war mit dem Ende der Bemessung nach zulässigen Spannungen 1996 eine weitere Anpassung erforderlich, um Widersprüche zu den Formulierungen der DIN 18 800-1 bis -4 : 11.90 zu beseitigen.

Die Bestimmungen für DIN 18 807-1 bis -3 sind unter Punkt 4.13 in der Anpassungsrichtlinie Stahlbau des Deutschen Instituts für Bautechnik vom Mai 1996 enthalten.

Mit diesem Stand der Technik steht den potentiellen Bauherren, den Architekten und Ingenieuren ein Leichtbausystem zur Verfügung, das bei geringem Bauzeit- und Baukostenaufwand auch hohe Anforderungen sicher erfüllt.

## 1.2 Ausgangsmaterial

Das Ausgangsmaterial für kalt zu profilierende Stahltafeln ist Stahlblech nach DIN EN 10 147 : 01.92 (früher DIN 17 162). Es ist mindestens die Stahlsorte FeE 280 G (Tab. 1.1) zu verwenden.

Die Bezeichnung der Baustähle nach DIN EN 10 147 ist mit allen Änderungen erst seit Juni 1995 verbindlich. Dabei bedeutet S die Bezeichnung von Baustahl, die drei auf S folgenden Ziffern geben die Mindeststreckgrenze in $N/mm^2$ für die geringste Erzeugnisdicke an. G grenzt die weiteren Eigenschaftsangaben ab. Durch D wird die Eignung des Werkstoffs für Schmelztauchüberzüge angegeben und durch +ZF diffusionsgeglühter Zinküberzug bzw. +Z feuerverzinktes Material.

In einer kontinuierlich arbeitenden Bandverzinkungsanlage wird durch den Zinküberzug ein auch unter starker Verformung dauerhafter Korrosionsschutz aufgebracht.

In der Vorwärmzone der Anlage wird das Stahlband metallisch rein geglüht, in der anschließenden Reduktionszone wird dann bei Bandtemperaturen von etwa 900–980 °C der Sauerstoffgehalt der Oberfläche reduziert, um eine gute Verbindung mit der Zinkschicht zu erreichen. Nach der Angleichungszone auf etwa 500 °C abgekühlt, läuft das Band in das Zinkbad. Durch das nachfolgende Düsenabstreifungssystem wird eine gleichmäßige Zinkauflage von etwa 140 $g/m^2$ (etwa 20 $\mu m$) pro Seite erzielt. Die anschließenden Zonen, wie Kühlstrecke, Dressiergerüst, Streck-Richt-Anlage und Stabilisierungsbad, bearbeiten das Band weiter bis zur gewünschten Endqualität. Die Verzinkung ist in die Korrosionsschutzklasse I nach DIN 55 928-8 eingestuft. (Abb. 1.1).

Tab. 1.1 Stahlbezeichnungen

| Bezeichnung nach | | | | | Streck-grenze $R_{eH}$ N/mm² min. | Zugfestig-keit $R_m$ [1] N/mm² min. | Bruchdeh-nung $A_{80}$ [2] % min. |
|---|---|---|---|---|---|---|---|
| DIN EN 10 147 : 01.92 + A1 : 1995 | | | DIN EN 10 025 : 03.94 | DIN 17 162-2 : 09.80 | | | |
| Kurz-name | Werk-stoff-nummer | Symbol für Schmelz-tauch-überzug | Kurzname | Kurzname | | | |
| S220GD | 1.0241 | +Z | FE E 220 G Z | – | 220 | 300 | 20 |
| S220GD | 1.0241 | +ZF | Fe F 220 G ZF | – | | | |
| S250 GD | 1.0242 | +Z | Fe F 220 G Z | StE 250 – 2Z | 250 | 330 | 19 |
| S250GD | 1.0242 | +ZF | Fe E 220 G Z | – | | | |
| S280GD | 1.0244 | +Z | Fe E 220 G Z | StE 280 – 2Z | 280 | 360 | 18 |
| S280GD | 1.0244 | +ZF | Fe E 220 G Z | – | | | |
| S320GD | 1.0250 | +Z | Fe E 220 G Z | StE 320 – 2Z | 320 | 390 | 17 |
| S320GD | 1.0250 | +ZF | Fe E 220 G Z | – | | | |
| S350GD | 1.0529 | +Z | Fe E 220 G Z | StE 350 – 2Z | 350 | 420 | 16 |
| S350GD | 1.0529 | +ZF | Fe E 220 G Z | – | | | |
| S550GD | 1.0531 | +Z | Fe E 220 G Z | – | 550 | 560 | – |
| S550GD | 1.0531 | +ZF | Fe E 220 G Z | – | | | |

[1] Für alle Stahlsorten außer S550GD+Z und S550GD+ZF kann eine Spannung von 140 N/mm² für die Zugfestigkeit erwartet werden

[2] Bei Erzeugnisdicken ≤ 0,7 mm (einschließlich Zinkauflage) verringern sich die Mindestwerte der Bruchdehnung ($A_{80}$) um zwei Einheiten.

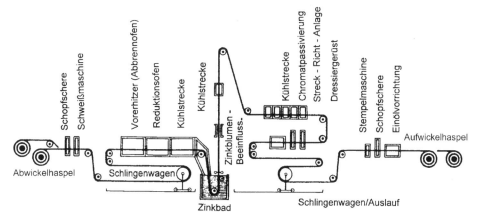

Abb. 1.1 Bandverzinkungsanlage

Zink ist sehr korrosionsstabil. Bei 2 bis 10 μm Abtrag pro Jahr im Freien, je nach Standort, korrodiert es etwa 15-mal langsamer als Stahl. Abhängig von der Nutzung des Bauwerkes wird häufig auch aus Gründen der Optik im Gebäudeinneren eine zusätzliche Kunststoffbeschichtung verlangt. Diese kann nach der Profilierung der Bleche oder sogar nach der Montage durch Ein- oder Mehrfachspritzlackierung, besser aber vor der Profilierung, in einer Bandbeschichtungsanlage (Coil-Coating-Anlage) aufgebracht werden.

Nach mehrstufiger Reinigung und Vorbehandlung durch Säuren- und Laugenverbindungen wird dabei das saubere, trockene, verzinkte Stahlband in zwei hintereinander geschalteten Beschichtungsmaschinen und anschließenden Ofenzonen ein- oder beidseitig mit flüssig aufgewalzten, wärmehärtenden Kunststoffen versehen (Abb. 1.2). Außer diesen mehrschichtigen Einbrennlackierungen lassen sich in der gleichen Anlage auch Kunststofffolien aufkaschieren (Tab. 1.2).

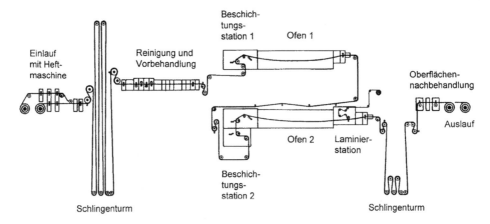

Abb. 1.2 Bandbeschichtungsanlage (Coil-Coating-Anlage)

Tab. 1.2 Einsatzbereiche für Kunststoffauflagen

| Beschichtungsart – Kunststoff | Polyesterharz DU-Beschicht. | siliconmodifizierter Polyester „Super" | Polyamid Polyester | PVDF Polyvinylidenfluorid | Plastisiol | DURANAR XL |
|---|---|---|---|---|---|---|
| NOVOLAC-Beschichtung | x | x | x | x | x | x |
| ESTETC-Beschichtung | x | x | | x | x | |
| Schichtdicke ($\mu m$) | 10–15 | 20–25 | 20–25 | 20–25 | 80–100 | 60 |
| Einsatzbereich | | | | | | |
| Normales Raumklima $t \leq 25\,°C$  $Fr \leq 80\,\%$ | • | ▽ | ▽ | ▽ | ▽ | ▽ |
| Räume mit $t \leq 25\,°C$  $Fr > 80\,\%$ | – | • | • | ▽ | ▽ | ▽ |
| Räume mit $25\,°C < t \leq 50\,°C$ $Fr > 80\,\%$ | – | – | – | • | • | • |
| Ungeheizte Räume mit Kondensatbildung | – | • | • | ▽ | ▽ | ▽ |
| Kühlräume bis –20 °C | – | • | • | • | • | • |
| Kühlräume bis –30 °C | – | – | – | • | – | • |
| Land-, Stadt- und Industrieatmosphäre | – | • | • | ▽ | • | ▽ |
| Starke Industrieatmosphäre | – | • | • | • | □ | • |
| Meeresluft, Entfernung von der Küste 1–20 km | – | • | • | • | □ | • |
| Meeresluft, Entfernung von der Küste < 1 km | – | – | – | • | – | • |
| Temperaturbeständigkeit °C*) | –20 bis +70 | –20 bis +70 | –20 bis +70 | –30 bis +70 | –20 bis +70 | –30 bis +70 |

• voll geeignet  
▽ geeignet, aber unwirtschaftlich  
□ geeignet bezüglich Korrosionsschutz; Farbton und Auskreidungsbeständigkeit nicht sichergestellt  
*) Durchschnittsangaben für langfristige Belastung

Das so korrosionsgeschützte Grundmaterial kann stark verformt werden, ohne dass die Schutzschicht reißt oder aufplatzt.

Die Beschichtung erreicht mit der Verzinkung die Korrosionsschutzklasse II oder III nach DIN 55 928-8. Das fertige Band kann mit einer Schutzfolie versehen werden, die möglichst sofort nach der Montage abgezogen werden sollte.

Die Verbindung Verzinkung plus Beschichtung wird als Duplex-System bezeichnet. Die Besonderheit besteht darin, dass durch den synergetischen Effekt, durch die besondere Form des Zusammenwirkens der beiden Stoffe, der Korrosionsschutz 2- bis 2,5-mal so lange hält wie die addierte Schutzdauer von Zink- und Kunststoffschicht.

Bei der Verwendung flüssiger Beschichtungsstoffe werden Duro- und auch Thermoplaste eingesetzt.

## 1.3 Herstellung und Anwendung der Stahltrapezprofil- und Stahlkassettenprofil-Tafeln

Stahltrapezprofil-Tafeln (STP-Tafeln) und Stahlkassettenprofil-Tafeln (SKP-Tafeln) werden in kontinuierlich arbeitenden Rollformanlagen (Kaltwalzstraßen) in den Blechdicken 0,75 mm bis 2,00 mm hergestellt. Die Ausgangsbreiten liegen zwischen 1100 mm und etwa 1500 mm.

Von der Abhaspelvorrichtung kommend wird das Band gerichtet und mittels Schere in die gewünschten Längen geschnitten. Beim Anlagendurchlauf werden dann die flachen Tafeln in bis zu 32 Doppelwalzensätzen von Walzenpaar zu Walzenpaar bis zur endgültigen Form fortlaufend stärker profiliert, danach automatisch abgelängt, gestapelt und verpackt (Abb. 1.3 und Abb. 1.4).

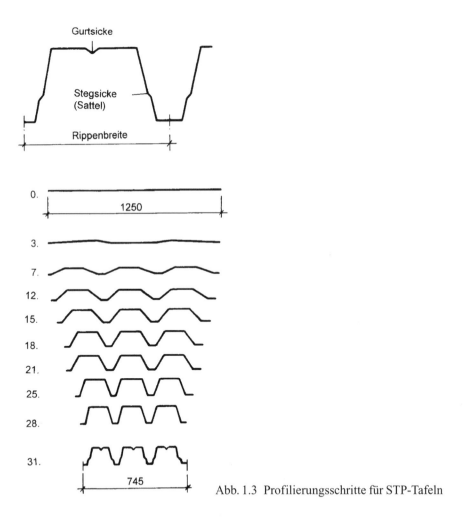

Abb. 1.3 Profilierungsschritte für STP-Tafeln

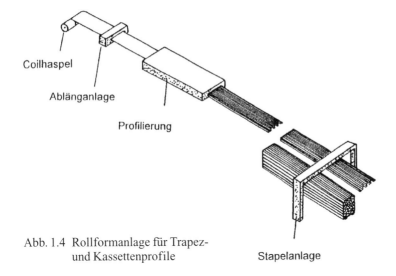

Abb. 1.4 Rollformanlage für Trapez- und Kassettenprofile

Das von den verschiedenen Herstellern angebotene Profilprogramm umfasst insgesamt etwa 60 Profilformen in Baubreiten von 500–1100 mm und Profilhöhen von 10–200 mm.

Viele Hersteller unterteilen die Profile nach deren Höhe; so bedeutet in der Profilbezeichnung die erste Zahl die Höhe des Profils in mm, die zweite die Rippenbreite und die dritte die Blechdicke. Die Baubreite oder Deckbreite ist meist nicht erwähnt, sie ergibt sich aus der Rippenbreite, multipliziert mit der jeweiligen Rippenzahl.

Die maximalen Herstelllängen liegen bei den hochtragfähigen Dachprofilen bei etwa 25 m. Ihr Transport ist jedoch schwierig und die ansonsten leichte Handhabbarkeit stark eingeschränkt. Während der Montage ist schon bei mittleren Windgeschwindigkeiten bei solchen Blechflächen das Sicherheitsrisiko groß.

Unter dem Gütezeichen RAL-RG 617 wird die Herstellung der verzinkten STP-Tafeln durch beauftragte staatliche Materialprüfungsämter überwacht.

So ist gewährleistet, daß Werkstoff, Verzinkung, Blechdicke und Maßhaltigkeit der gütegeschützten STP-Tafeln den festgelegten Qualitätsanforderungen genügen. Alle gütegesicherten Bauteile sind am einheitlichen Überwachungszeichen mit aufgedrucktem Gütezeichen erkennbar.

Die Anwendung der STP-Tafeln bleibt auf Konstruktionen mit vorwiegend ruhender Belastung beschränkt:

– Nach der Tragwirkung können sie als biegesteife Platte Querlasten aufnehmen.
– Zug- und Druckkräfte können von ihnen zur Stabilisierung von Fachwerkträgerobergurten weitergeleitet werden.
– Auch die Wirkung als schubsteifes Flächentragwerk ist möglich. Das so genannte Schubfeld übernimmt dann die Funktion eines Fachwerk-Windverbandes.

Die genannten Tragwirkungen werden bei Dächern, Decken und Wänden ausgenutzt.

Die Kombination der STP-Tafeln mit Bauelementen zur Wärme- und Schalldämmung und zur Erhöhung der Tragwirkung ist dafür erforderlich.

Für Sonderkonstruktionen werden Stahltrapezprofile als Bogendächer, mit und ohne Zugband, ausgeführt. Zwischen Randversteifungsträgern sind auch doppeltgekrümmte Dachflächen möglich. Querprofilierte Trapezbleche können als Stege zwischen Holzgurten dienen.

Als großflächige, industriell vorgefertigte Hüllelemente sind die STP-Tafeln den unterschiedlichsten Einwirkungen aus der natürlichen Umwelt ausgesetzt:

- Witterungseinflüsse durch Schnee, Regen, Wind u. a.
- Wärmeeinwirkung aus der normalen Umgebungstemperatur und durch Strahlung
- Wirkung aus dem Luftschall
- Wirkung infolge der Schwerkraft, Eigen-, Nutz- oder Verkehrslasten
- Erschütterungen
- Einflüsse aus der Luftverschmutzung.

Aus der Nutzung kommen dazu:

- Wärmebelastung
- Feuchtigkeitseinflüsse
- Wirkung von Emissionen wie Säure, Gas, Staub, Lärm u. a.

Mit der Wahl dieser oder jener bautechnischen Lösung werden im Allgemeinen Entscheidungen von großer wirtschaftlicher Tragweite getroffen. Entsprechend groß ist dann auch der Erfolgszwang dafür, dass das Optimum zwischen einmaligem Investitionsaufwand und laufenden Betriebs- und Instandhaltungskosten gefunden wird.

## 1.4 Herstellung und Anwendung der Stahl-PUR-Sandwichelemente

Stahl-PUR-Sandwichelemente (SPS-Elemente) werden bei fast allen Herstellerfirmen in kontinuierlich arbeitenden Plattenbandanlagen gefertigt.

Von zwei Blechhaspeln laufen die obere und die untere Deckschicht in je eine Profilieranlage, in welcher die Flächenprofilierung (liniert, gesickt oder trapezprofiliert) und die Randprofilierung (Nut und Feder) erzeugt werden. Anschließend wird das Hartschaumgemisch durch ein Auftraggerät über die Plattenbreite verteilt.

Das Gemisch schäumt auf und füllt den Raum zwischen beiden Deckschichten aus.

Ein anschließendes Plattenband hält die eingestellte Dicke des SPS-Elementes bis zur Aushärtung des Schaumes konstant. Dahinter trennt eine mit Bandgeschwindigkeit mitlaufende Säge das endlose Sandwichband in Platten der gewünschten Länge (Abb. 1.5).

Die solcherart gefertigten SPS-Elemente unterliegen sorgfältigen Qualitätskontrollen, die in den bauaufsichtlichen Zulassungen genau vorgeschrieben sind und durch Materialprüfanstalten überwacht werden. Die Prüfungen im Rahmen der Qualitätskontrolle betreffen sowohl die Deckschicht allein (Werkstoffeigenschaften, Verzinkung, Beschichtung), die Kernschicht allein (Schaumkernwerte) und die Haftung zwischen den Schichten (Schub, Zug) als auch die SPS- Elemente insgesamt (Einfeldträger-Belastungsversuche). Durch diese Maßnahmen wird eine gleich bleibende Qualität des Produkts mit garantierten Mindestwerten erreicht. Das ist Voraussetzung für die Bemessung von SPS-Elementen.

Die Anwendung der SPS-Elemente ist auf Konstruktionen mit vorwiegend ruhender Belastung zu beschränken:

- Nach der Tragwirkung können sie als biegesteife Platten Querlasten aufnehmen und ableiten.
- Als Scheibe dürfen sie zur Stabilisierung von Trägern nicht herangezogen werden.

Ihre Verwendung als leichte vorgefertigte Elemente für Dächer und Wände, bei unterschiedlichsten Anforderungen ist äußerst wirtschaftlich. Den Forderungen der Wärmedämmung lässt sich die Dicke des Hartschaumkernes leicht anpassen. SPS-Elemente zeichnen sich bei geringem Eigengewicht durch hohe Tragfähigkeit aus.

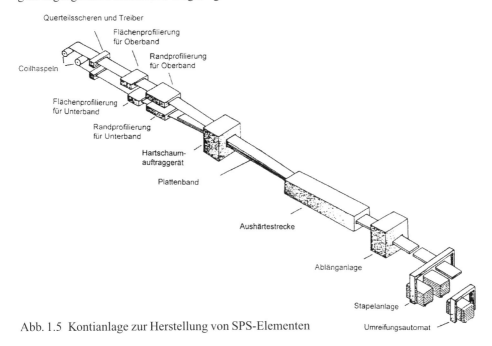

Abb. 1.5  Kontianlage zur Herstellung von SPS-Elementen

## 1.5 Bezeichnungen und Begriffe

Mit der Verwendung dünnwandiger Stahlblechprofiltafeln als Hüllelemente und Decken für Gebäude unterschiedlicher Form und Nutzung war es erforderlich, neue Bezeichnungen und Begriffe einzuführen oder auch bekannte Bezeichnungen und Begriffe mit veränderter oder erweiterter Bedeutung anzuwenden.

Zur Unterstützung einer einheitlichen Anwendung werden sie nachfolgend erläutert.

### 1.5.1 Dächer und Wände

Für Dächer und Wände von Gebäuden sind folgende wichtige Begriffe zu erklären:

- Unterkonstruktionen   sind Tragwerke, vorwiegend aus Stahl, Beton und Holz, in Einzelfällen aus Aluminium oder anderen Werkstoffen, zur Aufnahme von raumabschließenden Elementen.
- Unterschalen   sind in der Regel tragende, in Ausnahmefällen nichttragende, raumabschließende Elemente aus Stahltrapezprofilen nach DIN 18 807 oder Stahlkassettenprofilen, die mit einer Unterkonstruktion verbunden werden.
- Dampfsperren   sind Schichten der Dachkonstruktionen, die Luftströmungen (Konvektion) in den Dachaufbau hinein infolge Wasserdampfdiffusion einen geplanten Widerstand entgegensetzen.

| | |
|---|---|
| – Luftsperren | sind Schichten der Dachkonstruktion, die Luftströmungen (Konvektion) in den Dachaufbau hinein einen erheblichen Widerstand entgegensetzen. |
| – Wärmedämmungen | übernehmen den Wärmeschutz. Sie bestehen bei zweischaligen Dächern in der Regel aus mineralischen, wasserabweisenden, nichtbrennbaren Stoffen, in Ausnahmefällen aus Kunststoffhartschäumen. Üblich sind Lieferformen als Platten und Rollen. Die Bemessung erfolgt nach der vorgesehenen Nutzung des Gebäudes unter Berücksichtigung der Mindestanforderungen von DIN 4108 „Wärmeschutz im Hochbau" und der „Wärmeschutzverordnung". |
| – Thermische Trennstreifen | sind streifenförmige Zwischenlagen zur Unterbindung eines erhöhten Wärmeflusses von der warmen zur kalten Seite. |
| – Profilfüller | sind der Profilform folgende Formstücke aus geschlossenzelligem Polyethylen-Schaumstoff oder aus Mineralfaser nach DIN 18 165-1. Sie dienen dem Abschotten der Profilhohlräume der Trapezprofile. |
| – Schutzbahnen | sind geeignet, die Wärmedämmung zusätzlich vor Kondensat, das an der Unterseite der Oberschale auftreten kann, und vor Treib- und Stauwasser sowie vor Flugschnee zu schützen. |
| – Distanzkonstruktionen | sind die Verbindungen zwischen Unter- und Oberschale, abgestimmt auf die Dicke der Wärmedämmung. Sie bestehen aus Metallprofilen, Kanthölzern oder Spezialhaltern und dienen der Lastübertragung in die Unterschale bzw. Unterkonstruktion. |
| – Oberschale | sind Dachdeckungen aus metallischen Trapez-, Falz- oder Klemmprofilen. |
| – Aufsatzkränze | sind aus der wasserführenden Ebene der Oberschale herausragende, für das jeweilige Dachsystem angepasste Einbauteile zur Aufnahme von Lichtkuppeln, Lichtbändern, Rauchabzugsanlagen, Lüftern u. ä. |
| – Dachneigung | ist die Abweichung der Dachfläche von der Waagerechten, ausgedrückt als Winkel in Grad (°) oder als Steigung in Prozent (%). |
| – Dachtiefe | ist das waagerechte Distanzmaß zwischen Traufe und First. |
| – Dachlänge | ist die Dachneigungslänge zwischen Traufe und First. |

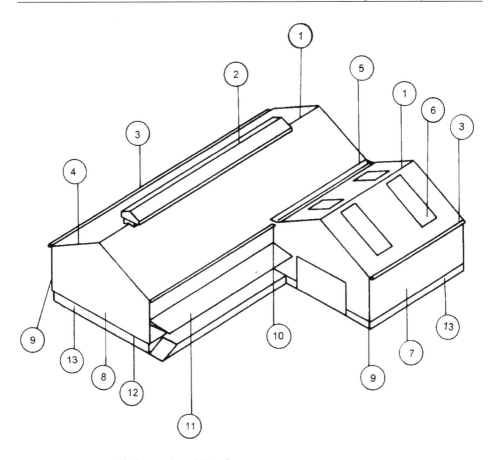

Abb. 1.6 Fachbegriffe für Dach und Wand

1 First
2 Firstlüfter
3 Traufe mit Rinne
4 Ortgang
5 Kehlrinne
6 Dachdurchbruch (z. B. Lichtkuppel)
7 Längswand
8 Giebelwand
9 Außenecke
10 Innenecke
11 Vordach
12 Fußpunkt
13 Sockel

## 1.5.2 Decke und Verbund

Stahltrapezprofil-Tafeln (STP-Tafeln) und speziell Stahlblechprofil-Tafeln kommen auch für Geschossdecken zum Einsatz.

- Stahlblechprofil-Tafeln mit Betonauflage: Stahltrapezprofil- und Stahlrechteckprofil-Tafeln können entweder verlorene Schalung oder Bewehrung bei Stahlbetondecken sein.
- Verbunddecke: Die Kombination aus Betonplatte und unterliegender Stahlblechprofil-Tafel wird Verbunddecke genannt, wenn durch die Art der Profilierung oder durch andere konstruktive Mittel die Verbundwirkung nachweisbar gesichert ist (Stahlblechprofil/Betonverbundplatten).

- Reibungsverbund/Haftverbund: Adhäsionskräfte und Verzahnung der Kristalloberflächen von Zink und Zementstein führen zu einem starren Verbund mit Haftspannungswerten zwischen $\tau = 0{,}08$ und $0{,}18$ N/mm².
- Mechanischer Verbund: Hinterschnittene Profilformen und eingeprägte Sicken oder Noppen in Obergurten und Stegen führen zu mechanischer Verdübelung.
- Endverankerung: Durch Verformen der Profilrippen an den Tafelenden oder durch Aufschweißen von Setzbolzen an den Plattenenden wird eine Druckbogen-Zugbandwirkung erreicht.

### 1.5.3 Elemente und Verbindungen

Für die Konstruktionselemente STP-Tafeln, SKP-Tafeln und SPS-Elemente sind in Abb. 1.7 bis 1.10 die Bezeichnungen angeschrieben.

Weiter wird erläutert:

- Baubreite $b$:
  Rechnerische Verlegebreite einer Profiltafel als Vielfaches des Profilrasters
- Blechdicke:
  Lieferdicke des Stahlblechs (Stahlblech einschließlich Verzinkung)
- Stahlkerndicke $t$:
  Dicke des Stahlkerns, maßgebend für die Berechnung der Querschnittswerte und der Tragfähigkeit
- Nennblechdicke $t_N$:
  Bestelldicke des Stahlblechs (Stahlkern einschließlich Verzinkung) ohne Berücksichtigung der Toleranzen
- Längsrand:
  Rand einer Profiltafel zur Spannrichtung
- Längsstoß:
  Stoß von zwei Profiltafeln am Längsrand
- Querrand:
  Rand einer Profiltafel, quer zur Spannrichtung
- Querstoß:
  Stoß von zwei Profiltafeln am Querrand
- Querverteilung:
  Verteilung von Last quer zur Spannrichtung der Profiltafeln
- Paket:
  Versandfertiger Stapel von Profiltafeln
- Profilhöhe $h$:
  Systemhöhe des Trapezprofils, gemessen von Oberkante Untergurt bis Oberkante Obergurt
- Profiltafel:
  Lieferform des Trapezprofils
- Rippe:
  Trapezprofilabschnitt von Mitte Unter-(Ober)gurt bis Mitte Unter-(Ober)gurt
- Sicke:
  Zur Spannrichtung parallel laufende, durchgehende Versteifung eines ebenen Profilteils
- Spannrichtung:
  Die Spannrichtung ist die Haupttragrichtung der Profiltafeln (Richtung der Rippe).
- Schubfeld:
  Ebener Dachflächenbereich aus STP-Tafeln, der in der Lage ist, Schubbeanspruchungen zu übertragen und abzuleiten.

- Verlegefläche:
  Durch Profiltafeln überdeckte Flächen einschließlich der Öffnungen
- Verbindungselemente:
  Verbindungselemente haben die Aufgabe, Verbindungen der Profiltafeln untereinander, mit anderen Blechteilen (z. B. durch Blindniete, Bohrschrauben oder Verkröpfungen) oder mit der Unterkonstruktion (z. B. durch Setzbolzen, Gewindeschneidschrauben, gewindefurchende Schrauben) herzustellen.

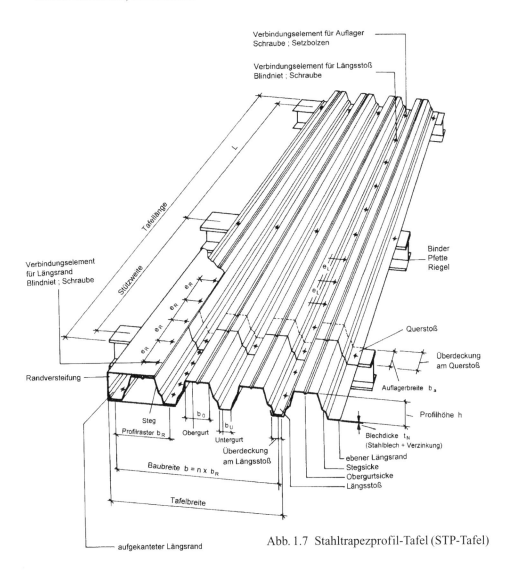

Abb. 1.7 Stahltrapezprofil-Tafel (STP-Tafel)

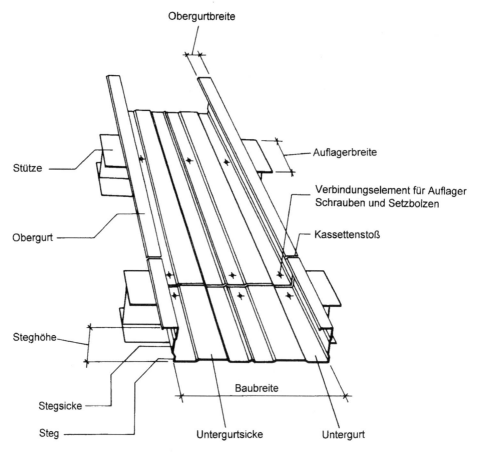

Abb. 1.8 Stahlkassettenprofil-Tafel (SKP-Tafel)

# Bezeichnungen und Begriffe 15

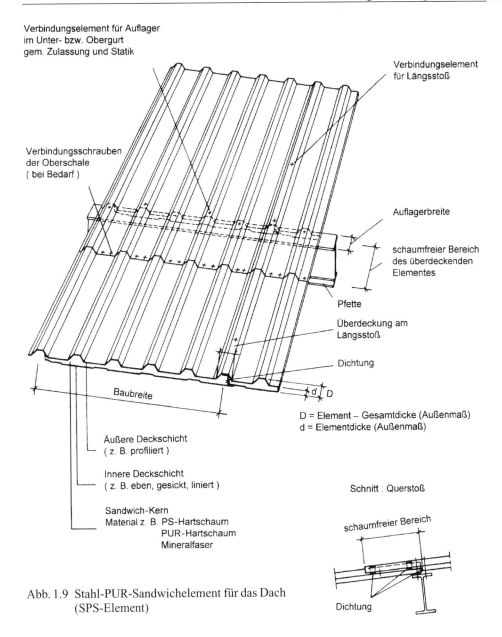

Abb. 1.9 Stahl-PUR-Sandwichelement für das Dach (SPS-Element)

16  Anwendungsvoraussetzungen und Einsatzmöglichkeiten

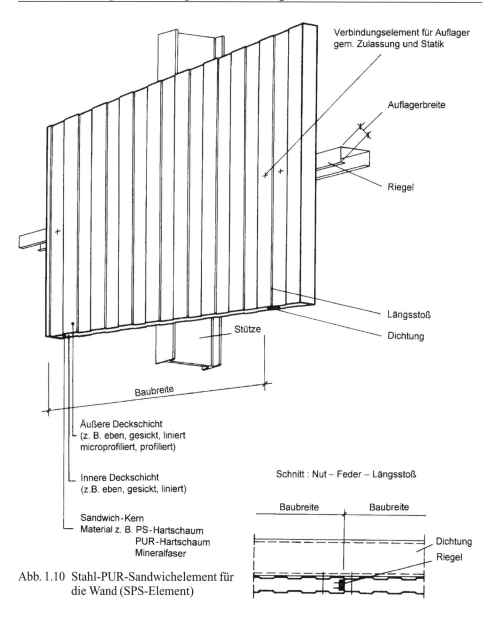

Abb. 1.10 Stahl-PUR-Sandwichelement für die Wand (SPS-Element)

# 2 Bauphysikalische Grundlagen und Sicherheitsmaßnahmen

Die bauphysikalischen Anforderungen für Gebäude sind in den Bauordnungen der Länder in allgemeiner Form festgelegt. Sie werden durch Vorschriften und Normen präzisiert.

Alle Anforderungen zum Wärmeschutz, Feuchteschutz und Brandschutz sind stets in ihrer gegenseitigen Abhängigkeit zu sehen. Sie sind mitbestimmend für die Wahl der Konstruktion, für die Ausbildung konstruktiver Einzelheiten sowie für die zur Anwendung kommenden Baustoffe. Die bauphysikalischen Maßnahmen müssen immer im Zusammenhang mit den Anforderungen an das zu entwerfende Gebäude getroffen werden. Konstruieren heißt, für ein bestimmtes Bauteil oder ein bestimmtes Bauwerk technisch möglichst sämtlichen Ansprüchen genügende, wirtschaftlich günstige sowie ästhetisch befriedigende Lösungen zu finden. Die bauphysikalische Planung ist ein komplexes Vorhaben. Es sind zahlreiche, sich gegenseitig beeinflussende Faktoren zu beachten und einzuhalten.

## 2.1 Wärmeschutz

Wärmeschutz ist sowohl aus wirtschaftlicher als auch aus hygienischer Sicht eine unabdingbare Forderung. Den Wärmeschutz übernimmt bei Hochbauten die Wärmedämmung und die Wärmespeicherung. Folgende Vorschriften sind zu beachten:

– Verordnung über energiesparenden Wärmeschutz bei Gebäuden (Wärmeschutzverordnung vom 16. 8. 1994, gültig ab 1. 1. 1995). Es werden drei Gebäudeklassen unterschieden:
1. Gebäude mit normalen Innentemperaturen, Wohngebäude, Büro- und Verwaltungsgebäude sowie Betriebsgebäude, die nach ihrem üblichen Verwendungszweck auf Innentemperaturen $\vartheta_i \geq 19\,°C$ beheizt werden.
2. Betriebsgebäude, die nach ihrem üblichen Verwendungszweck jährlich mehr als vier Monate auf Innentemperaturen $12\,°C \leq \vartheta_i \leq 19\,°C$ beheizt werden.
3. Gebäude für sportliche oder Versammlungszwecke, die für jährlich mehr als drei Monate auf Innentemperaturen $\vartheta_i \geq 15\,°C$ beheizt werden.

– DIN 4108-1 bis -5 „Wärmeschutz im Hochbau", August 1981, und Beiblatt 1 zur DIN 4108 : 04.82, bauaufsichtlich eingeführt seit Mitte 1983. Der Geltungsbereich der DIN 4108 umfasst alle Hochbauten mit Aufenthaltsräumen, die ihrer üblichen Bestimmung nach auf normale Temperaturen im Sinne des § 1 der Wärmeschutzverordnung ($\vartheta_i \geq 19\,°C$) beheizt werden, d. h. Gebäude der Kategorie 1. Die Verpflichtung zur Anwendung der DIN 4108 auch für die beiden anderen Kategorien ergibt sich erst aufgrund vertraglicher Vereinbarungen.

Die Wärmeschutzverordnung verlangt, dass der Jahres-Heizwärmebedarf $Q_H$ und der Jahrestransmissionswärmebedarf $Q_T$ zu begrenzen sind. Die Begrenzung erfolgt in Abhängigkeit vom Verhältnis der wärmeübertragenden Umfassungsflächen $A$ zum errechneten Bauwerksvolumen $V$. Die Grenzwerte für den Wärmebedarf sind für $A/V$ in Tabellen angegeben.

Diese Forderungen lassen sich erfüllen, wenn der Wärmeschutz nach DIN 4108 ermittelt wird.

Für die Beurteilung der Wärmedämmung bei einschichtigen und für in Richtung des Wärmestromes mehrfach geschichteten Bauteilen wird der Wärmedurchlasswiderstand $1/\Lambda$ aus den Dicken der Baustoffschichten $s$ in Metern und aus den Rechenwerten der Wärmeleitfähigkeit $\lambda_R$ in W/(m · K) nach DIN 4108-5 berechnet:

$$\frac{1}{\Lambda} = \sum_{1}^{n} \frac{s_n}{\lambda_{Rn}}$$

Daraus und unter Einbeziehung der Wärmeübergangswiderstände $\frac{1}{\alpha_i}$ und $\frac{1}{\alpha_a}$ ergibt sich für das jeweilige Bauelement der Wärmedurchgangskoeffizient zu:

$$k = \frac{1}{\frac{1}{\alpha_i} + \frac{1}{\Lambda} + \frac{1}{\alpha_a}} \text{ in W/(m}^2 \cdot \text{K)}$$

Zu den nachfolgenden Tabellen sind die mittleren Wärmedurchgangskoeffzienten $k_m$ für Trapezprofil- Wand- und Dachsysteme angegeben.

Tab. 2.1 Mittlerer Wärmedurchgangskoeffizient $k_m$ für Dachsysteme

| Nr. | Dachsystem (Schnitt) | Gesamtdicke mm | Beschreibung: Trapezprofil TP schwer s | Eigenlast kN/m² | $k_m$ W/(m²·K) |
|---|---|---|---|---|---|
| 1 | | 40 | TP 40/183-0,75 | 0,082 | – |
| 2 | | 110 | TP 110/275-0,75 | 0,096 | – |
| 3 | | 175 | Kunststoffbahn, 60 mm MF-Dämmung Dampfsperre (mech. befestigt) TP 110/275-0,88 | 0,24 | 0,58 |
| 4 | | 260 | 3 Lagen Bitumenbahn 100 mm Exporit TP 130/275-1,0 | 0,26 | 0,36 |
| 5 | | 200 | Hochpolymer-Kunststoffbahn 1,5 mm 60 mm MF-Dämmung Dampfsperre TP 135/310-0,88 | 0,29 | 0,58 |
| 6 | | 250 | Dachdichtungsbahn 50 mm MF-Dämmung 40/35 Trittschalldämmung TP 155/250-1,0 | 0,32 | 0,41 |
| 7 | | 315 | 50 mm Kies Hochpolymer-Kunststoffbahn 1,5 mm 120 mm MF-Dämmung Dampfsperre TP 135/310-0,88 | 1,109 | 0,31 |
| 8 | | 265 | 50 mm Kies 3 Lagen Bitumenbahn 2 × 40 mm MF-Dämmung, s Dampfsperre TP 96/242-0,75 | 1,36 | 0,44 |

Tab. 2.2 Mittlerer Wärmedurchgangskoeffizient $k_\mathrm{m}$ für Wandsysteme

| Nr. | Dachsystem (Schnitt) | Gesamt-dicke mm | Beschreibung: Trapezprofil TP Luftzwischenraum LZR schwer s | Eigenlast kN/m² | $k_\mathrm{m}$ W/(m²·K) |
|---|---|---|---|---|---|
| 1 | | 40 | TP 40/183-0,75 | 0,082 | – |
| 2 | | 60 | Sandwichelement mit PUR-Dämmstoffkern und Deckenschalen aus Stahl | 0,12 | 0,32 |
| 3 | | 120 | TP 35/207-0,75<br>50 mm MF-Dämmung<br>TP 35/207-0,75 | 0,15 | 0,86 |
| 4 | | 235 | TP 35/207-0,75<br>(Obergurte gelocht)<br>60 mm LZR<br>100 mm MF-Dämmung<br>TP 40/183-1,0 | 0,24 | 0,43 |
| 5 | | 140 | TP 40/183-0,75<br>2 × 30 mm MF-Dämmung<br>TP 40/183-0,75 | 0,23 | 0,73 |
| 6 | | 295 | TP 40/183-0,75<br>100 mm MF-Dämmung<br>115 mm LZR<br>TP 40/183-0,75 | 0,22 | 0,43 |
| 7 | | 175 | TP 40/183-1,00<br>50 mm MF-Dämmung<br>50 mm MF-Dämmung, s<br>TP 35/207-1,00 | 0,29 | 0,46 |
| 8 | | 185 | TP 40/183-1,00<br>50 mm MF-Dämmung<br>50 mm MF-Dämmung, s<br>12 mm Rigipsplatte<br>TP 35/207-1,00 | 0,43 | 0,45 |

## 2.2 Feuchteschutz

Außenbauteile werden durch Niederschlag an der Außenseite und durch Luftfeuchtigkeit aus der Nutzung an der Innenseite belastet, diese Feuchtigkeit kann zur Kondensatbildung auf der raumseitigen Bauteiloberfläche oder im Inneren der Konstruktion führen.

Schädigungen aus Niederschlagsfeuchtigkeit lassen sich durch geeignete Materialwahl und entsprechende konstruktive Durchbildung der äußeren Schutzhaut vermeiden. Hierzu gehören
- ein ausreichendes Dachgefälle (> 2 %),
- die richtige Lage und Anordnung der Überdeckungen an den Quer- und Längsstößen der Trapezprofile,

- die sachgerechte, regendichte Ausführung der Befestigungen und Verbindungen,
- das Vorsehen zusätzlicher Abdichtungsmaßnahmen im Bereich von Anschlüssen, Übergängen und Öffnungen (Fenster, Türen, Belichtungs- und Belüftungsöffnungen usw.) sowie an den Stößen.

Darüber hinaus ist die Dachhaut aber auch für molekular in der Luft enthaltenen Wasserdampf der Luftfeuchtigkeit in bestimmtem Maße durchlässig, da sich die Wassermoleküle in einer Größenordnung von $10^{-7}$ mm in der Luft mit Geschwindigkeiten bis 500 m/s bewegen und bei entsprechendem Dampfdruckgefälle fast alle Stoffe durchdringen.

Die Möglichkeit des Eindringens von Wasserdampf in Baustoffe ist abhängig von deren Wasserdampfdiffusionswiderstandszahl $\mu$.

Tab. 2.3  Vergleichswerte der Wasserdampfdiffusionswiderstandszahl $\mu$

| Medium | Wasserdampfdiffusionswiderstandszahl $\mu$ |
|---|---|
| Luft | 1 |
| Polyurethan-Hartschaum | 30–100 |
| Beton | 70–150 |
| Bitumendachbahnen | 10 000–80 000 |
| Metalle | 1 000 000 (praktisch wasserdampfdicht) |

Die Zahl $\mu$ ist dimensionslos. Sie vergleicht die Leitfähigkeit des Baustoffes mit der der Luft. Bei durchlässigeren Stoffen hat $\mu$ einen niedrigen und bei dichteren Stoffen einen hohen Zahlenwert. Metalle sind praktisch dampfdicht.

Da für die in der Fläche dampfdichten Stahlprofilbleche mit ihren dampfdurchlässigen Quer- und Längsstoßverbindungen keine mittlere Diffusionszahl ermittelt werden kann, lässt sich auch keine übliche Kondensationsuntersuchung durchführen. Ob für einschalige, nichtbelüftete Stahltrapezprofil-Dächer eine zusätzliche Dampfsperrschicht notwendig ist, hängt von den klimatischen Bedingungen des Standortes und des Gebäudeinneren sowie dem Dachaufbau oberhalb der Stahltrapezprofile ab.

Die zusätzliche Dampfsperrschicht ist meist in folgenden Fällen nötig:

- Innenklimatisierung (Luftüberdruck im Inneren)
- schwieriges Klima, z. B. Innentemperatur > 20 °C, oder relative Luftfeuchtigkeit > 60 % oder Außentemperatur –15 °C
- Wärmedämmung aus Mineralfaser oder Rollbahnen
- bei mehrschaligen Dachaufbauten, ohne ausreichende Hinterlüftung.

Mit dem Nachweisschema Dampfsperre und den dazugehörenden Tabellen und Diagrammen kann entschieden werden, ob eine Dampfsperre erforderlich ist oder nicht.

Nachweisschema Dampfsperre

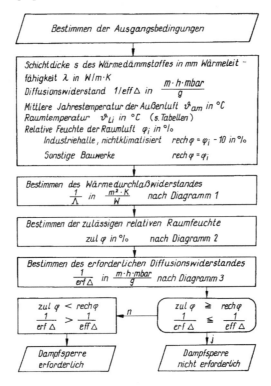

| Wärmedämmstoff | d = Dämmstoffdicke in cm | Wärmeleitfähigkeit $\lambda$ W/(m·K) | Diffusionswiderstand 1/eff $\Delta$ m·h·mbar/g |
|---|---|---|---|
| Polyurethan – Hartschaum (Rolldämmbahn) | | 0,030 | 50·d |
| Polyurethan – Hartschaum (beidseitig mit Bitumenpappe kaschiert) | | 0,020 | 1100 (d ≥ 3) |
| Polystyrol – Hartschaum – Rolldämmbahn PS 30 SE | | 0,040 | 30·d |
| Polystyrol – Hartschaum PS 20 | | 0,040 | 32·d |
| Polystyrol – Hartschaum PS 30 | | 0,040 | 51·d |
| Polystyrol – Hartschaum, extrudiert mit Schäumhaut | | 0,035 | 151·d |
| Polystyrol – Hartschaum, beiderseits 2mm Bitumenpappe V11 | | 0,025 | 1500 (d ≥ 5) |
| Mineralfaserplatten (DIN 18165) | | 0,040 bis 0,050 | 6·d |
| Perlit Dämmplatten (RG 210) | | 0,055 bis 0,060 | 11·d |
| Schaumglas (DIN 18174) | | 0,050 | ∞ |

Tab. 2.4 Mittlere Jahrestemperaturen der Außenluft $\vartheta_{am}$ in °C

| | | | | | |
|---|---|---|---|---|---|
| Aachen | 9,7 | Freiburg i. Br. | 10,3 | Lüneburg | 8,7 |
| Augsburg | 8,4 | Friedrichshafen | 9,0 | Mannheim | 10,0 |
| Berlin | 9,0 | Gießen | 9,1 | München | 7,9 |
| Bochum | 10,3 | Greifswald | 8,1 | Münster | 9,3 |
| Braunschweig | 8,9 | Hamburg | 8,6 | Neubrandenburg | 7,9 |
| Bremen | 9,0 | Hannover | 8,7 | Nürnberg | 8,3 |
| Chemnitz | 7,9 | Kaiserslautern | 8,7 | Passau | 8,1 |
| Clausthal | 6,3 | Karlsruhe | 10,1 | Regensburg | 7,9 |
| Dresden | 8,8 | Kassel | 9,2 | Rostock | 8,4 |
| Emden | 8,6 | Kempten | 6,7 | Stuttgart | 8,5 |
| Erfurt | 7,9 | Kiel | 8,5 | Trier | 9,8 |
| Essen | 9,6 | Koblenz | 10,5 | Ulm | 8,2 |
| Flensburg | 8,2 | Leipzig | 8,8 | Weiden/Obpf. | 7,6 |
| Frankfurt/M. | 10,2 | Leverkusen | 10,3 | | |
| Frankfurt/O. | 8,7 | Lübeck | 8,7 | | |

Angaben zu weiteren Orten sind vom Deutschen Wetterdienst, Zentralamt Offenbach, erhältlich.

Diagramm 1

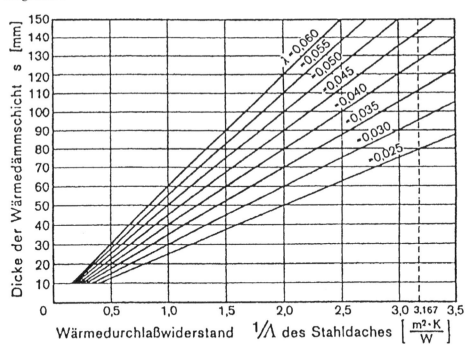

Diagramm 2

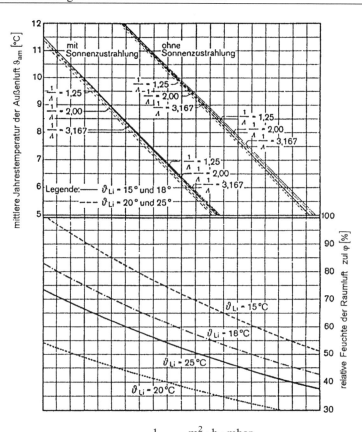

Diagramm 3     Diffusionswiderstand $\dfrac{1}{\operatorname{erf}\Delta}$ in $\dfrac{m^2 \cdot h \cdot mbar}{g}$

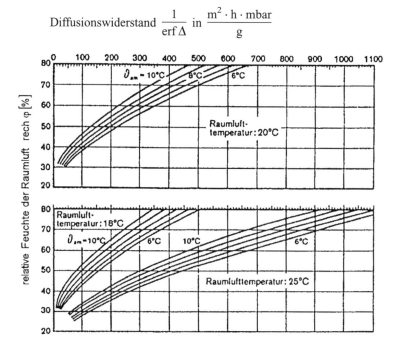

Ist bei Außenwänden und Außenwandverkleidungen bauphysikalisch zur Abführung raumseitig eindiffundierten Wasserdampfes und von Sonnenstrahlungswärme (Oberflächen in dunklen Farben) eine Hinterlüftung erforderlich, so ist ihre Wirksamkeit von folgenden Voraussetzungen abhängig:

– Der Belüftungsraum soll an oder nahe der Außenseite der Wärmedämmschicht, d. h. hinter der Außenschale der Wand bzw. der Wandverkleidung, angeordnet sein. Bei einer Luftschicht hinter der Verkleidung soll die geringste Spaltbreite mindestens 2 cm betragen.
– Bei Belüftungskanälen sollen deren Einzelquerschnitte mindestens 4 cm$^2$ und deren kleinste Abmessungen mindestens 20 mm betragen. Die Querschnittsform ist beliebig, die Breite des nicht hinterlüfteten Teiles der Außenwand bzw. der Verkleidung zwischen den benachbarten Belüftungskanälen darf 180 mm nicht überschreiten.
– Der Gesamtquerschnitt des Belüftungsraumes muss mindestens 200 cm$^2$/m Wandlänge betragen. Abweichend davon wird für die Be- und Entlüftungsöffnungen eine Mindestgröße von je 50 cm$^2$/m Wandlänge gefordert, wobei dieses Maß nicht für evtl. nötige Schutzgitter gilt.

Der Witterungsschutz wird beim „Zweischaligen Metalldach" von der aus Metallprofiltafeln bestehenden Oberschale (Dachdeckung) übernommen. Nach DIN 18 338, VOB Teil C, müssen Dachdeckungen regensicher ausgebildet sein. Das bedeutet, dass die Anordnung der Dachdeckungsbauteile mit ihren Längs- und Querüberlappungen so erfolgen muss, dass bei den zu erwartenden Regen- und Schneefällen die Niederschläge, abfließendes Wasser – aber auch Treibwasser – nicht durch die Fugen und an Durchdringungen in die Dachkonstruktion eindringen können.

Eine ausreichend dimensionierte und fachgerecht ausgeführte Dachentwässerung, die auch bei Niederschlagsspitzen voll den Anforderungen entspricht, kann mit der nachfolgenden Dimensionierungshilfe (Abb. 2.1) bemessen werden. Es wird die Auswahl von fünf Größen bzw. Formen ermöglicht:

– Durchmesser der Fallrohre
– Form des Ablaufs
– Querschnittsfläche der Dachrinne
– Form der Dachrinne
– Gefälle der Dachrinne.

Eine Wasserdichtheit, z. B. gegenüber sich aufstauendem Wasser hinter Eisbarrieren, die sich im Traufbereich im Winter bilden können, wird von DIN 18 338 nicht gefordert. Es muss jedoch in diesem Fall sichergestellt sein, dass eindringendes Wasser nicht zu Schädigungen der Konstruktion einschließlich der Wärmedämmung führt. Das Eindringen von Flugschnee, Staub usw. lässt sich nicht ohne zusätzliche Maßnahmen vermeiden. Wasserdichtigkeit im Sinne der VOB erfordert Dachkonstruktionen mit Dachabdichtungen.

Die in DIN 4108-3 hinsichtlich des klimabedingten Feuchteschutzes gestellten Anforderungen zielen dahin, dass

1. Tauwasserbildung an raumseitigen Oberflächen ausgeschlossen wird,
2. Tauwasserbildung in der Konstruktion keine schädigende Wirkung auf die Bauteile ausübt.

Mit Hilfe der in DIN 4108-5 beschriebenen Rechenverfahren kann die Menge des Tauwassers infolge Dampfdiffusion ermittelt werden. Zur Berechnung von Tauwasserausfall infolge Konvektion, bei welchem feuchtegeladene Luft durch Überdruck von innen nach außen strömt, sind diese Rechenverfahren nicht geeignet.

Konstruktionsbedingt ist beim „Zweischaligen Metalldach" der Feuchtetransport infolge Konvektion wesentlich größer als der durch Dampfdiffusion, wenn nicht durch den Einbau einer Luftsperre/Dampfsperre Konvektion verhindert wird (Abb. 2.2).

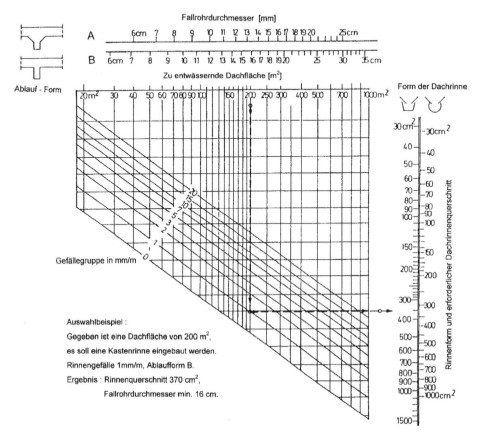

Abb. 2.1 Dimensionierungshilfe für Dachentwässerung

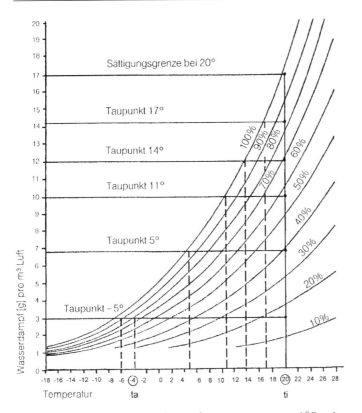

Kondensationsverlauf zwischen einer Außentemperatur $t_a$ von –4 °C und einer Innentemperatur $t_i$ von + 20 °C

Abb. 2.2 Luftfeuchtigkeisdiagramm (nach Mollier)

Nach § 4 der Wärmeschutzverordnung vom 16. 8. 1994 ist bei wärmeübertragenden Umfassungsflächen von Gebäuden eine luftundurchlässige Schicht einzubauen.

Ein Nachweis des Tauwasserausfalls infolge Dampfdiffusion erübrigt sich im Allgemeinen bei üblichen Industriebauten und üblicher Nutzung ($\vartheta_i \leq 16$ °C, $\varphi \leq 50\,\%$), da durch die Längs- und Querstöße der Oberschale eine ausreichende Austrocknung eingedrungener Feuchtigkeit erfolgt.

Der Nachweis der Tauwasserfreiheit an der innenseitigen Oberfläche im Bereich der Wärmebrücken (Distanzprofil) kann, wenn kein genauerer Nachweis erbracht wird, nach DIN 4108 Teil 3 und Teil 5 geführt werden.

Bei Verbindungselementen, die als Wärmebrücken wirken, muss sichergestellt werden, dass auch bei kurzzeitiger Tauwasserbildung keine Schädigung infolge Korrosion auftritt.

Stahltrapezprofil-Dächer ohne Wärmedämmung neigen bei ungünstigen Witterungsverhältnissen zur Kondensatbildung an der Profilunterseite.

Um Schäden an der Konstruktion zu vermeiden und um Produktionsprozesse nicht zu beeinträchtigen, muss der Kondensatbildung durch sinnvolle Lüftung begegnet werden.

Für industrielle und gewerbliche Bauten ist die natürliche Lüftung, die schon durch Öffnen von Fenstern und Toren erreicht wird, wirkungsvoll und billig. Muss höheren Ansprüchen genügt werden, wird die erforderliche Druckdifferenz zwischen Zuluft und Abluft durch Ventilatoren erzeugt. Die mechanische Lüftung erfordert Elektroenergie und gegenüber der natürlichen Lüftung 50 % bis 80 % höhere Investitionskosten.

In vielen Anwendungsfällen kann Kondensatbildung durch Kombination von natürlicher und mechanischer Lüftung sinnvoll vermieden werden.

## 2.3 Schallschutz

In DIN 4109 Schallschutz im Hochbau werden die Anforderungen an den Schallschutz mit dem Ziel festgelegt, Menschen in Aufenthaltsräumen vor unzumutbaren Belästigungen durch Schallübertragung zu schützen. Außerdem wird das Verfahren zum Nachweis des geforderten Schallschutzes geregelt.

Zwei Arten von Schallschutzmaßnahmen können getroffen werden:

1. Die Schallentstehung wird so weit wie möglich verhindert.
2. Die Übertragung des Schalls von der Quelle (Sender) zum Hörer (Empfänger) wird vermindert.
   Befinden sich Sender und Empfänger in verschiedenen Räumen, so handelt es sich in Abhängigkeit von der Schallanregung um Maßnahmen zur Luftschalldämmung oder zur Körperschalldämmung.
   Befinden sich Sender und Empfänger im gleichen Raum, so handelt es sich um Maßnahmen zur Schallabsorption oder Schallschluckung.

Beim Luftschall werden die Schallwellen durch die Luft weitergeleitet. Die Schalldämmwirkung einer Konstruktion wird im Wesentlichen dadurch erreicht, dass das raumabschließende Bauteil teilweise den Schall reflektiert und teilweise die Schallenergie in ihrem Inneren durch Umsetzung in mechanische Wärmeenergie reduziert. Diese Effekte werden durch die träge Masse (Gewicht) des Bauteils bewirkt.

Bei leichten Raumabschlüssen wie Stahltrapezprofil-Konstruktionen wird diese Wirkung durch einen mehrschaligen Aufbau mit möglichst unterschiedlicher Biegesteifigkeit der Schalen erreicht. Bei letzterem ist noch auf die Eigenschaft der Mineralfaserdämmung hinzuweisen, die die Schallwellen beim Durchlaufen abschwächt.

Bei der Festlegung der geforderten Schalldämmwerte ist zu beachten, ob dabei das gesamte Schallfrequenzspektrum erreicht werden soll oder ob nur bestimmte Schallfrequenzen abgedämmt werden sollen. Nach diesen Forderungen richtet sich nämlich die Ausbildung der Bauteile.

Mit steigenden Anforderungen an die Schalldämmwirkung ist besondere Sorgfalt auf die Ausführung der Stöße und Anschlüsse zu legen, da über diese als Schallbrücken wirkenden Konstruktionsteile ein erheblicher Teil der Schallenergie übertragen werden kann.

Die Beurteilung erfolgt über das Schalldämmmaß $R$, das im wesentlichen aus der Differenz $\Delta L$ des Sende- und des Empfangs-Schallpegels gebildet wird, oder über das bewertete Schalldämmmaß $R'_w$ als Einzelangabe in den Frequenzen zwischen 100 und 3 150 Hz. Beide werden in Dezibel (dB) gemessen.

Großen physikalischen Einfluß auf die Schalldämmung hat die Bauteilmasse. Wird das Flächengewicht eines einschaligen Bauteiles verdoppelt, so verbessert sich die Luftschalldämmung theoretisch um 6 dB.

Ein zweischaliges Bauteil dämmt den Luftschall so gut wie zwei hintereinander gestellte einschalige Bauteile (Abb. 2.3). Die Schalldämmung steigt theoretisch mit jeder Frequenzverdoppelung im Mittel um 12 dB.

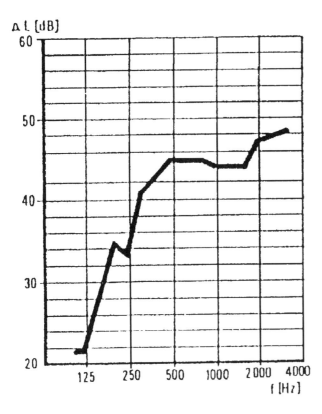

Abb. 2.3
Schalldämmwerte einer üblichen zweischaligen Wandkonstruktion

Der Körperschall wird überwiegend durch Schwingungen und Schallwellen in festen Körpern erzeugt. Diese Schwingungen werden z. B. durch Tritte von Menschen oder Klopfen der Maschinen hervorgerufen. Der Schall wird einerseits in dem Baukörper weitergeleitet, erzeugt aber andererseits auch durch die Abstrahlung von der Baukörperoberfläche weiteren Luftschall.

Zur Körperschalldämmung dienen bevorzugt folgende Maßnahmen:

- Verhinderung der Schallanregung durch schwingungsdämpfende Maßnahmen, entsprechende Maschinenfundamente, weichfedernde Gehbeläge, schwimmenden Estrich etc.
- Verhinderung der Abstrahlung z. B. durch Abhängung aus schallschluckendem Material unter Geschossdecken. Dämmung des Körperschalls, z. B. durch Unterbrechung der Schallweiterleitung und durch Vermeidung monolithischer Baukörper. Ein schallschluckender oder schallabsorbierender Effekt kann mit einer Stahlprofilblech-Konstruktion dann erzielt werden, wenn die auf die Dach- und Wandflächen auftreffenden Schallwellen zum größten Teil von der hinter dem Stahlprofil liegenden Wärmedämmung absorbiert werden. Um dies zu ermöglichen, werden die Stahltrapezprofile oder Kassettenprofile in perforierter Form geliefert. Die Lochung der Profile kann nach Größe, Form und Verteilung unterschiedlich ausgeführt sein. Wegen der häufig erforderlichen Dampfsperre kann die Dämmschicht bei Warmdächern meist nicht zu Zwecken der Schallschluckung herangezogen werden. Statt

dessen sind in die Sicken der steggelochten Stahltrapezprofile rieselfeste Schallschluckmaßnahmen einzulegen. Die Tragfähigkeit der gelochten Stahltrapezprofile wird durch die Lochung natürlich vermindert und muss deshalb bei der Festlegung der Tragfähigkeit berücksichtigt werden. Vorkehrungen zur Schallschluckung können auch durch eine abgehängte Unterdecke aus abgekanteten Flachblechen mit Lochung und eingelegter Schallschluckmatte getroffen werden. Eine Oberflächenbehandlung der Stahltrapezprofile mit einer Antidröhn-Beschichtung zeigt eine ähnliche schallabsorbierende Wirkung.

Das Maß für die Schallminderung durch Absorption ist der Schallabsorptionsgrad $\alpha$ (Abb. 2.4).

Er ist das Verhältnis von nicht reflektierter Schallenergie zu auffallender Schallenergie. Für vollständige Absorption ist $\alpha = 1$, für vollständige Reflexion $\alpha = 0$.

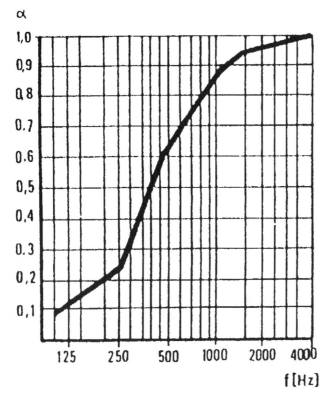

Abb. 2.4
Schallabsorptionsgrad $\alpha$ einer doppelschaligen Wandkonstruktion mit gelochter Innenschale (Kassette)

In der Tabelle 2.5 ist der Schallschluckgrad $\alpha_s$ für eine Dach- und eine Wandkonstrukion angegeben.

Tab. 2.5 Schallschluckgrade $\alpha_s$ für Dach und Wand

| Dachkonstruktion | | Schallschluckgrad $\alpha_s$ in Abhängigkeit von der Frequenz $f$ | | | |
|---|---|---|---|---|---|
| Dachaufbau:<br>Warmdach einschalig<br>3-lagiges Bitumendach<br>80 mm Mineralfaserplatten<br>Dampfsperre<br>30 mm Mineralfaserstreifen in den Tiefsicken<br>Stahltrapezprofil:<br>MPB-Akustikprofil<br>AK 106/250/0,75 mit<br>Steglochung Typ II | | $f$<br>Hz | $\alpha_s$<br>% | $f$<br>Hz | $\alpha_s$<br>% |
| | | 100 | 36 | 1000 | 95 |
| | | 125 | 43 | 1250 | 78 |
| | | 160 | 51 | 1600 | 72 |
| | | 200 | 83 | 2000 | 63 |
| | | 250 | 97 | 2500 | 61 |
| | | 315 | 102 | 3150 | 61 |
| | | 400 | 109 | 4000 | 62 |
| | | 500 | 109 | 5000 | 59 |
| | | 630 | 109 | 6300 | 59 |
| | | 800 | 109 | 8000 | 61 |
| Kassettenwand | | Schallschluckgrad $\alpha_s$ in Abhängigkeit von der Frequenz $f$ | | | |
| Wandaufbau:<br>MPB-Stahltrapezprofil<br>B 40/183/0,75<br>Dämmstreifen auf Kassetten-Obergurt aufgeklebt<br>80 mm Mineralfaserdämmung<br>Kassettenprofil:<br>MPB-Kassette<br>B 90/500/0,75 mit Untergurtlochung | | $f$<br>Hz | $\alpha_s$<br>% | $f$<br>Hz | $\alpha_s$<br>% |
| | | 100 | 21 | 1000 | 111 |
| | | 125 | 28 | 1250 | 110 |
| | | 160 | 46 | 1600 | 109 |
| | | 200 | 72 | 2000 | 104 |
| | | 250 | 85 | 2500 | 92 |
| | | 315 | 99 | 3150 | 79 |
| | | 400 | 106 | 4000 | 69 |
| | | 500 | 110 | 5000 | 53 |
| | | 630 | 112 | 6300 | 35 |
| | | 800 | 113 | 8000 | 19 |

Nachfolgend sind einige Beispiele für Dach- und Wandkonstruktionen aus STP-Tafeln mit unterschiedlich hohen bewerteten Schalldämm-Maßen $R'_w$ dargestellt (Tab. 2.6 und 2.7). Für ähnliche Ausführungen mit vergleichbaren Materialien können die Angaben als Richtwerte dienen. Die exakten Werte einer Konstruktion sind jedoch im Einzelfall zu ermitteln.

Tab. 2.6 Bewertetes Schalldämmaß $R'_w$ für Dachsysteme

| Nr. | Dachsystem (Schnitt) | Gesamt-dicke mm | Beschreibung: Trapezprofil TP schwer s | Eigenlast kN/m² | $R'_w$ dB |
|---|---|---|---|---|---|
| 1 | | 40 | TP 40/183-0,75 | 0,082 | 23 |
| 2 | | 110 | TP 110/275-0,75 | 0,096 | 23 |
| 3 | | 175 | Kunststoffbahn, 60 mm MF-Dämmung Dampfsperre (mech. befestigt) TP 110/275-0,88 | 0,24 | 34 |
| 4 | | 260 | 3 Lagen Bitumenbahn 100 mm Exporit TP 130/275-1,0 | 0,26 | 37 |
| 5 | | 200 | Hochpolymer-Kunststoffbahn 1,5 mm 60 mm MF-Dämmung Dampfsperre TP 135/310-0,88 | 0,29 | 40 |
| 6 | | 250 | Dachdichtungsbahn 50 mm MF-Dämmung 40/35 Trittschalldämmung TP 155/250-1,0 | 0,32 | 44 |
| 7 | | 315 | 50 mm Kies Hochpolymer-Kunststoffbahn 1,5 mm 120 mm MF-Dämmung Dampfsperre TP 135/310-0,88 | 1,109 | 47 |
| 8 | | 265 | 50 mm Kies 3 Lagen Bitumenbahn 2 × 40 mm MF-Dämmung, s Dampfsperre TP 96/242-0,75 | 1,36 | 55 |

Schallschutz 33

Tab. 2.7 Bewertetes Schalldämmaß $R'_w$ für Wandsysteme

| Nr. | Dachsystem (Schnitt) | Gesamt-dicke mm | Beschreibung: Trapezprofil TP Luftzwischenraum LZR schwer s | Eigenlast kN/m² | $R'_w$ dB |
|---|---|---|---|---|---|
| 1 | | 40 | TP 40/183-0,75 | 0,082 | 23 |
| 2 | | 60 | Sandwichelement mit PUR-Dämmstoffkern und Deckenschalen aus Stahl | 0,12 | 25 |
| 3 | | 120 | TP 35/207-0,75<br>50 mm MF-Dämmung<br>TP 35/207-0,75 | 0,15 | 37 |
| 4 | | 235 | TP 35/207-0,75<br>(Obergurte gelocht)<br>60 mm LZR<br>100 mm MF-Dämmung<br>TP 40/183-1,0 | 0,24 | 37 |
| 5 | | 140 | TP 40/183-0,75<br>2 × 30 mm<br>MF-Dämmung<br>TP 40/183-0,75 | 0,23 | 40 |
| 6 | | 295 | TP 40/183-0,75<br>100 mm MF-Dämmung<br>115 mm LZR<br>TP 40/183-0,75 | 0,22 | 45 |
| 7 | | 175 | TP 40/183-1,00<br>50 mm MF-Dämmung<br>50 mm MF-Dämmung, s<br>TP 35/207-1,00 | 0,29 | 48 |
| 8 | | 185 | TP 40/183-1,00<br>50 mm MF-Dämmung<br>50 mm MF-Dämmung, s<br>12 mm Rigipsplatte<br>TP 35/207-1,00 | 0,43 | 52 |

## 2.4 Baulicher Brandschutz

### 2.4.1 Forderungen der Bauaufsicht

Die in den Vorschriften zum baulichen Brandschutz für Gebäude enthaltenen Forderungen und Festlegungen beziehen sich auf

– das Brandverhalten der Baustoffe,
– die Feuerwiderstandsklassen der Bauteile,
– die Brandabschnitte,
– die Flucht – und Rettungswege,
– die Lage des Gebäudes zur Nachbarbebauung.

In der DIN 4102 „Brandverhalten von Baustoffen und Bauteilen, Begriffe, Anforderungen und Prüfungen" sind Baustoffklassen definiert. Die Baustoffklassen (Tab. 2.8) beschreiben das Brandverhalten des Materials im Entstehungsfeuer.

Tabelle 2.8  Einordnung der Baustoffe nach dem Brandverhalten

| Baustoffklasse | Bauaufsichtliche Benennung |
|---|---|
| A | nichtbrennbare Baustoffe |
| A1 | Baustoffe ohne brennbare Anteile (z. B. Stahl, Mauerwerk, Beton) |
| A2 | Baustoffe mit geringen brennbaren Anteilen (z. B. Gipskarton) |
| B | brennbare Baustoffe |
| B1 | schwer entflammbare Baustoffe (z. B. imprägnierte Holzbauteile) |
| B2 | normal entflammbare Baustoffe |
| B3 | leicht entflammbare Baustoffe (z. B. Papier, Folien) |

Zur Verhinderung der Brandausbreitung im Gebäude oder zur Abwendung des Einsturzes von Gebäuden werden in den Landesbauordnungen bestimmte Anforderungen an den Feuerwiderstand von Bauteilen gestellt. In der DIN 4102 sind Feuerwiderstandsklassen für Wände, Decken, Stützen, Balken und Treppen mit dem Buchstaben F gekennzeichnet. Nach dem Buchstaben folgt die Zeitangabe in Minuten als Mindestwiderstandsdauer des Bauteils gegen die genormten Versuchsbrände (Tab. 2.9). Auch Sonderbauteile wie nichttragende Außenwände (W), Türen (T), Verglasung (G) usw. werden in der Norm klassifiziert.

In den Bauordnungen der Länder sind die Mindestanforderungen des baulichen Brandschutzes für die einzelnen Gebäudekategorien als Kombination aus der Feuerwiderstandsklasse und der Baustoffklasse angegeben, z. B. F30-AB.

Die Feuerwiderstandsdauer und damit auch die Feuerwiderstandsklasse eines Bauteils hängt im Wesentlichen von folgenden Einflüssen ab:
- ein- oder mehrseitige Brandbeanspruchung
- Art des Baustoffs
- Abmessung und Querschnitt des Bauteils
- bauliche Ausbildung der Anschlüsse, Auflager, Halterung, Befestigung, Fugen etc.
- statisches System (statisch bestimmte oder unbestimmte Lagerung, einachsige oder zweiachsige Lastabtragung, Einspannung usw.)
- Ausnutzungsgrad der Festigkeiten der verwendeten Baustoffe infolge äußerer Beanspruchungen
- Anordnung von Bekleidungen.

Tabelle 2.9  Feuerwiderstandsklasse in Abhängigkeit von der Feuerwiderstandsdauer

| Bauaufsichtliche Benennung | Feuerwiderstandsklasse | Feuerwiderstandsdauer in Minuten |
|---|---|---|
| feuerhemmend | F30 | ≥ 30 |
|  | F60 | ≥ 60 |
| feuerbeständig | F90 | ≥ 90 |
|  | F120 | ≥ 120 |
| hochfeuerbeständig | F180 | ≥ 180 |

Abhängig von den Gebäudeabmessungen und von der Größe der Gefahr, die sich aus der Nutzung ergeben kann, werden für die Bauteile weitere Sicherheitseinstufungen vorgenommen. Das gilt für Wände, Decken, Öffnungen, Schächte, Rettungswege und Brandabschnitte. Für Versammlungsstätten, Geschäftshäuser, Krankenhäuser und Garagen werden in Sonderbauordnungen zusätzliche Anforderungen gestellt.

Übergeordnete Maßnahmen sind zu treffen, um die Entstehung von Bränden und ihre Ausbreitung zu vermeiden. Im Brandfall ist die Rettung von Personen, Tieren und Sachgütern zu gewährleisten, und es sind Voraussetzungen für eine wirksame Brandbekämpfung zu schaffen.

Neben Sprinkleranlagen und Feuermeldeeinrichtungen gehört hierzu auch, dass nur Baustoffe verwendet werden, die im Brandfall eine übermäßige Entwicklung von Rauch und toxischen Gasen weitgehend ausschließen.

Diese Maßnahmen gelten dem Personenschutz und sind in jedem Fall einzuhalten. Sie werden durch Bedingungen der Versicherer, die den Sachschutz betreffen, ergänzt. Deren Erfüllung ist nicht zwingend, führt jedoch häufig zu Prämienrabatten.

## 2.4.2 Einordnung von Stahltrapezprofil-Tafeln nach DIN 4102-4

STP-Tafeln sind im Allgemeinen aus bandverzinktem Stahlblech hergestellt, dies entspricht der Baustoffklasse A1 gemäß DIN 4102, nichtbrennbar im Sinne der Norm.

Kunststoffbeschichtete Stahltrapezprofile, gleichgültig ob aus bandverzinktem und zusätzlich kunststoffbeschichtetem Stahlblech hergestellt oder nachträglich beschichtet, sind in der Regel aufgrund besonderer Nachweise in die Baustoffklasse A2 einzustufen. Sie erfüllen dann die Anforderungen auch bezüglich der Rauchdichte, der Toxizität der Rauchgase, der Wärmeentwicklung und des Abtropfens. Tragende Bauteile aus STP-Tafeln haben nur geringe Querschnitte. Wegen ihrer hohen Wärmeleitfähigkeit erreichen sie im Brandfall in weniger als 30 Minuten „kritische Stahltemperaturen" (crit $T$), also Temperaturen, bei denen die Streckgrenze des Stahls auf die im Bauteil jeweils vorhandene Stahlspannung absinkt. Für eine Beanspruchung von 160 N/mm$^2$ beträgt dann crit $T$ ungefähr 500 °C.

Um Klassifizierung F30 bis F180 zu erreichen, ist im Allgemeinen die Anordnung einer Bekleidung erforderlich.

Es kommen in Frage:

- Putze mit Vermiculite usw. als Zuschlagstoffe und organischen und mineralischen Bindemitteln, in Sonderfällen ohne Putzträger
- Platten mit Faserzusatz, z. B. Gipskarton- oder Faserzementplatten
- Unterdecken und andere Vorsatzschalen
- dämmschichtbildende Brandschutzbeschichtungen (bis F60).

Konstruktionen aus STP-Tafeln werden meist als wenig brandsicher hingestellt. Dies ist nicht zutreffend, da sie bei entsprechender Planung jeder Brandschutzforderung gerecht werden können.

## 2.4.3 Brandschutz bei Dächern

Bei Gebäuden normaler Nutzung wird vonseiten der Bauaufsicht an Dächer brandschutztechnisch in der Regel nur die Forderung gestellt, dass sie gegen Flugfeuer und strahlende Wärme widerstandsfähig sein müssen (harte Bedachung).

Dächer mit Stahltrapezprofilen als wasserführende Schicht erfüllen diese Bedingung von Haus aus, wenn unterseitig Dämmstoffe fehlen oder diese mindestens schwerentflammbar (Klasse B1) sind. Aber auch Stahltrapezprofil-Dächer mit oben liegender Wärmedämmung und Dachabdichtung (Warmdächer) genügen dieser Anforderung, sofern die mehrlagige Dachabdichtung aus genormten Dichtungsbahnen besteht und Wärmedämmstoffe mindestens der Baustoffklasse B2 eingebaut werden.

Mit Sonderkonstruktionen können weitergehende Anforderungen an den Brandschutz mit Stahltrapezprofil-Dächern erfüllt werden. In diesen Fällen ist jedoch eine unterseitige Verkleidung der Stahltrapezprofile mit nichtbrennbaren Brandschutzplatten in entsprechender Dicke erforderlich (Abb. 2.5 bis Abb. 2.8).

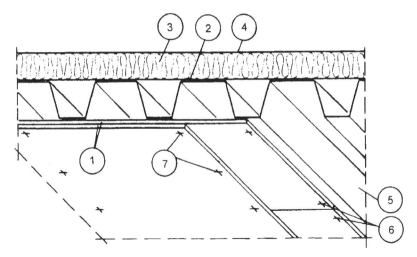

| | | |
|---|---|---|
| 1 Gipskarton-Bauplatten (GKF) nach DIN 18180 | | $d = 12{,}5$ mm |
| 2 Bituminöse Dampfsperrbahn Alu 01 | | $d = 3{,}0$ mm |
| 3 Wärmedämmung, beliebiger Dachaufbau oberhalb der Dampfsperre | | |
| 4 Dachabdichtung, beliebiger Dachaufbau oberhalb der Dampfsperre | | |
| 5 STP-Tafel | | |
| 6 Senkblechschrauben | | |
| 7 Stahldrahtklammern | | |

Abb. 2.5 Beispiel eines Trapezprofil-Daches F30-AB, Brandbeanspruchung von der Unterseite

Die dargestellte zweilagige Gipskarton-Bauplatte-Bekleidung kann bei Bedarf auch als abgehängte Unterdecke ausgeführt werden.

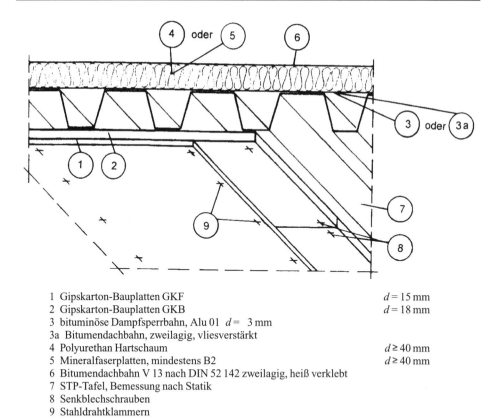

| | |
|---|---|
| 1 Gipskarton-Bauplatten GKF | $d = 15$ mm |
| 2 Gipskarton-Bauplatten GKB | $d = 18$ mm |
| 3 bituminöse Dampfsperrbahn, Alu 01 $d = 3$ mm | |
| 3a Bitumendachbahn, zweilagig, vliesverstärkt | |
| 4 Polyurethan Hartschaum | $d \geq 40$ mm |
| 5 Mineralfaserplatten, mindestens B2 | $d \geq 40$ mm |
| 6 Bitumendachbahn V 13 nach DIN 52 142 zweilagig, heiß verklebt | |
| 7 STP-Tafel, Bemessung nach Statik | |
| 8 Senkblechschrauben | |
| 9 Stahldrahtklammern | |

Abb. 2.6 Beispiel eines Trapezprofil-Daches F90-AB, Brandbeanspruchung von der Unterseite

Versatz der Plattenstöße von erster und zweiter Lage in Längsrichtung $\geq 500$ mm, in Querrichtung $\geq 250$ mm.

Die dargestellte zweilagige Bekleidung kann bei Bedarf auch als abgehängte Unterdecke ausgeführt werden.

Querschnitt

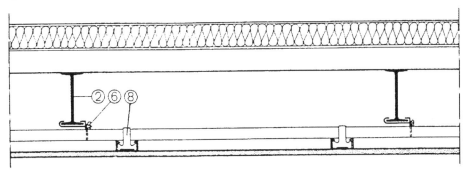

Längsschnitt

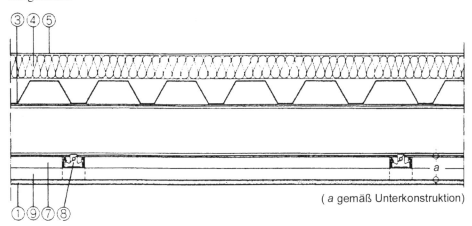

( *a* gemäß Unterkonstruktion)

1 Rigips-Feuerschutzplatten RF,         $d = 15$ mm
2 Stahlträger
3 STP-Tafel         40/183/0,75 mm
4 Dämmstoff
5 Bitumenpappe
6 Trägerklammer
7 Grundprofil
8 Winkelanker
9 Tragprofil

Abb. 2.7 Beispiel eines Daches F30 mit abgehängter Decke

Querschnitt

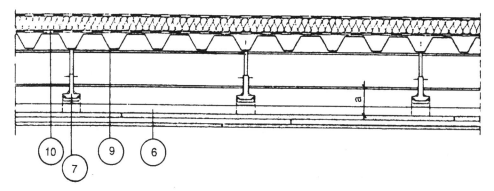

Längsschnitt

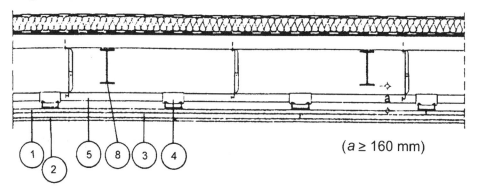

(a ≥ 160 mm)

1 Rigips-Feuerschutzplatten RF,      $d = 15$ mm
2 Rigips-Feuerschutzplatten RF      $d = 12{,}5$ mm
3 Rigips MF-Mineralfaserplatten, unbeschichtet    $d = 20$ mm
4 Clipsanker
5 Grundprofil
6 Tragprofil
7 Ankerhänger mit Justierstab
8 Stahlträger
9 Trapezprofil
10 Hartschaum-Dämmstoffplatten

Abb. 2.8 Beispiel eines Daches F90 mit abgehängter Decke

Für begehbare Dächer, d. h. Brandbeanspruchung von der Ober- und Unterseite, kann z. B. die in Abb. 2.9 dargestellte Konstruktion F90 (feuerbeständig) ausgeführt werden. Es ist jedoch zu beachten, dass die Feuerwiderstandsklasse nur für die dargestellte Gesamtkonstruktion gilt und nicht für einzelne Bestandteile des Aufbaues.

Eine andere unterseitige Brandschutzbekleidung kann z. B. mit Vermiculite-Platten oder profilfolgendem Spritzputz aus Vermiculite oder Mineralfaser erfolgen.

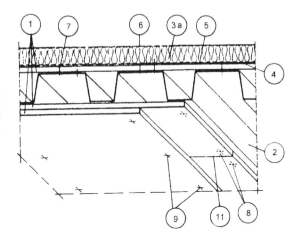

Montagehinweise:
Die Längsstöße der Gipskarton-Platten (1) sind auf den Sicken der Trapezbleche anzuordnen. Längs- und Querstöße der zweilagigen unteren Verkleidung mind. 400 mm gegeneinander versetzten.

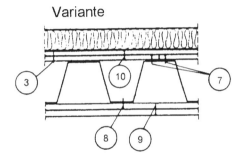

Varianten:
Obere Abdeckung zweilagig, Plattendicke 2 mm × 8 mm, ohne Wärmedämmung und Dachhaut F 90-A.
Mit Polyurethan-Dämmschicht und Eindeckung mit Bitumenbahnen F 90-AB.

Technische Daten:

|   |   |   |
|---|---|---|
|   | Masse (nur 1): | ca. 28,0 kg/m² |
|   | Wärmedurchlaßwiderstand 1/Λ | ca. 0,17 m² K/W |
|   | Gipskarton-Bauplatten mit Mineralwolle-Dämmschicht |   |
| 1 | Gipskarton-Bauplatten (GKF) | $d = 12{,}5$ mm |
| 2 | Stahl-Trapezprofil (Bemessung nach Statik) |   |
| 3 | Polyurethan-Dämmschicht |   |
| 3a | oder Mineralwolle-Dämmschicht | $d = 40$ mm |
| 4 | Bitumenkleber |   |
| 5 | Dachpappe mit Alufolie 0,1 mm |   |
| 6 | Bitumendachbahn, besplittet |   |
| 7 | Senkblechschrauben 3,5 × 19,  10–12 Stück/m² |   |
| 8 | Senkblechschrauben 3,5 × 19, versenkt, Reihenabstand = Sickenabstand = 280 mm, Abstand in der Reihe 350 mm, versetzt |   |
| 9 | Klammern 22/10/1, Reihenabstand ca. 350 mm, Abstand in der Reihe 80–120 mm |   |
| 10 | Klammern 16/10/1,  10–12 Stück/m² |   |
| 11 | Verspachtelung mit Spachtelmasse |   |

Abb. 2.9  Beispiel eines Trapezprofildaches F90-AB, Brandbeanspruchung von der Ober- und Unterseite

## 2.4.4 Brandschutz bei Decken

Geschossdecken müssen aufgrund der behördlichen Anforderungen im Regelfall feuerhemmend (F30/F60) sein. Bei Gebäuden mit mehr als fünf Vollgeschossen muss die Forderung feuerbeständig (F90/F120) erfüllt sein. Tragende Stahlprofildecken mit mindestens 5 cm Ortbeton auf der Oberseite werden bei unterseitigem Brandschutz durch Bekleidung mit Brandschutzplatten etwa aus Mineralfaser oder profilfolgendem Spritzputz entsprechend der Tabelle 2.10 klassifiziert. Konstruktionsbeispiele sind in Abbildung 2.10 dargestellt.

Tab. 2.10 Brandschutzbekleidung für Decken

| Brandschutzbekleidung | Mindestbekleidungsdicke $d$ in mm bei 5 cm Aufbeton | | | | |
|---|---|---|---|---|---|
| | feuerhemmend | | feuerbeständig | | hoch feuerbeständig |
| | (F30) 30 min[1] | (F60) 60 min[1] | (F90) 90 min[1] | (F120) 120 min[1] | (F180) 180 min[1] |
| Profilfolgender Spritzputz aus Mineralfaser oder Ähnlichem | 5 (15) | 9 (20) | 12 (25) | 14 (30) | 18 (35) |
| Profilfolgender Spritzputz aus Perlite | 5 (10) | 5 (15) | 8 (20) | 10 (25) | 14 (30) |
| Unterseitige Bekleidung mit Brandschutzplatten | $d \geq 8$ mm mit $d_a = 8$ mm | $d \geq 8$ mm mit $d_a = 10$ mm | $d \geq 10$ mm mit $d_a = 10$ mm | | |

[1] Zeitangaben für die Prüfdauer unter Einhaltung der Versuchsbedingungen.
Die Werte in Klammern () gelten für Durchbrüche. $d_a$ ist Maß für Abstandstreifen.

Baulicher Brandschutz 43

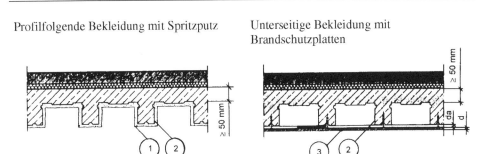

Profilfolgende Bekleidung mit Spritzputz    Unterseitige Bekleidung mit Brandschutzplatten

1  Spritzputz
2  Stahlprofil
3  Brandschutzplatte

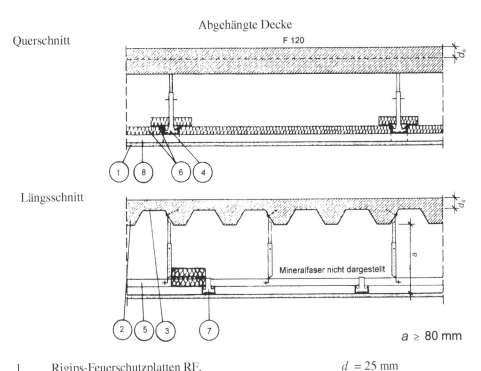

1  Rigips-Feuerschutzplatten RF,  $d = 25$ mm
2  Aufbeton  $d_B = 50$ mm
3  Trapezprofil 40/183/0,75 mm (Hoesch AG)
4  Ankerhänger mit Justierstab
5  Grundprofil
6  Mineralfaser
7  Winkelanker
8  Tragprofil

Abb. 2.10  Beispiele für den Brandschutz von Trapezprofildecken

Sollen Decken ohne zusätzliche unterseitige Brandschutzbekleidung feuerbeständig ausgeführt werden, kann der bauliche Brandschutz durch geeignete Ausbildung und Anordnung einer Betonstahlbewehrung der tragenden Stahlbetondecke gemäß DIN 4102-4 auf drei Arten erfolgen (Abb. 2.11).

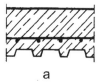 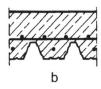 

        a                         b                         c

a Der statische Deckenaufbau der Massivdecke beginnt oberhalb der Profilgurte. Da das Gewicht der betongefüllten Rippen keine statische Funktion ausübt, sollten bei dieser Konstruktionsart niedrige Profile verwendet werden.
b Die tragende Bewehrung wird in den Rippen der Trapezprofilschalung angeordnet. Die Verteilerbewehrung liegt direkt auf den Obergurten der Trapezprofile. Die Betonüberdeckung von Betonstahlbewehrung und Trapezprofilobergurten richtet sich nach der geforderten Feuerwiderstandsklasse.
c Die schmalen, schwalbenschwanzförmigen Spalten der Holoribprofile verhindern eine stärkere Erwärmung der im Spalt liegenden Blechteile.

Abb. 2.11 Trapezprofildecke F90 ohne unterseitige Brandschutzbekleidung

Die beschriebenen Verbundbauteile bestehen aus Dünnblech-Stahlprofilen und bewehrtem Beton. Beide wirken in ihrer Tragfähigkeit zusammen und vereinigen so die Vorteile des Stahlbetons und des Stahlbaues.

## 2.4.5 Brandschutz bei Wänden

Da Stahltrapezprofil-Wände immer nichttragende Außenwandkonstruktionen sind, werden bei Gebäuden mit bis zu zwei Vollgeschossen in der Regel keine brandschutztechnischen Anforderungen an diese Bauteile gestellt.

Die Wärmedämmstoffe müssen jedoch mindestens der Forderung normal entflammbar (B2) genügen. Bei Gebäuden mit mehr als zwei Vollgeschossen muss die Forderung nichtbrennbar (A1) für die Dämmstoffe eingehalten werden.

Es sind jedoch auch Wände für besondere brandschutztechnische Anforderungen herstellbar.

Die Wandkonstruktionen können in Abhängigkeit von ihrem Aufbau als feuerhemmende oder feuerbeständige Wände ausgeführt werden (nach DIN 4102).

Um den Anforderungen feuerhemmend, F30 nach DIN 4102, zu genügen, muss die Wand unter Versuchsbedingungen einen Durchgang des Feuers mindestens 30 Minuten lang verhindern. Es dürfen ferner auf der dem Feuer abgekehrten Seite keine entzündbaren Gase auftreten, die nach Wegnahme der Zündquelle alleine weiterbrennen. Die Wände müssen am Ende des Brandversuches in einer Dicke von mindestens 10 mm, ohne Hohlräume, erhalten geblieben sein bzw. den Beanspruchungen eines Festigkeitsversuches so standhalten, dass ihre raumabschließende Wirkung erhalten bleibt.

Um einer Einstufung unter dem Begriff feuerbeständig, F90 nach DIN 4102, gerecht zu werden, muss die Wand den o. g. Anforderungen über einen Zeitraum von 90 Minuten standhalten.

Mit den Stahltrapezblechprofilen lassen sich bei entsprechendem Wandaufbau Wandkonstruktionen bis zur Anforderung feuerbeständig, F 90 nach DIN 4102, herstellen. Als Dämmstoffe sind hierzu Mineralfasermatten in ausreichender Dicke erforderlich. Auf die Rand- und Fugenausbildung ist besonders zu achten.

### 2.4.6 Brandschutz bei Sandwichkonstruktionen

Sandwichprodukte sind völlig frei von bituminösen, lösungsmittelhaltigen oder anderen Brandrisiko erhöhenden Bestandteilen. Daher ist im Brandfall eine Schädigung der Elemente nur im unmittelbaren Einwirkungsbereich einer äußeren Brandlast zu erwarten. Der Polyurethan-Hartschaum wird nur in diesem Bereich am Brandgeschehen beteiligt.

Durch den vollflächigen Abschluss mit Stahldeckschalen weisen die Elemente keine inneren Luftschichten auf. Daher ist eine sogenannte Kaminwirkung ausgeschlossen. Eine Brandausweitung innerhalb der Elemente oder an der Oberfläche kann nicht erfolgen. Nach Entfernen der äußeren Brandlast, z. B. durch Ablöschen, tritt durch fehlende Sauerstoffzufuhr und durch Aufkohlen des Polyurethan-Hartschaums Selbstverlöschen ein.

Ein Sandwichdach trägt nicht zur Aufrechterhaltung und auch nicht zur Ausweitung eines Brandes bei. Es können keine Bitumenmassen oder Schaumstoffbestandteile brennend abtropfen. Ebenso können, durch das Verschrauben der Dachelemente mit der Tragkonstruktion, keine brennenden Dachteile herabfallen.

Die rechnerische Brandlast $q_R$ nach DIN 18 230 liegt unter den Werten üblicher, nicht belüfteter Warmdächer.

Zur Beurteilung des Brandverhaltens sowie zur Risikoabschätzung dient die Ermittlung der vorhandenen Brandlast und der daraus resultierenden rechnerischen Brandbelastung, d. h. der mögliche Beitrag der Stahl-PUR-Sandwichelemente zum Brandgeschehen (Tab 2.11).

Die Ermittlung kann nach DIN 18 230 erfolgen unter Berücksichtigung der eingesetzten Schaumstoffmenge, des Heizwertes des Schaumstoffes sowie dessen Abbrandfaktor $m$.

Tab. 2.11 Rechnerische Brandbelastung $q_R$ von Stahl-PUR-Sandwichelementen

|   | Dicke $d$ mm | Menge PUR $M$ kg/m$^2$ | Brandbelastung $q$ kWh/m$^2$ | Rechnerische Brandbelastung $q_R = q \cdot m$ kWh/m$^2$ |
|---|---|---|---|---|
| Wand | 30 | 1,4 | 9,6 | 1,9 |
|  | 40 | 2,0 | 13,7 | 2,7 |
|  | 60 | 3,0 | 20,5 | 4,1 |
|  | 80 | 3,6 | 24,1 | 4,8 |
|  | 100 | 4,5 | 30,2 | 6,0 |
|  | 120 | 5,4 | 36,2 | 7,2 |
|  | 160 | 7,2 | 48,2 | 9,7 |
| Dach $h_d$ *) | 40 | 2,5 | 16,8 | 3,4 |
|  | 60 | 3,0 | 20,5 | 4,1 |

*) $h_d$ durchgehende Schaumstoffdicke

Zum Vergleich bringt ein nicht belüftetes, dreilagig bituminös abgedichtetes Warmdach mit $q_R = 100$ kWh/m$^2$ eine mehr als zwanzigfache Brandbelastung, bedingt durch bituminöse Dachdichtungsbahnen und Klebemassen. Nicht belüftete Warmdächer mit Folienabdichtung kommen immerhin noch auf Werte von $q_R = 50$ kWh/m$^2$.

Dieses äußerst günstige Verhalten von Sandwichkonstruktionen im Brandfall wird durch die Bauaufsichtsbehörden und die Sachversicherer positiv beurteilt und zur Zeit wie folgt klassifiziert:

- Sandwichdächer sind in der Regel schwer entflammbar (Baustoffklasse B1 nach DIN 4102-1) und widerstandsfähig gegen Flugfeuer und strahlende Wärme gemäß DIN 4102-7.
- Sandwichdächer entsprechen den Kriterien der „harten Bedachung" gemäß Prämienrichtlinie der Sachversicherer.
- Die Deckschalen aus Stahl sind nicht brennbar (Baustoffklasse A2 nach DIN 4102), wobei die Beschichtung keinen nennenswerten Einfluss auf die Brandlast hat.
- Die Dämmstoffe unterhalb der Dachhaut müssen, nach DIN 4102 für sich allein geprüft, mindestens der Baustoffklasse B2 entsprechen.

Angaben hinsichtlich einer evtl. Gefährdung der Löschmannschaften durch Rauchgase von Polyurethan-Hartschaum sind nur schwer möglich. Von entscheidender Bedeutung sind die im Verlauf des Brandgeschehens beteiligten Mengen, die Verbrennungstemperatur und der Luft-Sauerstoff-Gehalt. Sinnvollerweise lässt sich nur durch einen Vergleich die toxische Wirkung der Rauchgase feststellen. Wird ein Gefährdungsgrad am Beispiel Polyurethan-Hartschaum/Fichtenholz festgelegt, verbleibt bei gleichen Gewichtsmengen von Polyurethan eine wesentlich geringere toxische Wirkung als von Fichtenholz.

Die verwendeten Materialien zeigen nachweisbar ein defensives Verhalten im Brandfall. Sie geben dem Bauherrn die Gewissheit, dass sich ein örtlicher Brand weder über die Dachfläche hinweg noch durch Kaminwirkung innerhalb der Elemente auf andere Gebäudeteile ausbreiten kann.

## 2.5 Blitzschutz

Die Stahltrapezblech-Hüllkonstruktion ist elektrisch leitend und kann im Sinne des Blitzschutzes als Fangeinrichtung betrachtet werden.

Es muss allerdings darauf geachtet werden, dass der leitende Querschnitt dieser Bauteile den Anforderungen der erforderlichen Blitzschutzanlage entspricht. Ferner ist auf eine ausreichend elektrisch leitende Verbindung und Erdung der zur Blitzableitung bestimmten Profile zu achten.

Bei der Planung der Blitzschutzanlagen eines Gebäudes muss zwischen dem inneren und dem äußeren Blitzschutz unterschieden werden:

- Die Maßnahmen des inneren Blitzschutzes richten sich gegen die Auswirkung der vom Blitzstrom induzierten Spannung in metallenen Installationen und elektrischen Anlagen. Den günstigsten inneren Blitzschutz bieten Stahlskelett- und Stahlbetonbauten, deren miteinander verbundene Stahlteile für die Blitzschutzanlage verwendet werden, so dass sich der abfließende Blitzstrom weitläufig verteilen kann. Solche Gebäude bilden mit ihrer Außenhaut aus profilierten Stahlblechen einen metallenen Käfig, über den allseitig der Blitzstrom abfließt.
- Die praktische Ausführung des äußeren Blitzschutzes ist die Blitzschutzanlage mit Fangeinrichtung, Ableitung und Erdung zum Auffangen und Ableiten des Blitzes nach Erde. Im Allgemeinen wird die Fangeinrichtung auf den Dächern und bei sehr hohen Gebäuden auch auf den Seitenwänden verlegt, am zweckmäßigsten als vermaschtes Netz von Fangleitungen.

Bei Planung und Ausführung einer Blitzschutzanlage eines Industriegebäudes sollten in jedem Falle autorisierte Firmen der Fachrichtung Blitzableiterbau herangezogen werden, da meist erhebliche Werte zu sichern sind.

## 2.6 Korrosionsschutz

Um Korrosionsschäden zu vermeiden, sollen Stahlbauten so gestaltet werden, dass sie korrosionsfördernden Einflüssen geringe Angriffsmöglichkeiten bieten. Dies trifft natürlich in verstärktem Maß für dünnwandige Bauteile zu.

Die neue internationale Korrosionsschutzvorschrift ISO 12 944 : 06.95 bezieht sich nur auf Stahlkonstruktionen mit mindestens 3 mm Materialdicke.

Für STP-Tafeln liegt die wirtschaftliche Materialdicke $t_n$ zwischen 0,75 mm und 1,5 mm, und es gelten die Festlegungen der DIN 55 928 Teil 8 : 07.95.

Je nach der Korrosionsgefährdung werden verschiedene Korrosionsschutzklassen unterschieden. Dabei kann im Allgemeinen von einer Zugänglichkeit im Einbauzustand ausgegangen werden.

Die Zuordnung von Korrosionsschutzklassen zu den Korrosionsangriffen in der natürlichen Atmosphäre (Außenluft) erfolgt nach DIN 55 928-8, Tab.1 (hier Tab. 2.12).

Tab. 2.12  Zuordnung der Korrosionsschutzklassen

| 1 | 2 | 3 |
|---|---|---|
| Atmosphärentyp | Zugänglichkeit | Korrosionsschutzklassen |
| L Landatmosphäre | zugänglich | I |
| | nicht zugänglich | II |
| S Stadtatmosphäre | zugänglich | |
| | nicht zugänglich | III |
| I Industrieatmosphäre | zugänglich | |
| M Meeresatmosphäre | nicht zugänglich | |
| Sonderbeanspruchungen | zugänglich | III |
| Es bedeuten: <br> I   bei vergleichsweise geringer korrosiver Beanspruchung oder für kurze Schutzdauer <br> II  bei mittlerer korrosiver Beanspruchung oder für lange Schutzdauer <br> III bei mittlerer korrosiver Beanspruchung oder für besonders lange Schutzdauer | | |

Bandbeschichtete verzinkte Bleche werden im Regelfall der Korrosionsschutzklasse III zugeordnet, und nur in Sonderfällen ist Korrosionsschutzklasse II sinnvoll. Mögliche Korrosionsschutzsysteme sind nach Tabelle 2.13 auszuwählen.

Tab. 2.13 Beispiele für Korrosionsschutzsysteme

Tabelle aus DIN 55 928 Teil 8 : 07.94 (Auszug)
Bandverzinkung/Bandlegierungsverzinkung ohne oder mit Bandbeschichtung

| 1 | 2 | 3 | 4 | 5 | 6 | 7 |
|---|---|---|---|---|---|---|
| Metallüberzug Verfahren/Art Dicke | Beschichtung | | | | | Korrosions- schutz- klasse nach Tabelle 2.12 |
| | Bindemittel der Deckbeschichtung | Kennzahl | Grund- beschich- tung | Deck- beschich- tung | Nenn- schicht- dicke ge- samt $\mu m$ | |
| Bandverzin- kung nach DIN EN 10 147 (Z) oder Legierver- zinkung nach DIN EN 10 214 (ZA) oder Le- gierverzinkung nach DIN EN 10 215 (ZA) -------- Auflage 275 g/m² bzw. 255 g/m² bzw. 150 g/m² ≈ 20 $\mu m$ Nenn- dicke des Über- zuges | – | 3–0.1 | – | – | – | I[5] |
| | – | 3–0.2 | – | – | – | III[9] |
| | Speziell modifiziertes Alkydharz      AK | 3–117.1 | – | x | 12 | II[6] |
| | Polyesterharz      SP | 3–160.1 | – | x | 12 | II[6] |
| | | 3–160.2 | x | x | 25 | III |
| | Acrylharz      AY | 3–250.1 | – | x | 12 | II[6] |
| | | 3–250.2 | x | x | 25 | III |
| | Siliconmodifiziertes Polyesterharz   SP – SI | 3–165.1 | x | x | 25 | III |
| | Polyurethan      PUR | 3–310.1 | x | x | 25 | III |
| | Polyvinyliden- fluorid      PVDF | 3–600.1 | x | x | 25 | III |
| | PVC – Plastisol  PVC (P) | 3–205.1 | x | x | 100 | III[7] |
| | Folien Poly- acrylat      PMMA (F) | 3–255.1 | x[8] | x | 80 | III |
| | Polyvinylfluorid   PVF (F) | 3–600.5 | x[8] | x | 45 | III |

[5] Im Außeneinsatz lediglich bei kurzer Gebrauchsdauer geeignet.
[6] Nur für geringe Belastung, üblicherweise im Inneneinsatz.
[7] Einsatzbereich wegen Temperatur (Sonne) eingeschränkt.
[8] Als Klebeschicht von etwa 10 $\mu m$ Dicke.
[9] Mit 185 g/m² Auflage ≈ 25 $\mu m$ bei Legierverzinkung nach DIN EN 10 215 (AZ).

Die Schutzsysteme sind möglichst vollständig im Werk aufzubringen. Für einen individuell angepassten Korrosionsschutz und zur farbigen Gestaltung werden die Deckschalen zusätzlich im COIL-Coating-Verfahren kunststoffbeschichtet.

Die Verbindung Verzinkung plus Beschichtung wird als Duplex-System bezeichnet. Die Besonderheit besteht darin, dass durch den synergetischen Effekt, durch die besondere Form des Zusammenwirkens der beiden Stoffe, der Korrosionsschutz 2- bis 2,5-mal so lang hält wie die addierte Schutzdauer von Zink- und Kunststoffschicht.

Folgende Bandbeschichtungssysteme können empfohlen werden:

– für den Außeneinsatz:   Folie (PVF-Basis)
    bandverzinkter Stahl mit hochwertiger Bandbeschichtung auf der Sichtseite mit Schichtdicken von: Klebstoff und Primer 10 $\mu m$ und Polyvinylfluorid-Folie ca. 40 $\mu m$.
    Lack (PVDF- bzw. SP-Basis)
    bandverzinkter Stahl mit hochwertiger, zweischichtig eingebrann-

|  |  |
|---|---|
| | ter Bandbeschichtung auf der Sichtseite mit einer Schichtdicke von: Polyvinylidenfluorid (PVDF) oder Polyester (SP) 25 μm. |
| – für den Inneneinsatz: | DU Dünnbeschichtung<br>bandverzinkter Stahl mit Dünnbeschichtung auf der Sichtseite<br>Schichtdicke: 10 μm<br>Lackbasis: Polyester. |

# 3 Bemessungsgrundlagen

Das Deutsche Institut für Stahlbau hat in seinen Mitteilungen, Sonderheft 11 (Ausg. 7/95 und 5/96) „Anpassungsrichtlinie Stahlbau" darauf hingewiesen, dass auch Konstruktionen aus Stahltrapezprofilen (STP) ab Januar 1996 nach dem Sicherheits- und Bemessungskonzept der DIN 18 800 zu bemessen sind (Punkt 4.13).

Danach dürfen die Beanspruchungen $S_d$ die Beanspruchbarkeiten $R_d$ nicht überschreiten. Um diesen Vergleich führen zu können, müssen auf der einen Seite die Einwirkungen und auf der anderen Seite die Widerstände bekannt sein.

## 3.1 Begriffe und Formelzeichen

### 3.1.1 Einwirkungen und deren Größen

Die Einwirkungen **F** sind Ursachen von Kraft- und Verformungsgrößen im Tragwerk. Einwirkungsgrößen beschreiben die Einwirkungen nach ihrer Größe. Entsprechend ihrer zeitlichen Veränderlichkeit erfolgt die Einteilung der Einwirkungen in

- ständige Einwirkungen        $G$,   Schwerkraft, Baugrundbewegung
-                                           $P$,   Vorspannung
- veränderliche Einwirkungen    $Q$,   Verkehrslast, Wind, Schnee und Temperatur
- außergewöhnliche Einwirkungen   $F_A$,   Lasten aus Anprall von Fahrzeugen

Für Konstruktionen aus STP-Tafeln kommen Baugrundbewegung und Vorspannung nicht in Ansatz. Auch außergewöhnliche Einwirkungen spielen für die Bemessung von STP-Tafeln keine Rolle.

### 3.1.2 Widerstände und deren Größen

Unter Widerstand **M** wird der Widerstand eines Tragwerks, seiner Bauteile und Verbindungen gegen Einwirkungen verstanden. Aus den geometrischen Größen und den Werkstoffkennwerten sind die Festigkeiten und Steifigkeiten als Widerstandsgrößen der Norm abgeleitet. Vereinfachend werden alle Streuungen des Widerstandes den Festigkeiten und Steifigkeiten zugeordnet. In anderen Normen der Reihe DIN 18 800 kann es andere Regelungen geben.

Die Festigkeiten sind auf die Nennwerte der Querschnittswerte bezogen. Streckgrenze $f_y$ und Zugfestigkeit $f_u$ sind die wichtigsten Festigkeiten. Ihnen werden die Werkstoffkennwerte obere Streckgrenze $R_{eH}$ und Zugfestigkeit $R_m$ zugeordnet. Die Biegesteifigkeit $E \cdot I$ ist das Produkt aus streuender Werkstoffkenngröße Elastizitätsmodul und streuender geometrischer Größe Flächenmoment 2. Grades.

Widerstandsgrößen von STP-Tafeln sind hauptsächlich querschnittsbezogene Werte. Sie werden für die handelsüblichen STP-Tafeln meist durch Bauteilversuche nach DIN 18 807-2 gewonnen. Nur in Ausnahmefällen erfolgt die Berechnung der Widerstandsgrößen nach Teil 1 der Norm.

### 3.1.3 Bemessungswerte

Bemessungswerte sind die Werte für Einwirkungsgrößen und Widerstandsgrößen, die für die Nachweise anzunehmen sind. Erfasst wird der Fall ungünstiger Einwirkungen auf Tragwerke, deren Widerstand ebenfalls ungünstig angesetzt wird. Ungünstigere Fälle sind tatsächlich nur mit sehr geringer Wahrscheinlichkeit zu erwarten.

Die mit den festgelegten Bemessungswerten der Norm geführten Nachweise ergeben die angestrebte Versagenswahrscheinlichkeit. Es ist bei statischen Berechnungen wichtig, die Bemessungswerte mit dem Index d zu kennzeichnen.

### 3.1.4 Charakteristische Werte

Die charakteristischen Werte für Einwirkungsgrößen und Widerstandsgrößen sind die Bezugsgrößen für die Bemessungswerte. Alle Größen der Einwirkung und des Widerstandes sind als streuend anzunehmen.

Nach der zugrunde gelegten Sicherheitstheorie müßten sie als $p\%$-Fraktile ihrer Verteilungsfunktionen festgelegt werden. Daraus ließen sich die für die angestrebte Versagenswahrscheinlichkeit erforderlichen Teilsicherheitsbeiwerte errechnen. Die bisher gesammelten statistischen Daten reichen aber nicht aus, um die Fraktilelemente genau angeben zu können. Die DIN 18 800-1 stützt sich deshalb auf deterministisch festgelegte Werte aus der bisherigen Praxis.

Als charakteristische Werte der Einwirkungen gelten die Lastangaben in den einschlägigen Normen. Für Einwirkungen, die nicht in Normen angegeben sind, z. B. Lasten in Bauzuständen oder Lasten aus Montagegerät, müssen die Werte geschätzt werden.

Charakteristische Werte sind festgesetzt:

– für die Werkstoffe Walzstahl und Stahlguß
– für Schrauben und Nietwerkstoffe
– für Werkstoffe von Kopf- und Gewindebolzen
– für die mechanischen Eigenschaften von hochfesten Zuggliedern.

Die Tabellen der Norm enthalten die Werte der Festigkeiten ($f_{y,k}, f_{u,k}$). Charakteristische Werte der Steifigkeiten sind aus den Nenngrößen der Querschnittswerte und den charakteristischen Werten für den E-Modul und für den Schubmodul zu berechnen.

Die lineare Temperaturdehnzahl ist ebenfalls festgelegt.

Charakteristische Werte werden mit den Index k gekennzeichnet.

### 3.1.5 Teilsicherheitsbeiwerte

Die Sicherheitselemente der Norm sind die Teilsicherheitsbeiwerte $\gamma_F$ und $\gamma_M$. Sie berücksichtigen die Streuung der Einwirkungen **F** und der Widerstände **M**. Die Teilsicherheitsbeiwerte werden jeweils aus einem Faktor, der die Streuung berücksichtigt, und aus einem Faktor, der die Unsicherheit im mechanischen Modell, z. B. die Systemunempfindlichkeiten, berücksichtigt, gebildet:

$$\gamma_F = \gamma_f \cdot \gamma_{f,sys}$$

$$\gamma_M = \gamma_m \cdot \gamma_{m,sys}$$

### 3.1.6 Kombinationsbeiwerte

Die Sicherheitselemente, die die Wahrscheinlichkeit des gleichzeitigen Auftretens veränderlicher Einwirkungen berücksichtigen, gehen als Kombinationsbeiwert $\psi$ in die Berechnung ein.

### 3.1.7 Beanspruchungen, Grenzzustände und Beanspruchbarkeiten

Die im Tragwerk von den Bemessungswerten der Einwirkungen $\mathbf{F}_d$ verursachten Zustandsgrößen sind vorhandene Größen. Sie werden Beanspruchungen $S_d$ genannt. Es handelt sich z. B. um Spannungen, Schnittgrößen, Scherkräfte von Schrauben, Dehnungen, Durchbiegungen.

Erreichen die Beanspruchungen im Tragwerk Werte an der Grenze der Tragfähigkeit oder der Gebrauchstauglichkeit, dann wird von Grenzzuständen gesprochen.

Grenzzustände können auch auf Bauteile, Querschnitte, Werkstoffe und Verbindungsmittel bezogen sein.

Grenzzustände der Tragsicherheit sind :

– Beginn des Fließens
– Durchplastizieren eines Querschnitts
– Ausbilden einer Fließgelenkkette
– Bruch.

Die Grenzzustände Biegeknicken, Biegedrillknicken, Platten- oder Schalenbeulen sind in DIN 18 800 ausführlich behandelt.

Grenzzustände der Gebrauchstauglichkeit sind entweder zu vereinbaren oder im Falle der Gefährdung für Leib und Leben nach den Regeln der Tragsicherheitsnachweise zu führen. Die zu den Grenzzuständen gehörenden, im Tragwerk vorhandenen Zustandsgrößen sind die Beanspruchbarkeiten $R_d$. Diese Grenzgrößen werden mit den Bemessungswerten der Widerstandsgrößen $\mathbf{M}_d$ berechnet. Als Index ist für die Beanspruchbarkeiten d zu verwenden. Zu den Beanspruchbarkeiten gehören :

Grenzspannungen, Grenzschnittgrößen, Grenzabscherkräfte von Schrauben, Grenzdehnungen.

### 3.1.8 Formelzeichen

In DIN 18 807-1 sind die zu verwendenden Formelzeichen festgelegt. Noch zu beachtende Bezeichnungen finden sich in DIN 18 800-1. Die Formelzeichen für die Widerstandsgrößen der Formblätter für STP-Tafeln sind im Abschnitt 3.3, Tabelle 3.2 angegeben.

Koordinaten, Verschiebungs- und Schnittgrößen, Spannungen

| | |
|---|---|
| $x$ | Stabachse |
| $y, z$ | Hauptachsen des Querschnitts |
| $u, v, w$ | Verschiebungen in Richtung der Achsen $x, y, z$ |
| $N$ | Normalkraft, als Zug positiv |
| $M_y, M_z$ | Biegemomente |
| $M_x$ | Torsionsmoment |
| $V_y, V_z$ | Querkräfte |
| $\sigma$ | Normalspannungen |
| $\tau$ | Schubspannung |

Physikalische Kenngrößen, Festigkeiten

| | |
|---|---|
| $E$ | Elastizitätsmodul |
| $G$ | Schubmodul |
| $f_{y,k}; \beta_S$ | charakteristischer Wert der Streckgrenze (abgeleitet aus dem Wert $R_{eH}$, obere Streckgrenze) |
| $f_{u,k}$ | charakteristischer Wert der Zugfestigkeit (abgeleitet aus dem Wert $R_m$, Zugfestigkeit) |

$\alpha_T$         lineare Temperaturdehnzahl

Querschnittsgrößen

$A_g$         Fläche des nicht reduzierten Querschnitts des Trapezprofils
$A_{ef}$      mitwirkende, effektive Querschnittsfläche des Trapezprofils unter Wirkung einer Druckkraft
$A_r$         Querschnittsfläche einer Sicke zuzüglich eines Streifens der Breite $b_{ef}/2$ auf jeder Seite der Sicke
$A_s$         nicht reduzierte Querschnittsfläche eines Versteifungselements im Steg, bestehend aus einer Sicke und den benachbarten mitwirkenden ebenen Querschnittsteilen
$I$           Flächenmoment 2. Grades des nicht reduzierten Querschnitts des Trapezprofils
$I_{ef}$      Flächenmoment 2. Grades der mitwirkenden Querschnittsflächen des Trapezprofils
$W_g$         Widerstandsmoment der nicht reduzierten Querschnittsflächen
$W_{ef}$      Widerstandsmoment der mitwirkenden Querschnittsflächen
$b_R$         Rippenbreite
$b_{ef}$      mitwirkende Breite zur Berechnung des aufnehmbaren Biegemoments
$b_{efd}$     mitwirkende Breite des zur Berechnung von Durchbiegungen anzusetzenden $I_{ef}$
$b_o$         Obergurtbreite
$b_p$         Breite der ebenen Teile des Druckgurtes zwischen Sicken und Steg
$b_m$         Breite der ebenen Teile des Druckgurtes zwischen Sicken
$b_r$         Gurtsickenbreite
$b_u$         Untergurtbreite
$b_1$         geometrisch über $b_o$ abgewickelte Breite des Druckgurtes
$h$           Profilhöhe
$r$           Innenradius der Eckausrundungen
$s_{efi}$     mitwirkende Breiten von Teilen des Steges in der Druckzone
$s_{efn}$     mitwirkende Breite des an die Schwerachse angrenzenden Stegteils in der Druckzone
$s_r$         halber Umfang der Gurtsicke
$s_w$         Stegbreite als direkte Verbindung des oberen und unteren Eckpunktes
$s_1$         geometrische Stegabwicklung
$z_d$         Abstand der Spannungsnulllinie vom Druckgurt
$z_z$         Abstand der Spannungsnulllinie vom Zuggurt
$\varphi_i$   Stegneigung gegen die Horizontale
$t$           Stahlkerndicke
$t_N$         Nennblechdicke (Stahlkern mit Verzinkung)
$d$           Lochdurchmesser
$d_S$         Schaftdurchmesser vom Verbindungselement
$a$           rechnerische Schweißnahtdicke

Systemgrößen

| | |
|---|---|
| $l$ | Systemlänge (Stützweite) einer Tafel oder eines Stabes (auch $L$) |
| $b_A$ | Breite des Endauflagers |
| $b_B$ | Breite des Zwischenauflagers |
| $N_{ki}$ | Normalkraft unter der kleinsten Verzweigungslast nach der Elastizitätstheorie (positiv als Druck) |
| $s_K$ | $s_K = \sqrt{\dfrac{\pi^2 (E \cdot I)}{N_{ki}}}$    zu $N_{ki}$ gehörende Knicklänge eines Stabes |

Einwirkungen, Widerstandsgrößen, Sicherheitselemente und Nebenzeichen

| | |
|---|---|
| **F** | Einwirkung (allgemeine Formelzeichen) |
| *G* | ständige Einwirkungen infolge Schwerkraft |
| *P* | ständige Einwirkungen infolge Vorspannung |
| *Q* | veränderliche Einwirkungen |
| $F_A$ | außergewöhnliche Einwirkungen |
| **M** | Widerstandsgröße (allgemeines Formelzeichen) |
| $\gamma_F$ | Teilsicherheitsbeiwert für die Einwirkungen |
| $\psi$ | Kombinationsbeiwert für Einwirkungen |
| $\gamma_M$ | Teilsicherheitsbeiwert für die Widerstandsgrößen |
| $S_d$ | Beanspruchung (allgemeines Formelzeichen) |
| $R_d$ | Beanspruchbarkeit (allgemeines Formelzeichen) |
| Index k | charakteristischer Wert einer Größe |
| Index d | Bemessungswert einer Größe |
| Index R, d | Beanspruchbarkeit |
| Index S, d | Beanspruchung |

## 3.2 Nachweise, Nachweisverfahren

Erforderlich sind die Nachweise der Tragsicherheit, der Lagesicherheit (bei STP-Tafeln nicht erforderlich) und der Gebrauchstauglichkeit. Die Nachweise sind auf das gesamte Tragwerk, seine Teile und Verbindungen, sowie auf seine Lage zu erstrecken.

Als allgemeine Anforderung an die Nachweisführung ist festgelegt, dass die Beanspruchungen $S_d$ die Beanspruchbarkeiten $R_d$ nicht überschreiten dürfen:

$$S_d \leq R_d$$

Ihr Verhältnis muss in allen Fällen kleiner gleich eins sein:

$$\frac{S_d}{R_d} \leq 1{,}0$$

Die beiden zur Verfügung stehenden Theorien der Elastizität und der Plastizität erlauben drei Nachweisverfahren. Die Nachweise können
    Elastisch-Elastisch mit Spannungen
    Elastisch-Plastisch mit Schnittgrößen
    Plastisch-Plastisch mit Einwirkungen oder Schnittgrößen geführt werden.

Grundsätzlich zu berücksichtigen sind:
- Tragwerksverformungen
- geometrische Imperfektionen
- Schlupf in Verbindungen
- planmäßige Außermittigkeiten

In Tab. 3.1 ist das Bemessungskonzept der Bezugsgrößen über die Bemessungswerte bis zu den Nachweisverfahren und Nachweisen im Grenzzustand als Übersicht dargestellt.

Tab. 3.1 Bemessungskonzept nach DIN 18 800-1, Stahlbauten, Bemessung und Konstruktion

| | Einwirkungen<br>Einwirkungsgrößen als Ursachen von Kraft- und Verformungsgrößen | | Widerstände<br>Widerstandsgrößen als Festigkeiten und Steifigkeiten | |
|---|---|---|---|---|
| Bezugsgrößen | F | | M | |
| Charakteristische Werte:<br>Index k | ständige, infolge der Schwerkraft<br>infolge der Vorspannung<br>veränderliche, infolge Verkehrslast, Wind, Schnee, Temperatur<br>als außergewöhnliche aus Erddruck | $G$<br>$P$<br>$Q, Q_i$<br>$F_A$<br>$F_E$ | Elastizitätsmodul, Schubmodul — Material<br>Temperaturdehnzahl<br>obere Streckgrenze<br>Zugfestigkeit<br>Reibungszahl<br>Querschnittsfläche — Querschnitt<br>Flächenmoment 2. Grades | $E, G$<br>$\alpha_T$<br>$f_y, R_{eH}$<br>$f_u, R_m$<br>$\mu$<br>$A$<br>$I$ |
| | | $F_k$ | | $M_k$ |
| Teilsicherheitsbeiwert<br>Kombinationsbeiwert | | $\gamma_F$<br>$\psi$ | | $\gamma_M$ |
| Bemessungswerte:<br>Index d | | $F_d = \gamma_F \cdot F_k \cdot \psi$ | | $M_d = \dfrac{M_k}{\gamma_M}$ |
| Nachweisbedingungen | Mit $F_d$ und gegebenenfalls mit $M_d$ zu bestimmen sind: | **Beanspruchungen** $S_d$ | $S_d \leq R_d$<br>$\dfrac{S_d}{R_d} \leq 1$ | **Beanspruchbarkeiten** $R_d$ sind mit $M_d$ zu bestimmen |
| Nachweisverfahren | Elastisch–Elastisch mit Spannungen<br>Element 745 bis 752 | Elastizitätstheorie | 1 | Elastizitätstheorie |
| | Elastisch–Plastisch mit Schnittgrößen<br>Element 753 bis 757 | Elastizitätstheorie | 2 | Plastizitätstheorie |
| | Plastisch–Plastisch mit Einwirkungen oder Schnittgrößen<br>Element 758 bis 760 | Plastizitätstheorie | 3 | Plastizitätstheorie |
| Erforderliche Nachweise im Grenzzustand | Tragsicherheit | Vom Nachweisverfahren abhängige Grenzzustände:<br>– Beginn des Fließens<br>– Durchplastizieren eines Querschnitts<br>– Ausbildung einer Fließgelenkkette<br>– Bruch | | Grundsätzlich zu berücksichtigen sind:<br>– Tragwerksverformungen, Element 728<br>– geometrische Imperfektionen, Element 729<br>– Schlupf in Verbindungen, Element 733<br>– planmäßige Außermittigkeit, Element 734 |
| | Lagesicherheit | Nachweis von Lagerfugen:<br>Gleiten, Abheben, Umkippen; nach den Regeln des Tragsicherheitsnachweises | | Nach Abschnitt 7.5 der Norm können folgende Grenzzustände maßgebend werden:<br>– Biegeknicken, Biegedrillknicken<br>– Platten oder Schalenbeulen |
| | Gebrauchstauglichkeit | Nachweis in Fachnormen geregelt:<br>Beschränkungen von Formänderungen oder Schwingungen; | | Bei Gefahr für Leib und Leben gelten die Regeln für den Nachweis der Tragsicherheit. |
| Nachweis der Dauerhaftigkeit | Korrosionsschutznachweis | | | |

## 3.3 Auswirkungen des neuen Bemessungskonzeptes

Die im Jahre 1987 erschienene DIN 18 807-1 bis -3, Stahltrapezprofile im Hochbau, hat die in der Stahlbaunormung zu diesem Zeitpunkt zu erwartenden prinzipiellen Änderungen und Neuerungen bereits berücksichtigt.

Bei der Ermittlung der Bemessungswerte ergeben sich sowohl durch Berechnung als auch durch Versuch Tragfähigkeiten. Die Festigkeitsnachweise sind dann auch nicht mit zulässigen Spannungen zu führen. Nachzuweisen ist, dass die Tragfähigkeiten größer sind als die mit einem Sicherheitsbeiwert multiplizierten, nach der Elastizitätstheorie berechneten Beanspruchungsgrößen. Die Sicherheitsbeiwerte sind den Erfordernissen der Gebrauchs- und der Tragsicherheit angepaßt.

Zur DIN 18 800-1 bis -4 : 11.90 Stahlbauten existieren trotz der modernen Ausrichtung der Norm Unterschiede. Das DIBt hat in den „Mitteilungen" 11.1, 2.Auflage 1996, im Abschnitt 4 „Anpassung der Fachnormen" unter Punkt 4.13 Anpassungsbestimmungen für DIN 18 807-1 bis -3 veröffentlicht. Die Bestimmungen sind so formuliert, dass eine Neufassung der DIN 18 807 nicht erforderlich wird.

Ersetzt wird das Formelzeichen $\beta_s$ für die Streckgrenze durch das Formelzeichen $f_{y,k}$. Die nach DIN 18 807-1 und -2 ermittelten „Tragfähigkeitswerte" sind nach DIN 18 800 charakteristische Werte von Widerstandsgrößen $\mathbf{M}_k$. Daraus werden die Bemessungswerte der Widerstandsgrößen zu $\mathbf{M}_d = \mathbf{M}_k/\gamma_M$ berechnet, und es ergeben sich die Beanspruchbarkeiten $R_d$.

Die Berechnung der Beanspruchungen $S_d$ erfolgt nach der Elastizitätstheorie aus den Bemessungswerten der Einwirkungen $F_d$ mit den charakteristischen Werten der Einwirkungen $F_k$ und den Teilsicherheitsbeiwerten $\gamma_F$. Die Nachweise der Gebrauchstauglichkeit und der Tragsicherheit werden dann nach DIN 18 800-1, Abschnitt 7 geführt.

Die Bestimmungen der Anpassungsrichtlinie sind im Anhang 10.4 abgedruckt.

Leider wird in der Richtlinie von „charakteristischen Werten der Beanspruchbarkeiten" gesprochen. Dieser Begriff existiert in der DIN 18 800 nicht. Gemeint sind die charakteristischen Werte der Widerstandsgrößen.

Bei der Arbeit mit den Typenblättern für die STP-Profile ist es zweckmäßig, die Formelzeichen der Widerstandsgrößen zu ändern. Tabelle 3.2 gibt die Übersicht. Im Anhang 10.5 ist eine Auswahl von Typenblättern mit den neuen Formelzeichen abgedruckt.

Tab. 3.2 Formelzeichen für Widerstandsgrößen, die nach der Anpassungsrichtlinie geändert werden müssen

| DIN 18 807 Text | DIN 18 807 Typenblätter | Anpassungs-richtlinie | Widerstandsgrößen |
|---|---|---|---|
| $M_{dF}$ | $M_{dF}$ | $M_{F,k}$ | Feldmoment |
| $R_A$ | $R_{A,T}$ | $R_{A,T,k}$ | Endauflagerkraft (Tragsicherheit) |
| $R_A$ | $R_{A,G}$ | $R_{A,G,k}$ | Endauflagerkraft (Gebrauchstauglichkeit) |
| $M_d, M_d^o$ | $M_d^o$ | $M_{B,k}^o$ | querkraftfreies Stützmoment |
| $R_{dB}, R_B^o$ | – | $R_{B,k}^o$ | momentenfreie Zwischenauflagerkraft |
| $C$ | $C$ | $C_k$ | Interaktionsparameter |
| max $M_B$ | max $M_B$ | max $M_{B,k}$ | maximales Stützmoment |
| max $R_B$ | max $R_B$ | max $R_{B,k}$ | maximale Zwischenauflagerkraft |
| $M_R$ | $M_R$ | $M_{R,k}$ | Reststützmoment |
| max $M_R$ | max $M_R$ | max $M_{R,k}$ | maximales Reststützmoment |
| $V_d$ | – | $V_k$ | Querkraft |
| $N_{dD}$ | – | $N_{D,k}$ | Druckkraft |
| $N_{dZ}$ | – | $N_{Z,k}$ | Zugkraft |

# 4 Tragverhalten und Bemessung

## 4.1 Wirkungen der Profilierung, Systemwahl

Wegen seiner Profilierung verhält sich das Stahltrapezprofil wie ein prismatisches Faltwerk mit einer zu den Rippen parallelen Tragrichtung. Der Biegewiderstand quer zu den Rippen ist vergleichsweise gering und hat daher nur eine lastverteilende Wirkung.

Bei der Verwendung als Dacheindeckung oder Deckenunterschale kommt dem Stahltrapezprofil die Funktion eines lastabtragenden und raumabschließenden Bauteils zu.

Das Stahltrapezprofil wird hier durch sein Eigengewicht, die Wärmedämmung und die Dachabdichtung (bei einem Warmdach), die Verkehrslast und die Schneelast sowie möglicherweise untergehängte Lasten beansprucht. Die Summe aller gleichzeitigen Einwirkungen muss von der Unterkonstruktion abgetragen werden können.

STP-Tafeln können über ein oder über mehrere Felder verlegt werden. Das günstigste Tragverhalten zeigt sich in der Regel bei Ausnutzung der Durchlaufwirkung von Drei- und Mehrfeldträgern. Werden zwei Felder überspannt, ist die erhöhte Lasteinleitung in das mittlere Auflager zu berücksichtigen.

Bei geringen Blechdicken hängt die Tragfähigkeit der Stahltrapezprofile nicht nur von der Druckspannung, sondern auch vom Beulverhalten der auf Druck beanspruchten Querschnittsteile ab. Neben dem Beulen der Gurte infolge der Biegedruckspannung kann an den Auflagestellen das Beulen in den Stegen bei größeren Einzellasten die Tragfähigkeit der Gesamtkonstruktion beeinträchtigen. Dieser Vorgang wird Stegkrüppelung genannt. Durch die Einhaltung der unten aufgeführten Mindestauflagerbreiten wird die Gefahr des Krüppelns weitgehend vermieden.

Ausgehend vom Formänderungsverhalten und von der Spannungsverteilung beim ausgebeulten Plattenstreifen eines Profils entwickelte *von Karman* das Berechnungsmodell der „wirksamen Breite". Das Modell ergibt sich aus der Bedingung gleicher Tragfähigkeit des wirklichen Plattenstreifens der Breite $b$ bei Erreichen der kritischen Beulspannung $\sigma_{Ki}$ und des wirksamen Plattenstreifens der Breite $b_{ef}$ bei Erreichen einer konstanten Druckspannung $\sigma_d$.

Die Bedingung lautet:

$$\frac{b_{ef}}{b} = \sqrt{\frac{\sigma_{Ki}}{\sigma_d}} \quad \text{mit } \sigma_d \leq f_{g,k}$$

Dieser Ansatz gilt streng nur für ideal ebene Teilflächen.

Ende der 30er Jahre hat G. Winter mit umfangreichen Experimenten nachgewiesen, dass die von Karman'sche Formel wegen der Nichtberücksichtigung von geometrischen und strukturellen Imperfektionen auf der unsicheren Seite liegt. Die modifizierte halbempirische Formel von *G. Winter* lautet:

$$\frac{b_{ef}}{b} = \sqrt{\frac{\sigma_{Ki}}{\sigma_d}} \left(1 - 0{,}22 \sqrt{\frac{\sigma_{Ki}}{\sigma_d}}\right) \quad \text{mit } \sigma_d \leq f_{g,k}$$

Sie wurde 1946 den Bemessungsregeln des „Cold-Formed-Steel-Design-Manual", herausgegeben vom American Iron and Steel Institute (AISI), zugrunde gelegt.

Die Wirkung der Sicken in den Profilen wurde durch die umfangreichen Untersuchungen von *R. Baehre* in den Berechnungsansätzen berücksichtigt. Erstmalig sind diese Erkenntnisse 1979 in die schwedische Konstruktionsnorm StBK-N5, TUNNPLATSNORM Svensk Byggtjänst, aufgenommen worden. Die Arbeiten wurden dann fortgeführt von der Kommission TC 7, Thinwalled coldformed sheet steel in building structures, der Europäischen Kommission für Stahlbau (EKS): European Recommendations for Steel Construction, The Design of Profiled Sheeting, ECCS – T 7, 1983.

Das Tragverhalten der Trapezprofile parallel zur Spannrichtung wird auch stark von der Randaussteifung beeinflusst. Das geschieht entweder durch eine Unterkonstruktion aus Stahl, Holz oder Beton, die mit dem Trapezprofil verbunden wird, oder durch bandverzinkte Randversteifungswinkel von mindestens 1 mm Dicke. Die Winkel sind im Abstand von max. 333 mm mit dem Trapezprofil verbunden. Der Randversteifungswinkel muss auch auf die ersten beiden Profilobergurte genietet werden.

Auch Durchbrüche und Öffnungen verändern das Tragverhalten der Trapezprofile. Lastabtragung und Verformung sind für alle Öffnungen größer als 300 mm mal 300 mm nachzuweisen. Die Öffnungen müssen mit statisch ausreichend bemessenen Kantteilen oder anderen Versteifungselementen, die in die Rippen der Profile neben den Durchbrüchen eingelegt und mit ihnen ausreichend zu verbinden sind, ausgewechselt werden.

## 4.2 Einflüsse auf die Profilwahl

Bei der statischen Bemessung und der Profilauswahl sind für übliche Anwendungsbereiche zu berücksichtigen:

1. Profillage, positiv oder negativ
2. Ständige Einwirkungen: für Dächer aus Dachabdichtung, Wärmedämmung, Eigengewicht der STP-Tafeln (Tab. 4.1); bei Decken der Aufbeton, Dämmung, Estrich und Belag.
3. Veränderliche Einwirkungen, vorwiegend ruhend, bei Dächern aus Schnee und Wind (Tab. 4.2), bei Decken als Verkehrslast abhängig von der Nutzung.
4. Als quasi-veränderliche Einwirkungen sind Unterdecken, Installationen, Kiesschüttungen zu behandeln.
5. Neigung der Dachfläche
6. Spannweite (Stützweite) von Mitte Auflager bis Mitte Auflager. Restfelder am Gebäudeende und zwischen Öffnungen sind zu beachten.
7. Statisches System: Ein- oder Mehrfeldträger
8. Gebäudehauptmaße wie Länge, Breite, Höhe. Zur Bestimmung der Windlastverteilung muss bekannt sein, ob das Gebäude allseitig geschlossen ist oder ob offene Bereiche vorhanden sind. Das ist wichtig für die Bemessung der Verbindungselemente bei abhebenden Beanspruchungen.
9. Art der Unterkonstruktion. Die vorhandenen Auflagerbreiten sind festzustellen. Bei Betonbindern muss Flacheisen bündig eingelegt sein. Die Tragfähigkeit der Unterkonstruktion ist zu prüfen.
10. Längsrand der Verlegefläche ist für Randträger oder Randversteifung auszubilden.
11. Durchbiegungsforderungen erfüllen
12. Dehnfugen nach Lage und Dehnbereich bestimmen.

Tab. 4.1 Eigenlasten für den Dachaufbau nach DIN 1055

| Zeile | DIN 1055-1 | Bauteil/Art der Ausführung | Dicke cm | Last kN/m² |
|---|---|---|---|---|
| | | Oberflächenschutz | | |
| 1 | 7.11.4.6 | 5 cm Kiesschüttung, einschl. Deckaufstrich | 5 | 1,000 |
| 2 | 7.11.4.6 | Mehrgewicht für jeden weiteren cm | 1 | 0,190 |
| 3 | 7.11.4.6 | Besplittung einschl. Deckaufstrich | – | 0,050 |
| 4 | 7.11.4.6 | Bekiesung (Kiespressung) einschl. Klebemasse | – | 0,200 |
| | | Dachabdichtung | | |
| 5 | 7.11.4.2 | 3-lagig, einschl. Klebemasse | – | 0,170 |
| 6 | 7.11.4.2 | 2-lagig, einschl. Klebemasse | – | 0,130 |
| 7 | 7.11.4.2 | 1-lagig, Kunststoffbahn, lose | – | 0,020 |
| | | Wärmedämmung | | |
| 8 | 7.10.2.14 | Hartschaumplatten oder -bahnen nach DIN 18 164-1 aus Polystyrol (PS), Polyurethan (PU) oder Phenolharz (PF) | 1 | 0,004 |
| 9 | – | Rollbahnen PS 20, oberseitig kaschiert mit R 500 | 4<br>5<br>6<br>7<br>8 | 0,038<br>0,040<br>0,042<br>0,044<br>0,046 |
| 10 | – | Stoßverklebung oder oberseitige Kaschierung | – | 0,005 |
| 11 | 7.10.2.3 | Mineralfaser (Faserdämmstoffe) nach DIN 18 165-1 als Platten oder Bahnen | 1 | 0,010 |
| 12 | – | für Bitumenverklebung | 1 | 0,020 |
| 13 | – | für mechanische Befestigung | 1 | 0,015 |
| 14 | – | Schaumglas | 1 | 0,013 |
| 15 | – | verkleben auf STP-Tafel | 1 | 0,030 |
| | | Zuschlag zum Aufkleben der Wärmedämmung mit Heißbitumen | | |
| 16 | 7.11.4.7 | auf der Dampfsperre | – | 0,015 |
| 17 | – | auf der STP-Tafel (Obergurte mit 65 % der Fläche angenommen) | – | 0,010 |
| 18 | – | Zuschlag zum Aufkleben der Wärmedämmung mit Bitumenkaltkleber | – | 0,004 |
| | | Dampfsperre | | |
| 19 | 7.11.4.5 | als Schweißbahn einschl. Klebemasse | – | 0,007 |
| 20 | – | mit Kaltklebung auf STP-Tafel (0,052 + 0,004 kN/m²) | – | 0,056 |
| | | Schallschluckplatten | | |
| | | Schallschluckplattenstreifen (PS/V mit 0,023 kN/m³) für Akustikprofile 30 mm dick, als Streifen in jeder Sicke der STP-Tafel | | |
| 21 | – | AK 106/AK 100, 200 mm breit | – | 0,006 |
| 22 | – | AK 160/AK 150, 300 mm breit | – | 0,008 |

Tab 4.2 Windlasten nach DIN 1055

| Höhe über Gelände | Staudruck $q$ | Windlasten für geschlossene Bauwerke | | |
|---|---|---|---|---|
| | | Sog auf Flachdächern, $\alpha < 25°$ | auf Wandflächen ($h \leq 5\,L$) | |
| | | | Druck (Luv) | Sog (Lee) |
| m | kN/m² | kN/m² | kN/m² | kN/m² |
| 0 – 8 | 0,50 | 0,30 | 0,40 | 0,25 |
| 8 – 20 | 0,80 | 0,48 | 0,64 | 0,40 |
| 20 – 100 | 1,10 | 0,66 | – | – |
| über 100 | 1,30 | 0,78 | – | – |

## 4.3 Zu beachtende Besonderheiten bei den Einwirkungen

Bei der Bemessung von STP-Tafeln sind nicht nur die Bestimmungen der DIN 18 807 zu beachten, sondern auch die Bestimmungen für die Nachweisführung nach DIN 18 800-1, Abschnitt 7.

Lasteinleitung und Lastquerverteilung richten sich nach DIN 18 807-3, Abschnitt 3.1.7. Ansonsten gilt für Schneelasten und Verkehrslasten DIN 1055-5 bzw. -3.

Außer den eindeutig veränderlichen Einwirkungen kommen bei Flachdächern häufig ständige Einwirkungen vor, die nur ungenau ermittelt (abgehängte Installationen) bzw. geschätzt sind oder die bei der Herstellung vom geplanten Wert abweichen können (Kiesschüttungen auf Dächern). Diese Einwirkungen sollten als quasi-veränderlich aufgefasst und mit $\gamma_F = 1,5$ berücksichtigt werden. Sie können zusammen mit den anderen veränderlichen Einwirkungen als *eine* Einwirkung behandelt werden. Die Anmerkung 3 zu Element 710 der DIN 18 800-1 weist darauf hin. Als eine veränderliche Einwirkung gilt auch die kombinierte Einwirkung aus Schnee und Wind $s + w/2$ und $w + s/2$ (Element A5).

Die Windsogspitzen an den Schnittkanten von Wand- und Dachflächen brauchen nur beim Nachweis der Verbindungselemente berücksichtigt zu werden. In diesem Fall bleiben die veränderlichen und quasi-veränderlichen Einwirkungen unberücksichtigt. Der Sicherheitsbeiwert für die Dacheigenlast ist dann $\gamma_F = 1,0$. Diese Bestimmung geht auf Beschlüsse der Fachkommission Baunormung zurück.

Für Winddruck allerdings werden STP-Tafeln als einzelne Bauteile im Sinne der DIN 1055-4, Abschnitt 5.2.2 angesehen. Es sind also die Werte aus Staudruck als gleichmäßig verteilte Flächenlast um 25 % zu erhöhen. Das gilt für Winddruck von außen und auch für Winddruck von innen.

Für die gleichzeitige Wirkung von Winddruck und Windsog sind bei einschaligen Konstruktionen die Werte zu addieren. Bei zweischaligen Konstruktionen gibt es für die Einwirkungen eine Abhängigkeit vom Luftdruck zwischen den Schalen. Für diese Fälle können noch keine allgemeinen Angaben gemacht werden.

Es wird empfohlen, für hinterlüftete Fassaden und die diese tragenden Teile bei geschlossenen Gebäuden den vollen Winddruck bzw. Windsog anzusetzen. Das bedeutet, dass zwischen den Fassadenelementen und der massiven Wand der Ruhedruck angenommen wird.

Überträgt man diese Annahme auf zweischalige Trapezprofilwände und seitlich offene Gebäude, so ergibt sich, dass die Belastungen jeweils an der Schale angreifen, auf deren Seite sie in der Tabelle 14 der DIN 1055-4 aufgetragen sind. Beim statischen Nachweis ist selbstverständlich zu berücksichtigen, wenn konstruktiv bedingt eine Schale die Last auf die andere überträgt.

Die erhöhten Windsoglasten in den Rand- und Eckbereichen müssen bei der Bemessung der Verbindungen der Außenschale berücksichtigt werden. Es empfiehlt sich, auch die Verbindungen der Distanzkonstruktionen mit der Innenschale bzw. einer anderen Unterkonstruktion für diese Kräfte zu bemessen, obwohl diese Konstruktionsteile nicht unmittelbar durch Windkräfte beansprucht werden.

Für die Einwirkungen aus Schnee auf Dächer aus STP-Tafeln sind in DIN 18 807-3 keine Bestimmungen gegeben, die von den Festlegungen der DIN 1055-5 abweichen. Allerdings wird gefordert, dass eine Wassersackbildung zu vermeiden ist. Besteht die Möglichkeit einer Wassersackbildung, was allgemein bei Dachneigungen unter 2 % und entwässerungstechnisch ungünstiger Lage der Dachabläufe anzunehmen ist, muss der Lastfall „Wassersack" mit nachgewiesen werden: Ständige Last und Wasserlast infolge der Gesamtdurchbiegung der Trapezprofile aus den vorgenannten Belastungen. Die Wassersackbildung kann durch einen gesicherten freien Überlauf an den Attikawänden vermieden werden. Als gesicherter Überlauf gilt z. B. ein senkrechter Schlitz von 10 cm Breite oder ein waagerechter Schlitz von 10 × 30 cm.

*K. Schwarze* und *J. Kech* haben für den horizontalen Einfeldträger die Beanspruchung aus Dacheigenlast plus möglicher Wasserlast mit der Beanspruchung aus Schnee mit 0,75 kN/m² plus Dacheigenlast für die größten zulässigen Stützweiten $l$ und die Durchbiegungsbegrenzung $l/150$ verglichen.

Im untersuchten Anwendungsbereich sind für das jeweilige kritische Trägheitsmoment der STP-Tafel die kritischen Stützweiten und die Stützweite, für die der Lastfall Wassersack maßgebend wird, größer als die maximal zulässige Stützweite (Abb. 4.1). Im Normalfall ist also eine Bemessung für die Grundkombination Eigenlast plus „Wassersack" nicht erforderlich. Die Verhältnisse sind bei Mehrfeldträgern ähnlich.

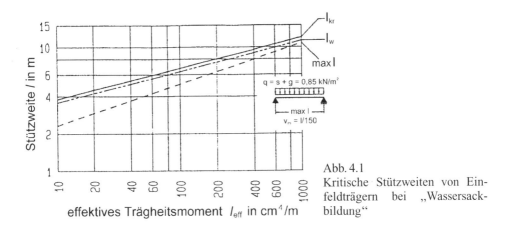

Abb. 4.1
Kritische Stützweiten von Einfeldträgern bei „Wassersackbildung"

Bei Bauteilen, die im Gebrauchszustand dem Einfluss unterschiedlicher Temperaturen ausgesetzt sein können, sind Temperaturdifferenzen zwischen der Einbautemperatur (ca. +10 °C) und den Grenzwerten von –20 °C und +80 °C dann zu berücksichtigen, wenn nicht durch konstruktive Maßnahmen Formänderungen ohne Behinderung ermöglicht und damit Zwängungsbeanspruchungen für die Verbindungselemente und die Verankerungen praktisch ausgeschlossen werden können.

Das letztere trifft zu, wenn in Abhängigkeit von den Materialdicken der zu verbindenden Bauteile in den Tabellen der bauaufsichtlichen Zulassungen für die Verbindungselemente der entsprechende Verbindungstyp aufgeführt ist. In diesen Fällen ist die Verbindung für sich in der Lage, eine ausreichende Verschiebung aufzunehmen, ohne dass die Verbindung geschädigt wird.

## 4.4 Durchbiegungsbegrenzung

Die maximal zulässigen Durchbiegungen der STP-Tafeln sind für die Anwendungsbereiche abhängig von der Spannweite $l$ in Tabelle 4.3 angegeben (DIN 18 807-3, Abschnitt 3.3.4.2).

Tab. 4.3 Durchbiegungsbegrenzung

| Ausbildung | | | Einwirkungen | Maximale Durchbiegung |
|---|---|---|---|---|
| Dächer | Oberseitige Abdichtung (Warmdach) | | Volllast (Eigenlast und Verkehrslast) | $< l/300$ |
| | Oberseitige Deckung (Unterschale bei zweischaligen Ausführungen) | | | $< l/150$ |
| | Als Deckung Kaltdach oder Außenschale bei zweischaliger Ausführung | | | $< l/150$ |
| Wände Bekleidungen | | | Windlast | $< l/150$ |
| Geschossdecken | Sicken voll ausbetoniert | | Eigenlast, Verkehrslast nur im untersuchten Feld ansetzen | $l \leq 3{,}0$ m: $< l/300$ |
| | Alle sonstigen | | | $l > 3{,}0$ m: $< l/500$ |

## 4.5 Schubfelder

Stahltrapezprofildächer und -decken können nicht nur Vertikallasten rechtwinklig zur Spannrichtung aufnehmen. Sie sind auch zur Aufnahme von Einwirkungen in ihrer Ebene und zu deren Weiterleitung in Verbände geeignet.

Daraus folgt, dass Schubfelder aus STP-Tafeln in ihrer Wirkung die Diagonalen von Fachwerkverbänden ersetzen können. Ein Gelenkviereck, d. h. ein aus vier Trägern gebildetes Viereck, bei dem die Ecken nicht biegesteif ausgebildet sind, kann also durch die Schubsteifigkeit der STP-Tafeln ausgesteift werden, so dass es wie ein Verbandsfeld eines Fachwerks wirkt. Demzufolge können durch Schubfelder Windkräfte und andere horizontale Lasten, wie z. B. Stabilisierungskräfte zur Kipphalterung auszusteifender Binder, bis zu den vertikalen Wandscheiben der Tragkonstruktion weitergeleitet werden.

Im Hinblick auf die Gesamtkonstruktion ist bereits im Planungsstadium eine Abstimmung dringend anzuraten.

Folgende Punkte sollten bei Schubfeldkonstruktionen beachtet werden:

– Bei der Planung von Schubfeldern muss der Statiker die Auswirkungen der Schubfelder auf die Unterkonstruktion der STP-Tafeln und die gesamte Gebäudekonstruktion untersuchen.

- Die am Schubfeld angreifenden äußeren Kräfte, z. B. Wind, müssen an den Auflagerpunkten, z. B. Randträgern, des Schubfeldes aufgenommen und in die Fundamente abgeleitet werden.
- Die Einleitung der Horizontallasten in das Schubfeld durch die Unterkonstruktion mittels Lasteneinleitungsträgern oder durch die STP-Tafeln selbst muss sichergestellt sein. Ohne Lasteneinleitungsträger können nur geringfügige Lasten, in Spannrichtung der Stahltrapezprofile, in ein Schubfeld eingeleitet werden.
- Schubfelder müssen an ihren Längsrändern kontinuierlich und an den Querrändern in jeder Profilrippe mit den Randträgern verbunden sein.
- Die Auswechselungen von Öffnungen in der Schubfeldfläche müssen für die zusätzlichen Kräfte aus der Schubwirkung bemessen sein.
- Die Standsicherheit der Unterkonstruktion im Montagezustand, auch mit aufgelegten Profilpaketen, muss sichergestellt sein.

# 5 Nachweisführungen und Rechenbeispiele

## 5.1 Nachweisführung für Querbelastung

Bei allen STP-Tafeln, die als tragende Elemente in Dächern eingesetzt werden, sind Nachweise unter Querbelastung erforderlich.

Die zu berücksichtigenden Beanspruchungen verursachen Biegung bzw. Biegung und Normalkraft in den STP-Tafeln.

Zur Erleichterung der Rechenarbeit sind im Nachweisschema 5.1.1 die erforderlichen Rechenschritte und Entscheidungen zusammengestellt. Sie berücksichtigen die Festlegungen der DIN 18 807 und der Anpassungsrichtlinie. Sie beziehen sich auf die Profilwerte und die charakteristischen Werte der Widerstandsgrößen aus den Form- oder Typenblättern. Im Anhang 10.5 ist eine Auswahl von Typenblättern abgedruckt.

Für die Interaktion von Biegemoment und Auflagerkraft ergeben sich mit Einführung der Anpassungsrichtlinie zwei Nachweismöglichkeiten: Entweder wird der Interaktionsparameter $C_k$ beibehalten, dann muss $C_k$ in $C_d$ umgerechnet werden (siehe Nachweisschema 5.1.1), oder es wird der Nachweis mit direkter Interaktion der Widerstandsgrößen geführt. Es wird dann:

$$M_{B,d} = M^o_{B,k}/\gamma_M - \left(\frac{R_{B,S,d}}{C_k/\gamma_M^{(1-1/\varepsilon)}}\right)^\varepsilon \Rightarrow \frac{|M_{B,S,d}|}{M_{B,d}} \leq 1{,}0$$

$$\frac{|M_{B,S,d}|}{M^o_{B,k}/\gamma_M} + \left(\frac{R_{B,S,d}}{R^o_{B,k}/\gamma_M}\right)^\varepsilon \leq 1{,}0$$

Für den direkten Nachweis müssten in den Typenblättern die Werte $C_k$ durch $R^o_{B,k}$ ersetzt werden.

Über die Grenzstützweiten sagt die Anpassungsrichtlinie nichts aus. Nach DIN 18 807-3 dürfen STP-Tafeln nur bis zu den in den Typenblättern angegebenen Grenzstützweiten als tragendes Element von Dach- und Deckensystemen verwendet werden. Bis zu diesen Stützweiten sind die STP-Tafeln im Montagezustand für einzelne Personen begehbar. Das Versuchsverfahren nach Teil 2 der DIN berücksichtigt bereits die Teilsicherheitsbeiwerte.

Ein Vergleich der bisher üblichen Berechnungsmethode mit dem Sicherheitsbeiwert $\gamma = 1{,}7$ und der Berechnung nach Grenzzuständen mit Teilsicherheitsfaktoren $\gamma_F = 1{,}35$ für ständige Einwirkungen und $\gamma_F = 1{,}5$ für veränderliche Einwirkungen zeigt, dass sich nach der neuen Methode günstigere Werte ergeben. Mit $\gamma_M = 1{,}1$ wird:

$$(1{,}35 \cdot G_k + 1{,}5 \cdot Q_k)\, 1{,}1 < 1{,}7\, (G_k + Q_k)$$

Der Gebrauchstauglichkeitsnachweis muss nur geführt werden, wenn der Tragsicherheitsnachweis im elastischen Zustand nicht erbracht werden konnte, sondern der Nachweis unter Ansatz des Reststützmomentes geführt wurde. Die Teilsicherheitsbeiwerte $\gamma_F = 1{,}0$ für ständige Einwirkungen, $\gamma_F = 1{,}15$ für veränderliche Einwirkungen (siehe Teilschema 3) zur Berechnung der Beanspruchungen führen gegenüber der bisherigen Berechnungspraxis zu günstigeren Werten. Mit $\gamma_M = 1{,}1$ wird:

$$(1{,}0 \cdot G_k + 1{,}15 \cdot Q_k)\, 1{,}1 < 1{,}3\, (G_k + Q_k)$$

### 5.1.1 Nachweisschema für Tragsicherheit und Gebrauchstauglichkeit von STP-Tafeln nach geprüftem Typenentwurf bei Beanspruchung auf Biegung und Biegung mit Normalkraft

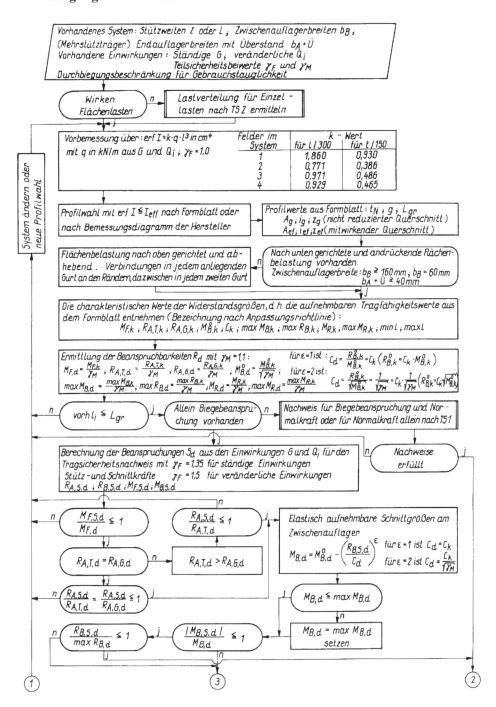

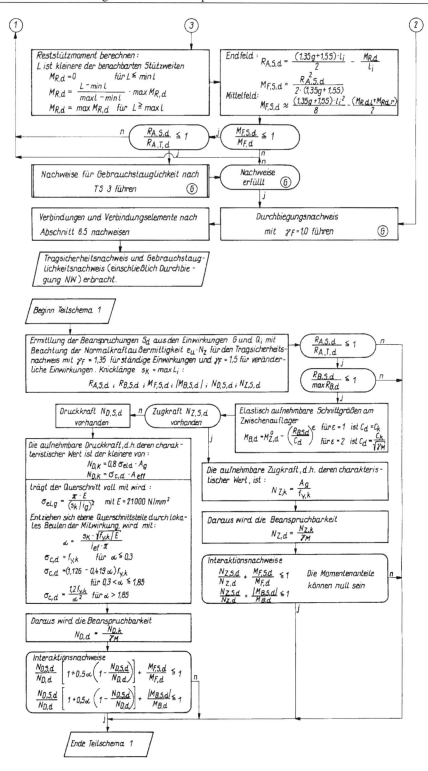

| Teilschema 2 | | Lastverteilung ohne lastverteilende Zwischenschichten | |
|---|---|---|---|
| Einzellastverteilung ≥ 50 mm in Längsrichtung) | | Verteilungsfaktor | |
| | | für die belastete Rippe $C_1$ | für die erste benachbarte Rippe $C_2$ |
| [Schema mit $C_2 \cdot F$, $C_1 \cdot F$, $C_2 \cdot F$] | nach beiden Seiten | $(3{,}52-8b_R) \cdot k_1 + (0{,}12 + 2b_R)$ | $(0{,}44 - b_R) \cdot k_2$ |
| [Schema mit $C_1 \cdot F$, $C_2 \cdot F$] | nach einer Seite | $(2{,}4-6b_R) \cdot k_1 + (0{,}40 + 1{,}5b_R)$ | $(0{,}6-1{,}5 \cdot b_R) \cdot k_2$ |
| $L$   Stützweite STP-Tafeln in m<br>$x \leq L/2$   Einzellastabstand vom Auflager<br>$B_R$   Rippenbreite in m | | $k_1 \left(0{,}5 - \dfrac{x}{L}\right)^2$ | $k_2 = 1 - 4 \cdot k_1$ |

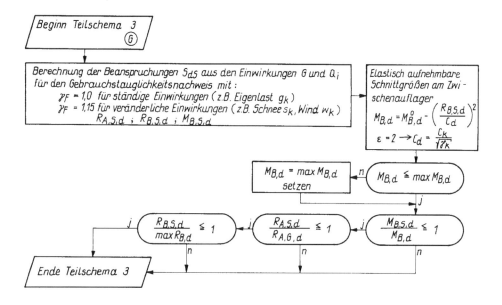

## 5.1.2 Rechenbeispiele

Beispiel zur Berechnung der Tragsicherheit und der Gebrauchstauglichkeit von STP-Tafeln bei Biegebeanspruchung

Die Unterschale eines zweischaligen, gedämmten Daches wird aus STP-Tafeln hergestellt. Die Tafeln sind an den Enden und durch drei Zwischenpfetten gestützt. Der Vierfeldträger hat Stützweiten $l_i$ von $4 \times 5{,}0$ m.

Die Auflagerbreiten betragen:    $b_B = B_{A+\ddot{U}}$   $= 100$ mm

70   Nachweisführungen und Rechenbeispiele

Charakteristische Werte der Einwirkungen:

| | | |
|---|---|---|
| Eigenlast, ständig | $p_k$ | $= 1{,}10\,\text{kN/m}^2$ |
| Schneelast, veränderlich | $s_k = k \cdot s_o$ | $= \underline{0{,}75\,\text{kN/m}^2}$ |
| als Flächenlast | $q_k$ | $= 1{,}85\,\text{kN/m}^2$ |

Lastverteilung für Einzellasten ist nicht erforderlich.

Vorbemessung für die Profilwahl ($l_i/150$):

$$\text{erf}\,I = k \cdot q_k \cdot l_i^3 = 0{,}465 \cdot 1{,}85 \cdot 5{,}0^3 = 107{,}5\,\text{cm}^4/\text{m}$$

Profilwahl: STP-Typ EKO 100 in Positivlage

| | | |
|---|---|---|
| Nennblechdicke: | $t_N$ | $= 0{,}88\,\text{mm}$ |
| Eigenlast: | $g$ | $= 0{,}107\,\text{kN/m}^2$ |
| Effektives Flächenmoment 2. Grades: | $I_{\text{eff}}$ | $= 178\,\text{cm}^4/\text{m}$ |
| Nicht reduzierter Querschnitt: | $A_g$ | $= 12{,}7\,\text{cm}^2$ |
| | $i_g$ | $= 3{,}87\,\text{cm}$ |
| | $z_g$ | $= 6{,}15\,\text{cm}$ |
| Mitwirkender Querschnitt: | $A_{\text{ef}}$ | $= 6{,}27\,\text{cm}^2$ |
| | $i_{\text{ef}}$ | $= 4{,}13\,\text{cm}$ |
| | $z_{\text{ef}}$ | $= 5{,}77\,\text{cm}$ |
| Grenzstützweite für Mehrfeldträger: | $L_{\text{gr}}$ | $= 9{,}31\,\text{m}$ |
| Formparameter der Interaktion: | $\varepsilon$ | $= 2$ |

Bemessungswerte $\mathbf{M_d}$ aus den charakteristischen Werten der Widerstandsgrößen (Tragfähigkeiten) berechnen: $\gamma_M = 1{,}1$  (Typenblattwerte für $b_B = 100\,\text{mm}$ interpoliert)

$$M_{F,d} = \frac{9{,}83}{1{,}1} = 8{,}94\,\text{kNm/m}$$

$$R_{A,T,d} = \frac{12{,}4}{1{,}1} = 11{,}27\,\text{kNm/m}$$

$$R_{A,G,d} = \frac{9{,}45}{1{,}1} = 8{,}59\,\text{kNm/m}$$

$$M_{B,d}^o = \frac{10{,}7}{\sqrt{1{,}1}} = 10{,}2\,\text{kNm/m}$$

$$C_d = \frac{12{,}0}{\sqrt{1{,}1}} = 12{,}78\,\text{kN}^{1/2}/\text{m}$$

$$\max M_{B,d} = \frac{9{,}96}{1{,}1} = 9{,}05\,\text{kNm/m}$$

$$\max R_{B,d} = \frac{30{,}5}{1{,}1} = 27{,}73\,\text{kN/m}$$

$$\max M_{R,d} = \frac{2{,}86}{1{,}1} = 2{,}6\,\text{kNm/m}$$

vorh $l_i < L_{\text{gr}}$   $\Rightarrow 5{,}0\,\text{m} < 9{,}31\,\text{m}$

Bemessungswerte $F_d$ aus den charakteristischen Werten der Einwirkungen für den Tragsicherheitsnachweis berechnen:

| | | | |
|---|---|---|---|
| Eigenlast, ständig | $\gamma_F = 1{,}35$: | $1{,}1 \cdot 1{,}35$ | $= 1{,}49\ \text{kN/m}^2$ |
| Schneelast, veränderlich | $\gamma_F = 1{,}50$: | $0{,}75 \cdot 1{,}5$ | $= 1{,}12\ \text{kN/m}^2$ |
| | | $q_{T,d}$ | $= 2{,}61\ \text{kN/m}^2$ |

Schnittgrößen Vierfeldträger (Elastizitätstheorie)

$R_{A,S,d} = \alpha_{A,i} \cdot q_{T,d} \cdot l_i = 0{,}392 \cdot 2{,}61 \cdot 5{,}0 = 5{,}12\ \text{kN/m}$
$R_{B,S,d} = \alpha_{B,i} \cdot q_{T,d} \cdot l_i = 1{,}141 \cdot 2{,}61 \cdot 5{,}0 = 14{,}89\ \text{kN/m}$
$R_{C,S,d} = \alpha_{C,i} \cdot q_{T,d} \cdot l_i = 0{,}929 \cdot 2{,}61 \cdot 5{,}0 = 12{,}16\ \text{kN/m}$
$M_{F1,S,d} = \alpha_{F1,i} \cdot q_{T,d} \cdot l_i^2 = 0{,}077 \cdot 2{,}61 \cdot 5{,}0^2 = 5{,}02\ \text{kNm/m}$
$M_{F2,S,d} = \alpha_{F2,i} \cdot q_{T,d} \cdot l_i^2 = 0{,}036 \cdot 2{,}61 \cdot 5{,}0^2 = 2{,}35\ \text{kNm/m}$
$M_{B,S,d} = \alpha_{B,i} \cdot q_{T,d} \cdot l_i^2 = -0{,}107 \cdot 2{,}61 \cdot 5{,}0^2 = -6{,}98\ \text{kNm/m}$
$M_{C,S,d} = \alpha_{C,i} \cdot q_{T,d} \cdot l_i^2 = -0{,}071 \cdot 2{,}61 \cdot 5{,}0^2 = -4{,}63\ \text{kNm/m}$

Nachweis Endfeld:

$$\frac{M_{F,S,d}}{M_{F,d}} = \frac{5{,}02}{8{,}94} = \underline{0{,}56 < 1{,}0}$$

$$\frac{R_{A,S,d}}{R_{A,T,d}} = \frac{5{,}12}{11{,}27} = \underline{0{,}45 < 1{,}0}$$

Zwischenauflager Nachweisverfahren Elastisch-Elastisch

Interaktion Biegemoment/Auflagerkraft

$$M_{B,d} = M_{B,d}^o - \left(\frac{R_{B,S,d}}{C_d}\right)^\varepsilon = 10{,}20 - \left(\frac{14{,}89}{12{,}78}\right)^2 = 8{,}84\ \text{kNm/m}$$

$M_{B,d} \leq \max M_{B,d} \Rightarrow 8{,}84\ \text{kNm/m} < 9{,}05\ \text{kNm/m}$

Nachweis Zwischenstütze Elastisch-Elastisch

$$\frac{|M_{B,S,d}|}{M_{B,d}} = \frac{6{,}98}{8{,}84} = \underline{0{,}79 < 1{,}0}$$

$$\frac{R_{B,S,d}}{\max R_{B,d}} = \frac{14{,}89}{27{,}73} = \underline{0{,}54 < 1{,}0}$$

Zwischenauflager Nachweisverfahren Plastisch-Plastisch

Reststützenmoment berechnen:

Für $L \leq \min l \Rightarrow 5{,}0\ \text{m} < 5{,}36$ wird $M_{R,d} = 0$

Neue Schnittgrößen

$$R_{A,S,d} = \frac{q_{T,d} \cdot l_i}{2} - \frac{M_{R,d}}{l_i} = \frac{2{,}61 \cdot 5{,}0}{2}$$

$$M_{F,S,d} = \frac{R_{A,S,d}^2}{2 \cdot q_{T,d}} = \frac{6{,}52^2}{2 \cdot 2{,}61} = 8{,}14\ \text{kNm/m}$$

Nachweis Endfeld Plastisch-Plastisch

$$\frac{M_{F,S,d}}{M_{F,d}} = \frac{8{,}14}{8{,}94} = \underline{0{,}91 < 1{,}0}$$

Nachweis Endauflager

$$\frac{R_{A,S,d}}{R_{A,T,d}} = \frac{6{,}52}{11{,}27} = \underline{0{,}58 < 1{,}0}$$

Bemessungswerte $F_d$ aus den charakteristischen Werten der Einwirkungen für den Gebrauchstauglichkeitsnachweis (G) berechnen:

| | | | |
|---|---|---|---|
| Eigenlast, ständig | $\gamma_F = 1{,}0$: | $1{,}1 \cdot 1{,}0$ | $= 1{,}1 \text{ kN/m}^2$ |
| Schneelast, veränderlich | $\gamma_F = 1{,}15$: | $0{,}75 \cdot 1{,}15$ | $= \underline{0{,}86 \text{ kN/m}^2}$ |
| | | $q_{G,d}$ | $= \underline{\underline{1{,}96 \text{ kN/m}^2}}$ |

Schnittgrößen Vierfeldträger:

$R_{A,S,d} = 0{,}392 \cdot 1{,}96 \cdot 5{,}0 \quad = 3{,}84 \text{ kN/m}$
$R_{A,S,d} = 1{,}141 \cdot 1{,}96 \cdot 5{,}0 \quad = 11{,}18 \text{ kN/m}$
$M_{B,S,d} = -0{,}107 \cdot 1{,}96 \cdot 5{,}0^2 = -5{,}24 \text{ kNm/m}$

Interaktion Biegemoment/Auflagerkraft

$$M_{B,d} = 10{,}2 - \left(\frac{11{,}18}{12{,}78}\right)^2 = 9{,}43 \text{ kNm/m}$$

$M_{B,d} \leq \max M_{B,d} \Rightarrow 9{,}43 \text{ kNm/m} > 9{,}05 \text{ kNm/m}$

$M_{B,d} = \max M_{B,d}$

Nachweise

$$\frac{M_{B,S,d}}{M_{B,d}} = \frac{5{,}24}{9{,}05} = \underline{0{,}56 < 1{,}0}$$

$$\frac{R_{A,S,d}}{R_{A,G,d}} = \frac{3{,}84}{8{,}59} = \underline{0{,}45 < 1{,}0}$$

$$\frac{R_{B,S,d}}{\max R_{B,d}} = \frac{11{,}18}{27{,}73} = \underline{0{,}4 < 1{,}0}$$

Durchbiegungsnachweis mit $\gamma_F = 1{,}0$ führen

$q_{D,d} = q_k = 1{,}85 \text{ kN/m}^2$

$$\frac{l_i}{150} > 0{,}310 \cdot q_k \cdot \frac{l_i^4}{I_{ef}} = 0{,}310 \cdot 1{,}85 \cdot \frac{5{,}0^4}{178} = 2{,}01 \text{ cm}$$

$$\frac{500}{150} = 3{,}33 \text{ cm} > 2{,}01 \text{ cm}$$

Beispiel zur Berechnung der Tragsicherheit von STP-Tafeln bei Beanspruchung auf Biegung mit Normalkraft

Es gelten die Voraussetzungen wie im Beispiel Biegebeanspruchung allein:

$l_i = 4 \times 5{,}0$ m; $b_B = B_{A+Ü} = 100$ mm $\qquad q_{T,D} = 2{,}61$ kN/m²

Die Bemessungswerte $M_D$ betragen für STP-Typ EKO 100 bzw. E 100 in Positivlage:

$M_{F,d} = 8{,}94$ kNm/m $\qquad$ max $R_{B,d} = 27{,}73$ kN/m
$R_{A,T,d} = 11{,}27$ kN/m $\qquad$ max $M_{R,d} = 27{,}73$ kNm/m
$M^o_{B,d} = 10{,}2$ kNm/m $\qquad$ vorh $l_i < L_{gr} \Rightarrow 5{,}0$ m $< 9{,}31$ m
$C_d = 12{,}78$ kN$^{1/2}$/m
max $M_{B,d} = 9{,}05$ kNm/m

Nach Teilschema 1 sind die Beanspruchungen $S_d$ unter Beachtung der zusätzlich zur Biegung wirkenden Normalkraft $N_{D,S,d} = 4{,}2 \cdot 1{,}5 = 6{,}3$ kN/m zu ermitteln:

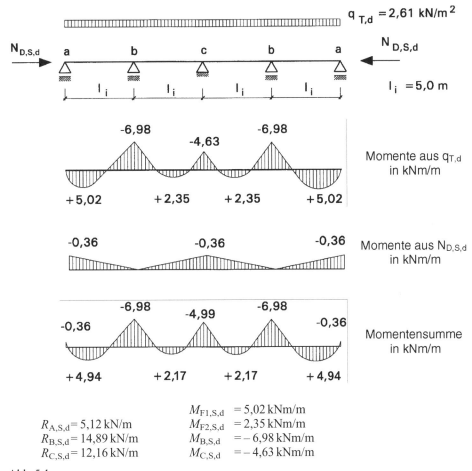

$R_{A,S,d} = 5{,}12$ kN/m $\qquad M_{F1,S,d} = 5{,}02$ kNm/m
$R_{B,S,d} = 14{,}89$ kN/m $\qquad M_{F2,S,d} = 2{,}35$ kNm/m
$R_{C,S,d} = 12{,}16$ kN/m $\qquad M_{B,S,d} = -6{,}98$ kNm/m
$\qquad\qquad\qquad\qquad\quad M_{C,S,d} = -4{,}63$ kNm/m

Abb. 5.1

Endauflager

$$\frac{R_{A,S,d}}{R_{A,T,d}} = \frac{5{,}12}{11{,}27} = \underline{0{,}45 < 1{,}0}$$

Zwischenstütze

$$\frac{R_{B,S,d}}{\max R_{B,d}} = \frac{14{,}89}{27{,}73} = \underline{0{,}54 < 1{,}0}$$

$$M_{B,d} = M_{B,d}^o - \left(\frac{R_{B,S,d}}{C_d}\right)^\varepsilon = 10{,}20 - \left(\frac{14{,}89}{12{,}78}\right)^2 = 8{,}84 \text{ kNm/m}$$

Der aufnehmbare Wert der charakteristischen Druckkraft ist:

$l_i = s_K = 500$ cm; $i_g = 3{,}87$ cm

$$\begin{aligned} N_{d,k} &= 0{,}8 \cdot \sigma_{el,g} \cdot A_g & \sigma_{el,g} &= \frac{\pi^2 \cdot E}{(s_K/i_g)^2} \\ &= 0{,}8 \cdot 12{,}41 \cdot 12{,}7 & &= \frac{\pi^2 \cdot 21\,000}{(500/3{,}87)^2} \\ &= 126{,}1 \text{ kN/m} & &= 12{,}41 \end{aligned}$$

$$\begin{aligned} N_{d,k} &= \sigma_{cd} \cdot A_{ef} & \alpha &= \frac{s_k \sqrt{f_{y,k}/E}}{\pi \cdot i_{ef}} \\ &= 13{,}95 \cdot 6{,}27 & &= \frac{500 \sqrt{24/21\,000}}{\pi \cdot 4{,}13} \\ &= 87{,}47 \text{ kN/m} & &= 1{,}30 \end{aligned}$$

87,47 kN/m ist maßgebend; für $\alpha = 1{,}3$ wird

$$N_{d,d} = \frac{N_{d,k}}{\gamma_M} = \frac{87{,}47}{1{,}1} = 79{,}52 \text{ kN/m}$$

$$\begin{aligned} \sigma &= (1{,}126 - 0{,}419\,\alpha) f_{y,k} \\ &= (1{,}126 - 0{,}419 \cdot 1{,}3) \cdot 24 \\ &= 13{,}95 \text{ kN/cm}^2 \end{aligned}$$

Nachweis Endfeld

$$\frac{N_{d,S,d}}{N_{d,d}} \left[1 + 0{,}5\,\alpha\left(1 - \frac{N_{d,S,d}}{N_{d,d}}\right)\right] + \frac{M_{F,S,d}}{M_{F,d}} \leq 1{,}0$$

$$\frac{6{,}3}{79{,}52}\left[1 + 0{,}5 \cdot 1{,}3\left(1 - \frac{6{,}3}{79{,}52}\right)\right] + \frac{4{,}94}{8{,}94} = 0{,}12 + 0{,}55 = \underline{0{,}67 < 1{,}0}$$

$$\frac{6{,}3}{79{,}52}\left[1 + 0{,}5 \cdot 1{,}3\left(1 - \frac{6{,}3}{79{,}52}\right)\right] + \frac{6{,}98}{8{,}84} = 0{,}12 + 0{,}79 = \underline{0{,}91 < 1{,}0}$$

Wegen des gegendrehenden Momentes aus der Normalkraft ergeben sich für die Gebrauchstauglichkeit gegenüber der reinen Biegebeanspruchung keine ungünstigeren Werte.

## 5.2 Nachweisführung für STP-Tafeln bei kombinierter Beanspruchung – Drehbettung

Zur Verhinderung der Verformung von biegebeanspruchten Stäben (Trägern) dürfen nach DIN 18 800-2 STP-Tafeln nach DIN 18 807 herangezogen werden, wenn sie mit Trägern in jeder Profilrippe verbunden sind und der auf den untersuchten Träger entfallende Anteil der Schubsteifigkeit der Trapezblechscheibe (vorh $S$) größer ist als die erforderliche Steifigkeit für den zu stabilisierenden Träger (erf $S$). Die Anschlussstelle darf dann als unverschieblich angesehen werden. Die Drehachse des Trägers ist dann gebunden.

Die Behinderung der Verdrehung des Trägers wird durch ausreichende Drehbettung nachgewiesen. Für I-Walzprofile nach DIN 1025 oder doppelsymmetrische, I-förmige Querschnitte mit entsprechenden Abmessungsverhältnissen muss die vorhandene wirksame Drehbettung größer sein als das Verhältnis des Quadrates des charakteristischen plastischen Momentes zur Querbiegesteifigkeit, multipliziert mit dem Beiwert für das Nachweisverfahren und für den Momentenverlauf. Es kann auch der Biegedrillknicknachweis mit Hilfe des idealen Biegedrillknickmomentes $M_{Ki,y}$ geführt werden.

Im Nachweisschema 5.2.1 sind die erforderlichen Rechenschritte für die Nachweisführung zusammengestellt.

## 5.2.1 Nachweisschema für Träger, die durch STP-Tafeln stabilisiert werden – einachsige Biegung ohne Normalkraft

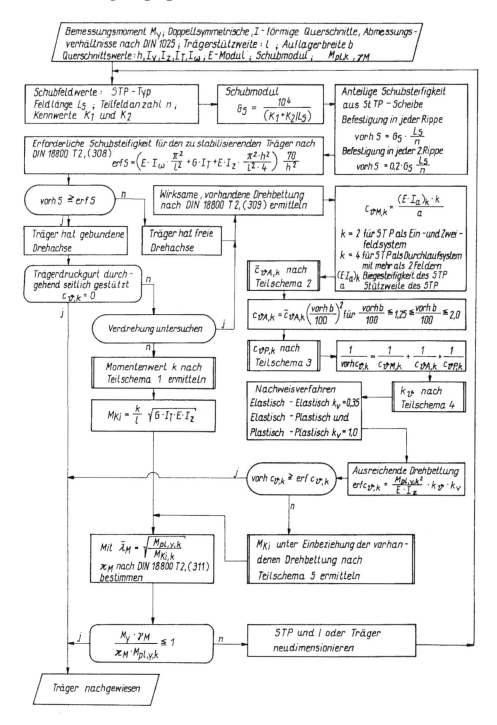

Teilschema 1   Beiwert $k$ bei gebundener Drehachse in Abhängigkeit von $\chi = \dfrac{E \cdot I_\omega}{(G \cdot I_T \cdot l^2)}$

| System | Lastbild | $\chi = 0{,}03$ | $\chi = 0{,}05$ | $\chi = 0{,}1$ | $\chi = 0{,}15$ |
|---|---|---|---|---|---|
| Einfeldträger | $M_L$, $M_R$, $M_0 = \dfrac{q \cdot l^2}{8}$ | | | | |
| | $-M_0$ | 18,5 | 19,5 | 22,9 | 26,6 |
| | $-M_0$, $-0{,}5 M_0$ | 12,4 | 12,6 | 13,8 | 14,9 |
| | $-M_0$ | 8,0 | 7,8 | 8,9 | 9,5 |
| | $-M_0$ | 8,0 | 7,8 | 8,9 | 9,5 |
| | $-M_0$ | 4,7 | 4,3 | 4,8 | 5,0 |
| Zweifeldträger mit Gleichlast | $q$, $0{,}5q$ | 17,7 | 19,5 | 23,2 | 26,3 |
| | $q$, $1{,}2\,l$ | 17,0 | 18,0 | 21,2 | 24,1 |
| | $q$ | 16,1 | 16,9 | 19,5 | 22,3 |
| | $q$, $1{,}2\,l$ | 10,5 | 10,9 | 12,7 | 14,3 |
| | $1{,}0$; $1{,}0$ | 9,3 | 9,4 | 10,2 | 11,3 |
| Zweifeldträger mit Einzellast | $1{,}0$; $1{,}0$ | 15,8 | 16,9 | 19,7 | 22,1 |
| | $1{,}0$; $0{,}5$ | 15,2 | 15,9 | 18,4 | 20,9 |
| | $1{,}0$; $1{,}0$; $1{,}2\,l$ | 14,3 | 14,9 | 17,0 | 19,0 |
| | $1{,}0$ | 10,7 | 11,0 | 12,9 | 14,2 |
| | $1{,}0$; $1{,}2\,l$ | 9,2 | 9,3 | 10,2 | 11,0 |
| Dreifeldträger mit Gleichlast | | 12,9 | 14,3 | 16,5 | 18,4 |
| Vierfeldträger mit Gleichlast | | 14,6 | 15,1 | 17,4 | 19,2 |

# 78 Nachweisführungen und Rechenbeispiele

Teilschema 2  Charakteristische Werte für Anschlußsteifigkeiten $\bar{c}_{\vartheta A,k}$ von STP-Tafeln, bezogen auf die Gurtbreite des Anschlußträgers mit $b = 100$ mm

| Zeile | Trapezprofillage | | Schrauben im | | Schraubenabstand | | Scheibendurchmesser | $\bar{c}_{\vartheta A,k}$ | max $b_{o,u}$ |
|---|---|---|---|---|---|---|---|---|---|
| | positiv | negativ | Untergurt | Obergurt | $b_R$ | $2 b_R$ | mm | kNm/m | mm |
| Auflast | | | | | | | | | |
| 1 | x | | x | | x | | 22 | 5,2 | 40 |
| 2 | x | | x | | | x | 22 | 3,1 | 40 |
| 3 | | x | | x | x | | Ka | 10,0 | 40 |
| 4 | | x | | x | | x | Ka | 5,2 | 40 |
| 5 | x | x | | | x | | 22 | 3,1 | 120 |
| 6 | x | x | | | | x | 22 | 2,0 | 120 |
| Sog | | | | | | | | | |
| 7 | x | | x | | x | | 16 | 2,6 | 40 |
| 8 | x | | x | | | x | 16 | 1,7 | 40 |

$b_R$  Rippenbreite
Ka  Abdeckkappen aus Stahl mit $t \geq 0{,}75$ mm
$b_{o,u}$  Breite des angeschlossenen Gurtes des Trapezprofils
Die angegebenen Werte gelten für Schrauben mit dem Durchmesser $d \geq 6{,}3$ mm sowie für Unterlegscheiben aus Stahl mit der Dicke $d \geq 1{,}0$ mm und aufvulkanisierter Neoprendichtung.

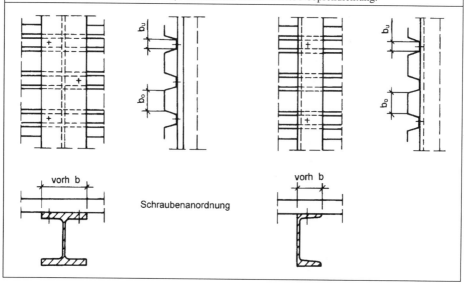

Schraubenanordnung

Teilschema 3    Drehbettungsanteil $c_{\vartheta P,k}$ in kNcm/cm aus der Profilverformung für I-Profile

| Profil | $c_{\vartheta P,k}$ | Profil | $c_{\vartheta P,k}$ | Profil | $c_{\vartheta P,k}$ |
|---|---|---|---|---|---|
| IPE 80 | 37,8 | | | | |
| IPE 100 | 38,0 | | | | |
| IPE 120 | 39,4 | | | | |
| IPE 140 | 41,4 | | | | |
| IPE 160 | 43,6 | | | | |
| IPE 180 | 46,4 | IPEo 180 | 66,8 | | |
| IPE 200 | 49,2 | IPEo 200 | 66,5 | | |
| IPE 220 | 52,6 | IPEo 220 | 73,1 | | |
| IPE 240 | 56,0 | IPEo 240 | 79,9 | | |
| IPE 270 | 59,6 | IPEo 270 | 87,7 | | |
| IPE 300 | 66,3 | IPEo 300 | 95,2 | | |
| IPE 330 | 71,4 | IPEo 330 | 104,0 | | |
| IPE 360 | 80,1 | IPEo 360 | 121,0 | | |
| IPE 400 | 89,6 | IPEo 400 | 128,0 | IPEv 400 | 167 |
| IPE 450 | 104,0 | PEo 450 | 166,0 | IPEv 450 | 237 |
| HEA 100 | 72,0 | HEB 100 | 124 | HEM 100 | 895 |
| HEA 120 | 59,8 | HEB 120 | 131 | HEM 120 | 852 |
| HEA 140 | 66,9 | HEB 140 | 139 | HEM 140 | 828 |
| HEA 160 | 74,8 | HEB 160 | 178 | HEM 160 | 901 |
| HEA 180 | 67,7 | HEB 180 | 190 | HEM 180 | 895 |
| HEA 200 | 76,4 | HEB 200 | 204 | HEM 200 | 896 |
| HEA 220 | 87,4 | HEB 220 | 218 | HEM 220 | 903 |
| HEA 240 | 98,4 | HEB 240 | 233 | HEM 240 | 1294 |
| HEA 260 | 91,6 | HEB 260 | 216 | HEM 260 | 1201 |
| HEA 280 | 102,0 | HEB 280 | 230 | HEM 280 | 1208 |
| HEA 300 | 114,0 | HEB 300 | 248 | HEM 300 | 1643 |
| HEA 320 | 130,0 | HEB 320 | 269 | HEM 320 | 1565 |
| HEA 340 | 145,0 | HEB 340 | 289 | HEM 340 | 1487 |
| HEA 360 | 160,0 | HEB 360 | 310 | HEM 360 | 1416 |
| HEA 400 | 192,0 | HEB 400 | 352 | HEM 400 | 1290 |
| HEA 450 | 198,0 | HEB 450 | 354 | HEM 450 | 1161 |

Teilschema 4    Drehbettungsbeiwert $k_\vartheta$

| | 1 | 2 | 3 |
|---|---|---|---|
| | Momentenverlauf | freie Drehachse | gebundene Drehachse |
| 1 | ⌢ M | 4,0 | 0 |
| 2a | ⌢ M, M | 3,5 | 0,12 |
| 2b | M ⌢ M, M | 3,5 | 0,23 |
| 3 | ◁ M | 2,8 | 0 |
| 4 | ◁ M | 1,6 | 1,0 |
| 5 | M ▭ ψM | nach Diagramm | nach Diagramm |

freie Drehachse

gebundene Drehachse

$5/(1{,}77 - 0{,}77\,\psi)^2$

$59/(7{,}7 - 3{,}6\,\psi)^2$

Verformung bei freier Drehachse      bei gebundener Drehachse

——— genauere Lösung
- - - - Näherung

Teilschema 5  Berechnung des Biegedrillknickmomentes $M_{Ki,y}$

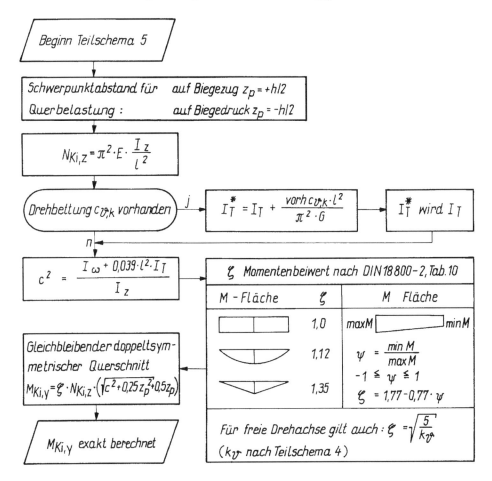

## 5.2.2 Rechenbeispiele

Beispiele für Behinderung der Verformung von Trägern durch angeschlossene STP-Tafeln

Die STP-Tafeln EKO 135 der EKO-Stahl AG oder E 135 der Hoesch-Siegerlandwerke GmbH mit $t_N = 0{,}88$ mm spannen in Positivlage über zwei Felder mit einer Stützweite von je $l_i = 5{,}5$ m. Die Tafeln liegen unmittelbar auf Rahmenriegeln mit dem Profil IPE 450 (DIN 1025-5) aus S 235 JR (DIN EN 10 025) und sind in jeder Profilsicke nach DIN 18 807-3, Bild 6 befestigt.

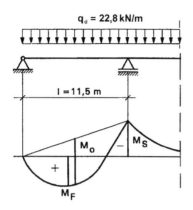
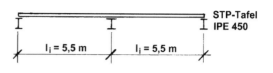

Abb. 5.2

Querschnittswerte des Rahmenriegels IPE 450

$h = 45$ cm  $\quad b = 19$ cm
$I_y = 33\,740$ cm$^4$  $\quad W_y = 1500$ cm$^3$
$I_z = 1680$ cm$^4$  $\quad W_z = 176$ cm$^3$
$I_\omega = 791\,000$ cm$^6$
$I_T = 51{,}1$ cm$^4$
$W_{y\mathrm{pl}} = 1702$ cm$^3$

Steifigkeiten

$E = 210 \cdot 10^3$ N/mm$^2$
$G = 81 \cdot 10^3$ N/mm$^2$

$f_{y,k} = 240$ N/mm$^2$
$\gamma_M = 1{,}1$

$M_{\mathrm{pl},y,k} = f_{y,k} \cdot W_{y,\mathrm{pl}} = 24 \cdot 1702 = 40\,848$ kNcm

Beanspruchungen

$A_d = 81{,}2$ kN  $\quad x = 3{,}56$ m  $\quad M_{S,d} = 257{,}21$ kNm $= M_0$
$B_d = 270{,}8$ kN  $\quad\quad\quad\quad\quad\quad M_{F,d} = 144{,}0$ kNm

Schubfeldwerte für EKO 135 aus Typenblatt

Ein Trapezblech stützt drei Träger

$n = 0{,}5 + 1{,}0 + 0{,}5 = 2{,}0 \quad \min L_S = 4{,}7$ m

$L_S = l_i \cdot n = 5{,}5 \cdot 2 = 11{,}0$ m

$K_1 = 0{,}232$ m/kN; $K_2 = 36{,}8$ m$^2$/kN

$$G_S = \frac{10^4}{K_1 + \dfrac{K_2}{L_S}} = \frac{10\,000}{0{,}232 + \dfrac{36{,}8}{11{,}0}} = 2795{,}3 \text{ kN/m}$$

anteilig

$$\text{vorh } S = \frac{G_S \cdot L_S}{n} = \frac{2795{,}3 \cdot 11}{2} = 15\,374 \text{ kN}$$

$$\text{erf } S = \left( E \cdot I_\omega \cdot \frac{\pi^2}{l^2} + G \cdot I_T + E \cdot I_z \cdot \frac{\pi^2 \cdot h^2}{l^2 \cdot 4} \right) \frac{70}{h^2}$$

$$= \left[ E \cdot \frac{\pi^2}{l^2} \left( I_\omega + I_z \cdot \frac{h^2}{4} \right) + G \cdot I_T \right] \frac{70}{h^2}$$

$$= \left[ 21\,000 \cdot \frac{3{,}14^2}{950^2} \left( 791\,000 + 1680 \cdot \frac{45^2}{4} \right) + 8100 \cdot 51{,}1 \right] \frac{70}{45^2}$$

$$= (376\,975 + 413\,910) \cdot \frac{70}{45^2}$$

erf $S = 27\,339$ kN

vorh $S \geq$ erf $S$

$15\,374$ kN $<$ $27\,339$ kN

Die Drehachse ist nicht gebunden. Der Nachweis elastischer Bettung ist erforderlich. Vorhandene elastische Bettung aus der Biegesteifigkeit ermitteln:

$k = 2$ für EKO 135; $I_a = I_{\text{eff}} = 344$ cm$^4$/m; $a = l_i = 550$ cm; vorh $b = 190$ mm

$$c_{\vartheta,M,k} = k \cdot \frac{(E \cdot I_a)_k}{a}$$

$$= 2 \cdot \frac{21\,000 \cdot 344}{550} = 26\,269 \text{ kNcm/m} = 262{,}7 \text{ kNm/m}$$

Nach Teilschema 2 ist $\overline{c}_{\vartheta,A,k} = 5{,}2$ kNm/m

$$c_{\vartheta,A,k} = \overline{c}_{\vartheta,A,k} \cdot \frac{\text{vorh } b}{100} \cdot 1{,}25 \quad \text{für } 1{,}25 \leq \frac{\text{vorh } b}{100} \leq 2{,}0$$

$$= 5{,}2 \cdot \frac{190}{100} \cdot 1{,}25 = 12{,}35 \text{ kNm/m}$$

Nach Teilschema 3 wird für IPE 450

$c_{\vartheta,P,k} = 104$ kNm/m

Es ist dann:

$$\frac{1}{\text{vorh } c_{\vartheta,k}} = \frac{1}{c_{\vartheta,M,k}} + \frac{1}{c_{\vartheta,A,k}} + \frac{1}{c_{\vartheta,P,k}}$$

$$= \frac{1}{262} + \frac{1}{12{,}35} + \frac{1}{104} = 0{,}09438 = \frac{1}{10{,}59}$$

vorh $c_{\vartheta,k} = 10{,}59$ kNm/m

Nach Teilschema 4 wird für die freie Drehachse

$k_\vartheta = 3{,}5$

und für das Nachweisverfahren Elastisch – Plastisch

$k_v = 1{,}0$

$$\text{erf } c_{\vartheta,k} = \frac{M_{pl,y,k}^2}{E \cdot I_z} \cdot k_\vartheta \cdot k_v$$

$$= \frac{40\,848^2}{21\,000 \cdot 1680} \cdot 3{,}5 \cdot 1{,}0 = 165{,}53 \text{ kNm/m}$$

vorh $c_{\vartheta,k} \leq$ erf $c_{\vartheta,k} \Rightarrow 10{,}59$ kNm/m $< 165{,}53$ kNm/m

Die Drehbettung ist für eine vollständige Biegedrillknicksicherung nicht ausreichend.

$M_{Ki,y}$ nach Teilschema 5 berechnen:

$$z_p = +\frac{h}{2} = +\frac{45{,}0}{2} = +22{,}5 \text{ cm}$$

$$N_{Ki,z} = \pi^2 \cdot E \cdot \frac{I_z}{l^2} = \pi^2 \cdot 21\,000 \frac{1680}{950^2} = 385{,}82 \text{ kN}$$

$$I_T^* = I_T + \frac{\text{vorh } c_{\vartheta,k} \cdot l^2}{\pi^2 \cdot G} = 51{,}1 + \frac{10{,}59 \cdot 950^2}{3{,}14^2 \cdot 8100} = 170{,}65 \text{ cm}^4$$

$I_T^* \Rightarrow I_T$

$$c^2 = \frac{I_\omega + 0{,}039 \cdot l^2 \cdot I_T}{I_z} = \frac{791\,000 + 0{,}039 \cdot 950^2 \cdot 170{,}65}{1680} = 4046{,}1 \text{ cm}^2$$

$$\zeta = \sqrt{\frac{5}{k_\vartheta}} = \sqrt{\frac{5}{3{,}5}} = 1{,}2$$

$$M_{Ki,y} = \zeta \cdot N_{Ki,z} \sqrt{c^2 + 0{,}25\, z_p^2} + 0{,}5\, z_p)$$

$$M_{Ki,y} = 1{,}2 \cdot 985{,}82 \cdot (\sqrt{4046{,}1 + 0{,}25 \cdot 22{,}5^2} + 0{,}5 \cdot 22{,}5)$$
$$= 35\,115{,}6 \text{ kNcm} = 351{,}16 \text{ kNm}$$

$$\bar{\lambda}_M = \sqrt{\frac{M_{pl,y,k}}{M_{Ki,k}}} = \sqrt{\frac{408{,}48}{351{,}16}} = 1{,}08 \Rightarrow \kappa_M = 0{,}697 \text{ für } n = 2{,}5$$

Nachweis

$$\frac{M_{S,d} \cdot \gamma_M}{\kappa_M \cdot M_{pl,y,k}} \leq 1{,}0$$

$$\frac{257{,}21 \cdot 1{,}1}{0{,}697 \cdot 408{,}48} = 0{,}99 < 1{,}0$$

Nachweis erbracht

Die STP-Tafeln FI 50/250 der Fischer Profil GmbH mit $t_N = 0{,}88$ mm spannen in Positivlage über 4 Felder mit einer Stützweite von 3,5 m. Die Tafeln liegen auf Pfetten IPE 240 (DIN 1055-5) aus S 235 JR (DIN EN 10025) als Dreifeldträger mit 5,2 m Stützweite. Die STP-Tafeln sind darauf in jeder Profilsicke nach DIN 18807-3, Bild 6 befestigt.

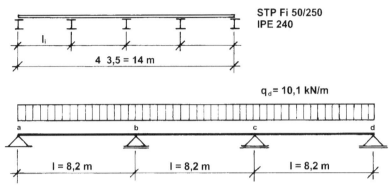

Abb. 5.3

Querschnittswerte der Pfetten IPE 240

$h = 24$ cm $\quad b = 12$ cm
$I_y = 3890$ cm$^4$ $\quad W_y = 324$ cm$^3$
$I_z = 284$ cm$^4$ $\quad W_z = 47{,}3$ cm$^3$
$I_\omega = 37\,390$ cm$^6$
$I_T = 12{,}9$ cm$^4$
$W_{ypl} = 366$ cm$^3$

Steifigkeiten

$E = 210 \cdot 10^3$ N/mm$^2$
$G = 81 \cdot 10^3$ N/mm$^2$

$f_{y,k} = 240$ N/mm$^2$
$\gamma_M = 1{,}1$

$M_{pl,y,k} = f_{y,k} \cdot W_{y,pl} = 24 \cdot 366 = 8784$ kNcm

Beanspruchungen

$A_d = 33{,}13$ kN $\qquad M_{S,d} = -67{,}91$ kNm $= M_o$
$B_d = 91{,}1$ kN $\qquad M_{F,d} = 54{,}33$ kNm

Schubfeldwerte für FI 50/250 mit $t_N = 0{,}88$ mm aus Typenblatt

Ein Trapezblech stützt 5 Träger.

$n = 2 \cdot 0{,}5 + 3 = 4; \quad \min L_S = 2{,}37$ m

$L_S = l_i \cdot n = 3{,}5 \cdot 4 = 14{,}0$ m

$K_1 = 0{,}1756$ m/kN; $\quad K_2 = 7{,}03$ m$^2$/kN

$$G_S = \frac{10^4}{K_1 + \frac{K_2}{L_S}} = \frac{10\,000}{0{,}1756 + \frac{7{,}03}{14{,}0}} = 14\,754{,}86 \text{ kN/m}$$

anteilig

$$\text{vorh } S = \frac{G_S \cdot L_S}{n} = \frac{14\,754{,}86 \cdot 14}{4} = 51\,647 \text{ kN}$$

$$\text{erf } S = \left[ E \cdot \frac{\pi^2}{l^2} \left( I_\omega + I_z \cdot \frac{h^2}{4} \right) + G \cdot I_T \right] \frac{70}{h^2}$$

$$= \left[ 21\,000 \cdot \frac{3{,}14^2}{820^2} \left( 37\,390 + 284 \cdot \frac{24^2}{4} \right) + 8100 \cdot 12{,}9 \right] \frac{70}{24^2}$$

$$= (24\,131{,}0 + 104\,490) \cdot \frac{70}{24^2}$$

erf $S = 15\,631$ kN

vorh $S \geq$ erf $S \Rightarrow 51\,647$ kN $> 15\,631$ kN

Die Drehachse ist gebunden. Verdrehung wird nicht untersucht.

Nach Teilschema 1 wird für:

$$\chi = \frac{E \cdot I_\omega}{G \cdot I_T \cdot l^2} = \frac{21\,000 \cdot 37\,390}{8100 \cdot 12{,}9 \cdot 820^2} = 0{,}011$$

$k \approx 14$

und damit

$$M = \frac{k}{2} \sqrt{G \cdot I_T \cdot E \cdot I_z}$$

$$= \frac{14}{820} \sqrt{8100 \cdot 12{,}9 \cdot 21\,000 \cdot 284}$$

$$= 13\,477{,}8 \text{ kN/m}$$

$$\bar{\lambda}_M = \sqrt{\frac{M_{pl,y,k}}{M_{Ki,k}}} = \sqrt{\frac{8784}{13\,477{,}8}} = 0{,}81 \Rightarrow \kappa_M = 0{,}892 \text{ für } n = 2{,}5$$

Nachweis

$$\frac{M_y \cdot \lambda_M}{\kappa_M \cdot M_{pl,y,k}} \leq 1{,}0$$

$$\frac{6791 \cdot 1{,}1}{0{,}892 \cdot 8784} = 0{,}95 < 1{,}0$$

Nachweis erbracht

## 5.3 Nachweisführung für STP-Tafeln bei kombinierter Beanspruchung – Schubfeld

Die zweite Art der kombinierten Beanspruchung von STP-Tafeln tritt in Schubfeldern auf. Neben der Biegebeanspruchung aus Querbelastung wird in Scheibenebene die Schubsteifigkeit ausgenutzt. Die gültige Form der Schubfeldbemessung wurde in den 70er Jahren von R. Schardt und C. Strehl ausgearbeitet. Mit dem Verfahren wird nach der Faltwerktheorie für die jeweiligen Profilformen und Blechdicken der zulässige Schubfluss ermittelt. Das Verfahren ist in die DIN 18 807-3 übernommen worden.

In den geprüften Typenblättern sind die zulässigen Schubflüsse und die Vorwerte nach *Schardt/Strehl* berechnet. Es sind zwei Befestigungsarten am Querrand berücksichtigt. Entweder erfolgt die Befestigung jedes anliegenden Gurtes in dessen Mitte, oder es wird durch die gewählten Verbindungselemente die Halterung unmittelbar neben jedem Steg erreicht. Im zweiten Fall dürfen erhöhte Schubfeldwerte angewendet werden.

Für den Nachweis ist festzustellen, ob jeder der zulässigen Schubflüsse $T_1$, $T_2$ und $T_3$ größer ist als der vorhandene Schubfluss im Trapezprofil, der als mittlerer Schubfluss aus der Querkraft und der Länge des Schubfeldes berechnet wird. Auch für die Berechnung der Verbindung der Trapezprofile, der Verbindung der Trapezprofillängsränder mit den Randträgern und der Trapezprofilquerränder mit den Randträgern darf der mittlere Schubfluss angesetzt werden.

Zusätzliche Beanspruchungen ergeben sich für die Verbindungselemente aus der Lasteinleitung rechtwinklig zur Achse der Längsränder, Zugkräfte aus Vertikallasten und Zugkräfte aus Randbedingungen der Schubfeldwirkung.

Im Nachweisschema 5.3.1 sind die erforderlichen Rechenschritte für die Nachweisführung zusammengestellt.

## 5.3.1 Nachweisschema für STP-Tafeln als Schubfeld in Dächern

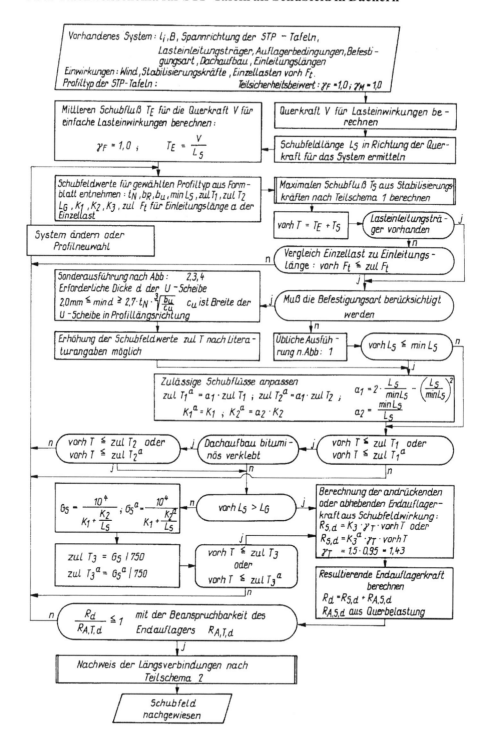

# Nachweisführung für STP-Tafeln bei kombinierter Beanspruchung – Schubfeld

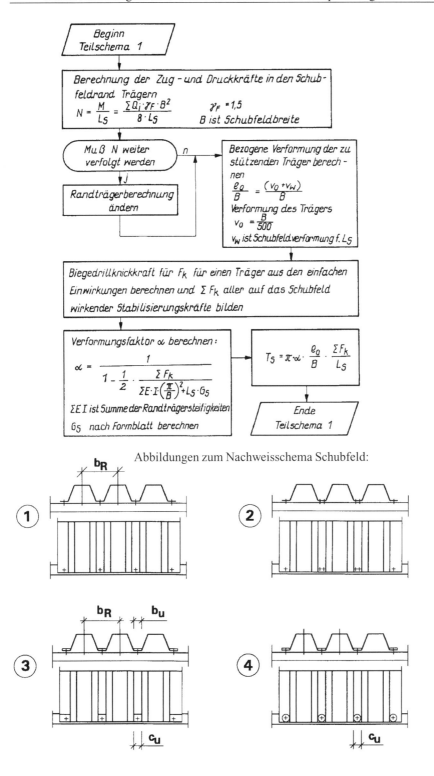

Abbildungen zum Nachweisschema Schubfeld:

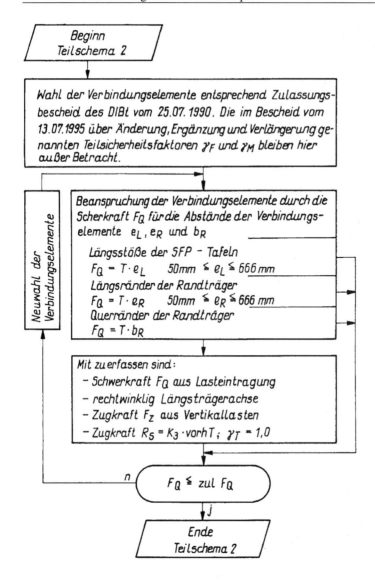

### 5.3.2 Rechenbeispiel Stahltrapezprofil-Tragscheibe als Hallendach

Bemessungsvoraussetzungen

Für eine Stahlrahmenhalle von 16 m Breite und 72 m Länge sind STP-Tafeln als Dacheindeckung vorgesehen. Der Binderabstand beträgt 6 m, die Dachneigung 5 %, die Giebelwindstiele stehen im Abstand von 4 m. Als Rahmenriegelprofil ist ein IPE 300 gewählt. Die STP-Tafeln laufen über 3 Felder durch. Sie sind 3 × 6 m = 18 m lang. Es wird ein einschaliges, oberseitig wärmegedämmtes, unbelüftetes, bituminös verklebtes Dachsystem ausgeführt. Die maximale Durchbiegung der STP-Tafeln muss unter Volllast ≤ $l_i$/300 sein. Vertikal wirken nur

Flächenlasten. Lastverteilung für Einzellasten muss nicht vorgenommen werden. In Abb. 5.4 sind die Systemmaße angegeben.

Ständige Einwirkungen

| | |
|---|---|
| Eigenlasten STP-Tafel | $0{,}133 \text{ kN/m}^2$ |
| Dampfsperre | $0{,}020 \text{ kN/m}^2$ |
| Wärmedämmung | $0{,}130 \text{ kN/m}^2$ |
| Dachhaut | $0{,}167 \text{ kN/m}^2$ |
| $G_k =$ | $0{,}450 \text{ kN/m}^2$ |

Veränderliche Einwirkungen

Schnee $\qquad Q_{1,k} = \bar{s} = k_s \cdot s_o = 1{,}0 \cdot 0{,}75 = 0{,}75 \text{ kN/m}^2$
(Schneelastzone II: $k_s = 1{,}0$; $s_o = 0{,}75 \text{ kN/m}^2$)
Wind wird für die Dachfläche nicht maßgebend:
Wind $\qquad Q_{2,k} = w = c_p \cdot q$
(Gebäudehöhe < 8,0 m: $q = 0{,}50 \text{ kN/m}^2$; für Dachfläche $c_p = -0{,}6$)
$\qquad Q_{2,D,k} = -0{,}6 \cdot 0{,}5 = -0{,}30 \text{ kN/m}^2$
$\qquad 0{,}9\, G_k = 0{,}9 \cdot 0{,}45 = 0{,}41 \text{ kN/m}^2 > Q_{2,D,k} = -0{,}3 \text{ kN/m}^2$

Für Giebelfläche: $\qquad c_p = 0{,}8$
$\qquad Q_{2,G,k} = 0{,}8 \cdot 0{,}5 = 0{,}40 \text{ kN/m}^2$

Mit $\dfrac{a}{8} = \dfrac{16}{8} = 2 \text{ m}$; $\dfrac{b}{2} = \dfrac{72}{2} = 36 \text{ m}$; $\dfrac{a}{2} = \dfrac{16}{2} = 8 \text{ m}$ (nach DIN 1055-4)

wird für Eckbereiche: $\qquad c_p = -3{,}2$
$\qquad Q_{2,E,k} = -3{,}2 \cdot 0{,}5 = -1{,}6 \text{ kN/m}^2$
und für Randbereiche: $\qquad c_p = -1{,}8$
$\qquad Q_{2,E,k} = -1{,}8 \cdot 0{,}5 = -0{,}9 \text{ kN/m}^2$

Nachweis der STP-Tafeln auf Biegeknickbeanspruchung

Vorbemessung STP: $\quad k = 0{,}971$; $q = G_k + Q_{1,k} = 0{,}45 + 0{,}75 = 1{,}2 \text{ kN/m}^2$
$\qquad l_i = 6{,}0 \text{ m}$
$\qquad \text{erf } I = k \cdot q \cdot l_i^3 = 0{,}971 \cdot 1{,}2 \cdot 6{,}0^3 = 252 \text{ cm}^4/\text{m}$

Gewählt wird das Stahltrapezprofil Typ E 106 der Hoesch-Siegerlandwerke GmbH in Positivlage. Nach Typenblatt wird:

| | | | |
|---|---|---|---|
| $t_N$ | $= 1{,}0 \text{ mm}$ | $g$ | $= 0{,}133 \text{ kN/m}^2$ |
| $I_{eff}$ | $= 250 \text{ cm}^4/\text{m}$ | $L_{gr}$ | $= 12{,}5 \text{ m}$ (für Mehrfeldträger) |
| $A_g$ | $= 19{,}9 \text{ cm}^2$ | $A_{eff}$ | $= 7{,}85 \text{ cm}^2$ |
| $i_g$ | $= 3{,}98 \text{ cm}$ | $i_{eff}$ | $= 4{,}56 \text{ cm}$ |
| $z_g$ | $= 6{,}61 \text{ cm}$ | $z_{eff}$ | $= 6{,}06 \text{ cm}$ |

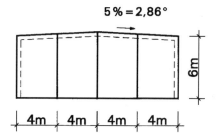

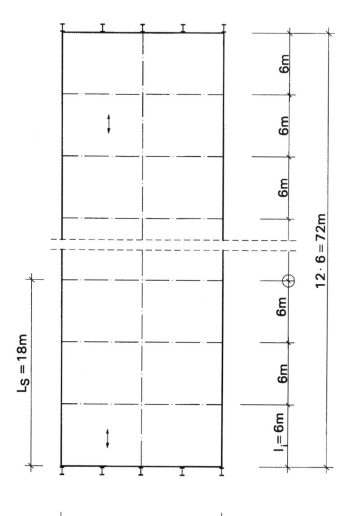

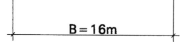

Abb. 5.4 Systemmaße für Stahlrahmenhalle

Zwischenauflagerbreite $b_B = 150\,\text{mm} = (b_A + Ü)$

Die charakteristischen Werte der Widerstandsgrößen werden dem Typenblatt entnommen. Durch $\gamma_M = 1{,}1$ geteilt ergeben sich die Beanspruchbarkeiten:

$$M_{F,d} = \frac{13{,}8}{1{,}1} = 12{,}55\,\text{kNm/m}$$

$$R_{A,T,d} = \frac{23{,}6}{1{,}1} = 21{,}45\,\text{kN/m}$$

$$R_{A,G,d} = \frac{18{,}1}{1{,}1} = 16{,}45\,\text{kN/m}$$

$$M^o_{B,d} = \frac{12{,}6}{\sqrt{1{,}1}} = 11{,}45\,\text{kNm/m}$$

$$C_d = \frac{17{,}6}{\sqrt{1{,}1}} = 16{,}78\,\text{kN}^{1/2}/\text{m}$$

$$\max M_{B,d} = \frac{12{,}6}{1{,}1} = 11{,}45\,\text{kNm/m}$$

$$\max R_{B,d} = \frac{44{,}0}{1{,}1} = 40\,\text{kN/m}$$

$$\max M_{R,d} = 0$$

Es sind nur Biegebeanspruchungen vorhanden.

vorh $l_i \leq L_{gr} \Rightarrow 6{,}0\,\text{m} < 12{,}5\,\text{m}$

Für das vorhandene System Dreifeldträger ergeben sich die Beanspruchungen aus den Einwirkungen wie folgt:

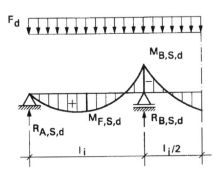

$F_d = 1{,}35 \cdot G_K + 1{,}5\,Q_{1,k}$
$\quad = 1{,}35 \cdot 0{,}45 + 1{,}5 \cdot 0{,}75 = 1{,}73\,\text{kN/m}^2$
$R_{A,S,d} = 0{,}4 \cdot 1{,}73 \cdot 6{,}0 = 4{,}15\,\text{kN/m}$
$R_{B,S,d} = 1{,}1 \cdot 1{,}73 \cdot 6{,}0 = 11{,}42\,\text{kN/m}$
$M_{F,S,d} = 0{,}08 \cdot 1{,}73 \cdot 6{,}0^2 = 4{,}98\,\text{kNm/m}$
$M_{B,S,d} = -0{,}1 \cdot 1{,}73 \cdot 6{,}0^2 = -6{,}23\,\text{kNm/m}$

Abb. 5.5

Nachweise

$$\frac{M_{F,S,d}}{M_{F,d}} = \frac{4,98}{12,55} = 0,40 < 1,0$$

$$\frac{R_{A,S,d}}{R_{A,T,d}} = \frac{4,15}{21.45} = 0,19 < 1,0$$

$$M_{B,d} = M_{B,d}^{o} - \left(\frac{R_{B,S,d}}{C_d}\right)^{\varepsilon} = 11,45 - \left(\frac{11,42}{16,78}\right)^2 = 10,97 \text{ kNm/m}$$

$$\frac{|M_{B,S,d}|}{M_{B,d}} = \frac{6,23}{10,97} = 0,57 < 1,0$$

$$\frac{R_{B,S,d}}{\max R_{B,d}} = \frac{11,42}{40} = 0,29 < 1,0$$

Durchbiegungsnachweis mit $\gamma_F = 1,0$

$$F_k = G_k + Q_{1,k} = 0,45 + 0,75 = 1,2 \text{ kN/m}^2$$

$$\frac{l_i}{300} = \frac{600}{300} = 2,0 \text{ cm} = \frac{1}{145} \cdot \frac{F_k \cdot l_i^4}{E \cdot I_{\text{eff}}} = \frac{1}{145} \cdot \frac{1,2 \cdot 10^{-2} \cdot 600^4}{21\,000 \cdot 250} = 2,043 \text{ cm}$$

Nachweis der STP-Tafeln als Schubfeld

Die drei Endfelder an den Hallengiebeln werden als Schubfeld ausgebildet. Die Schubfeldlänge beträgt $L_S = 18$ m.

Auf das Schubfeld wirken Windkräfte aus dem Giebel und Stabilisierungskräfte aus den Rahmenriegeln.

Der Schubfluss $T_E$ wird für die Querkraft $V$ aus den einfachen Einwirkungen ($\gamma_F = 1,0$) berechnet:

Aus Wind mit $q = 0,5$ kN/m² und $c_p = 0,8$ wird:

$$Q_{2,G,K} = 0,5 \cdot 0,8 \cdot \frac{6,3}{2} = 1,26 \text{ kN/m}$$

$$V_W = 1,26 \cdot \frac{16}{2} = 10,08 \text{ kN}$$

$$T_E = \frac{V_W}{L_S} = \frac{10,08}{18} = 0,56 \text{ kN/m}$$

Die zusätzlich aus $Q_{2,G}$ entstehenden Druck- und Zugkräfte in den Oberflanschen der Rahmenriegel betragen:

$$N = \frac{M}{L_S} = \frac{Q_{2,G} \cdot 1,5 \cdot B^2}{L_S \cdot 8} = \frac{1,26 \cdot 1,5 \cdot 16^2}{18 \cdot 8} = 3,36 \text{ kN}$$

Diese geringe Zusatzkraft braucht nicht weiter verfolgt zu werden.

Aus Stabilisierungskräften wird (nach Literaturangaben auf der sicheren Seite liegend):

$$T_S = \pi \cdot \alpha \cdot \frac{e_o}{B} \cdot \frac{\Sigma F_k}{L_S}$$

$\frac{e_o}{B}$ ist die bezogene Vorverformung des Binders mit $e_o = v_o + v_W$. Dabei ist $v_o = \frac{B}{500}$ die Vorverformung des Riegels und $v_W = 0$ die Schubfeldverformung für $L_S = 18$ m. Die Binderoberflansch-Normalkraft für einfache Einwirkungen ist $F_k = 316$ kN (aus Rahmenberechnung). Das Schubfeld muss die Knickhalterung für 6 Binder gewährleisten ($\Sigma F_k = 6 \cdot 316$ kN).

Für die Berechnung des Verformungsfaktors $\alpha$ ist die Summe der Obergurtsteifigkeiten des IPE 300 $\Sigma E \cdot I = E \cdot 6 \cdot I_z/2 = 21\,000 \cdot 3 \cdot 604$ kNcm². Die Schubfeldwerte für STP-Typ E 106 nach Typenblatt betragen: $K_1 = 0{,}211$ m/kN, $K_2 = 21{,}9$ m²/kN.

$$G_s = \frac{10^4}{K_1 + \frac{K_2}{L_S}} = \frac{10^4}{0{,}211 + \frac{21{,}9}{18}} = 7004 \text{ kN/m}$$

$$\alpha = \frac{1}{1 - \frac{1}{2} \cdot \frac{\Sigma F_k}{\Sigma E \cdot I \cdot \left(\frac{\pi}{B}\right)^2 + L_S \cdot G_S}}$$

$$\alpha = \frac{1}{1 - \frac{1}{2} \cdot \frac{6 \cdot 316}{21\,000 \cdot 3 \cdot 604 \cdot \left(\frac{3{,}14}{1800}\right)^2 + 18 \cdot 7004}} = 1{,}007$$

$$T_S = \pi \cdot 1{,}007 \cdot \frac{1}{500} \cdot \frac{6 \cdot 316}{18} = 0{,}67 \text{ kN/m}$$

vorh $T = T_E + T_S \quad = 0{,}56 + 0{,}67 = 1{,}23$ kN/m

weitere Schubfeldwerte für STP-Typ E 106 aus Typenblatt

$t_N = 1{,}0$ mm; min $L_S = 3{,}6$ m; zul $T_1 = 2{,}63$ kN/m; zul $T_2 = 3{,}34$ kN/m; $L_G = 4{,}5$ m;

$K_3 = 0{,}46$; $b_R = 250$ mm

Für vorh $L_S \Rightarrow$ min $L_S \quad \Rightarrow 18{,}0$ m $> 3{,}6$ m

vorh $T \leq$ zul $T_1 \quad \Rightarrow 1{,}23$ kN/m $< 2{,}63$ kN/m

Der Dachaufbau ist bituminös verklebt:

vorh $T \leq$ zul $T_2 \quad \Rightarrow 1{,}23$ kN/m $< 3{,}34$ kN/m

Für vorh $L_S > L_G \quad \Rightarrow 18{,}0$ m $> 4{,}5$ m ist zul $T_3$ nicht maßgebend.

Die Endauflagerkraft beträgt mit $\gamma_F = 1{,}43$:

$R_{S,d} = K_3 \cdot \gamma_F \cdot$ vorh $T = 0{,}46 \cdot 1{,}43 \cdot 1{,}23 = 0{,}81$ kN/m

Aus der Biegeberechnung ist:

$R_{A,S,d} = 4{,}15$ kN/m

$R_{A,T,d} = 21{,}45$ kN/m

$R_d = R_{S,d} + R_{A,S,d} = 0{,}81 + 4{,}15 = 5{,}96$ kN/m

Nachweis

$$\frac{R_d}{R_{A,T,d}} = \frac{5{,}96}{21{,}45} = 0{,}28 < 1{,}0$$

Der Nachweis der Verbindungselemente ist erforderlich.

## 5.4 Weitere Hilfsmittel für die Bemessung

Für STP- und SKP-Tafeln bieten Hersteller und Lieferer außer den Typenblättern als Firmendokumente auch typengeprüfte Bemessungstabellen an. In Standardfällen können damit Ergebnisse gewonnen werden, die die statische Berechnung im Einzelnen ersetzen.

Bei der Anwendung solcher Tabellen ist allerdings darauf zu achten, ob sie auf der Basis globaler Sicherheitsbeiwerte oder bereits nach dem Bemessungskonzept der DIN 18 800 zusammengestellt sind.

Für die Vorbemessung können auch Diagramme hilfreich sein, mit denen für Ein-, Zwei- und Dreifeldträger die Profilwahl bei einer Blechdicke, in Abhängigkeit von Stützweite und gleichmäßig verteilter Belastung, möglich ist. Die Profilwahl läßt sich so optimieren.

Von einigen Hersteller- und Lieferfirmen werden neuerdings auch Bemessungsprogramme auf Disketten angeboten.

Bei unterschiedlichen Preisen sind die Programme auch unterschiedlich komfortabel. Um sie anwenden zu können, müssen alle Gebäudedaten bekannt sein. Auch ist die Kenntnis der statischen Grundlagen erforderlich.

Auch Softwarefirmen und spezialisierte Ingenieurbüros bieten Bemessungsprogramme an. Beim Industrieverband zur Förderung des Bauens mit Stahlblech e. V., Düsseldorf (IFBS) kann Auskunft über die verschiedenen Angebote eingeholt werden.

# 6 Verbindungen und Verbindungselemente

Im Hochbau werden STP-Tafeln mit ihren Verbindungen und Verbindungselementen vorwiegend unter ständigen Einwirkungen und veränderlichen Einwirkungen, ohne Berücksichtigung dynamischer Einflüsse, für Dach-, Wand- und Deckenkonstruktionen eingesetzt.

Der von den Herstellern angebotene Blechdickenbereich beträgt für STP-Tafeln und SKP-Tafeln ca. 0,5 mm bis 1,5 mm, mit den wirtschaftlich zu begründenden, am häufigsten angewendeten Dicken zwischen 0,75 mm und 1 mm.

Diese Bleche werden miteinander „dünn auf dünn" oder mit Unterkonstruktionen (> 1,5 mm dick) „dünn auf dick" verbunden. Die Unterkonstruktionen sind warmgewalzte Formstähle oder auch kaltgewalzte Profile aus gängigen Baustählen mit Streckgrenzen zwischen 240 N/mm$^2$ und 360 N/mm$^2$. Die Unterkonstruktion kann auch aus Holz bestehen. Die Verbindung mit Unterkonstruktionen aus Beton, Stahlbeton oder Spannbeton und Mauerwerk muss über besonders verankerte Stahl- oder Holzleisten vermittelt werden.

Verbindungen dünnwandiger Bauteile sollten so konstruiert werden, dass die Verbindungselemente auf Abscheren beansprucht werden.

Bei Schrägzug bzw. Zugbeanspruchung werden die Verformungen der Verbindung wegen der geringen Blechdicken zu groß.

## 6.1 Verbindungselemente – Typen und Anwendung

Die gebräuchlichsten Verbindungselemente sind auf Abb. 6.1 als Typen mit ihrer Anwendung dargestellt. Die Abb. 6.2 begrenzt die Anwendungsbereiche in Abhängigkeit von der Dicke der Stahlunterkonstruktion.

Die für die Verbindungselemente in der Zulassung Nr. Z-14.1-4 enthaltenen Beanspruchbarkeitstabellen unterscheiden in der Verbindung Bauteil I mit Dicke $t_I$ als feuerverzinktes Stahlblech und Bauteil II mit Dicke $t_{II}$ als Unterkonstruktion. Eine Auswahl dieser Tabellen ist im Anhang Abschnitt 10.3 abgedruckt.

| | | |
|---|---|---|
| Blech auf Stahl | | Gewindefurchende Schraube ⌀ 6,3 mm mit Unterlegscheibe ≥ ⌀ 16 mm, 1 mm dick, mit Neoprene-Dichtung<br>Verwendung:<br>Verbindungen von Profiltafeln mit der Unterkonstruktion aus Stahl |
| Blech auf Holz und Blech auf Blech | | Sechskant-Blechschraube DIN 7976, ⌀ 6,3 mm bzw. 6,5 mm mit Unterlegscheibe ≥ ⌀ 16 mm, 1 mm dick, mit Neoprene-Dichtung<br>Verwendung:<br>Verbindungen von Profilen bzw. Profiltafeln miteinander sowie von Profiltafeln mit der Unterkonstruktion aus Stahl ≤ 3 mm und mit Holz |
| Blech auf Blech | Hinterschnitt / Bohrspitze | Selbstbohrende Schrauben<br>C 1. ⌀ 4,22 mm und 4,8 mm<br>C 2. ⌀ 5,50 mm<br>C 3. ⌀ 6,30 mm<br>Verwendung:<br>Verbindungen von Profilen bzw. Profiltafeln miteinander oder mit anderen Bauteilen |
| Blech auf Stahl | | Gewindeschneidschraube<br>DIN 7513, AM 8<br>mit Unterlegscheibe ≥ ⌀ 16 mm,<br>1 mm dick,<br>mit oder ohne Neoprene-Dichtung |
| Blech auf Holz | | a) Sechskant-Holzschraube<br>DIN 571 ⌀ 6 mm<br>b) Halbrund-Holzschraube<br>mit Längsschlitz DIN 96, ⌀ 6 mm je mit Unterlegscheibe ≥ ⌀ 16 mm, 1 mm dick |
| Blech auf Stahl | | Setzbolzen ⌀ 4,5 mm mit Rondelle 12 bzw. 15 mm ⌀, 1 mm dick<br>Verwendung:<br>Verbindungen von Profiltafeln mit der Unterkonstruktion aus Stahl, Dicke ≥ 6 mm |
| Blech auf Blech | | Blindniete ⌀ 4,0 mm , 4,8 mm bzw. 5,0 mm |
| Sandwichelement auf Stahl | Stützgewinde / Bohrspitze | Bohrschraube mit Dichtscheibe ⌀ ≥ 19 mm<br>Verwendung:<br>Verbindungselement zur Verwendung bei Sandwichbauteilen |

Abb. 6.1 Verbindungselemente, Typen und Anwendung

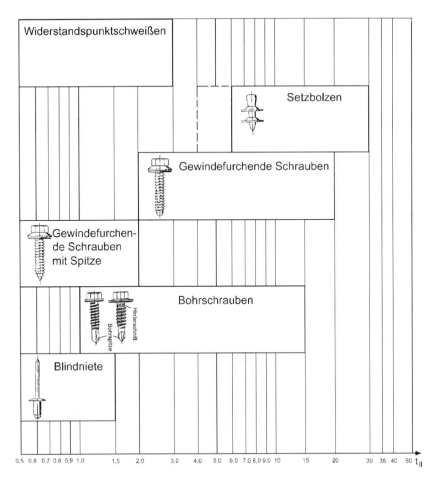

Abb. 6.2 Einsatzbereich verschiedener Verbindungselemente in Abhängigkeit von der Dicke der Stahlunterkonstruktion $t_{II} > t_I$ in mm für Verbindungen mit dünnwandigen Bauteilen ($t_I \leq 1{,}5$ mm)

## 6.1.1 Blindniete

Blindniete werden im Allgemeinen zur Verbindung von STP-Tafeln untereinander oder mit Randversteifungsblechen verwendet.

Blindniete bestehen aus einer Niethülse und einem Nietdorn, der eine Sollbruchstelle haben kann. Sie dienen insbesondere zum Vernieten von Teilen, bei denen die Schließkopfseite nicht zugänglich ist (Blindnietung).

Da die Tragfähigkeit der Nietverbindung vom Bohrlochdurchmesser abhängt, sind die vom Niet-Hersteller angegebenen Werte einzuhalten.

Bei der Auswahl der Blindniete ist unter Berücksichtigung der Einsatzerfordernisse auf den Werkstoff für Niethülse und Füllstift und die entsprechenden Durchmesser zu achten.

Es wird unterschieden zwischen Spreiz- und Kerbnieten (Einschlagen eines zylindrischen Kerbstiftes), Blindnieten mit konischem Ziehdorn (ggf. mit Füllstift) und Blindnieten mit Abreißdorn (Sollbruchstelle im Schaft).

Als Nietwerkstoff werden Al-Legierungen, Stahl, Monel (CuNi-Legierungen) oder auch Kupfer eingesetzt.

## 6.1.2 Schrauben

Schrauben dienen der Verbindung von STP-Tafeln mit dem Auflager und untereinander. Für alle Schraubenverbindungen gilt, dass nur bei Einhaltung der im Zulassungsbescheid für die Verbindungselemente angegebenen Einbauvorschriften mit den dort aufgeführten Tragfähigkeiten gerechnet werden darf. Außer bei selbstbohrenden Schrauben ist die Tragfähigkeit der Schraubenverbindung entscheidend abhängig vom Durchmesser des vorgebohrten Loches unter Berücksichtigung der Werkstoffe und der Bauteildicken der zu verschraubenden Teile. Der im Zulassungsbescheid angegebene Bohrlochdurchmesser ist einzuhalten.

Durch den einstellbaren Tiefenanschlag an den Schrauben wird eine unzulässige Verformung der Unterlegscheibe mit Elastomer-Dichtung verhindert.

Gewindeformende Schrauben formen ihr Gegengewinde im Bauteil II. Sie werden untergliedert in:

– Gewinde-Schneidschrauben (nach DIN 7513), die sich ihr Muttergewinde (metrisches Isogewinde) im Bauteil II in ein passend vorbereitetes Loch spanabhebend schneiden.
– Gewindefurchende Schrauben (nicht genormt), die sich ihr Muttergewinde in ein passend vorbereitetes Loch spanlos zur Befestigung „dünn auf dick" formen. Der Schraubendurchmesser beträgt in der Regel 6,3 mm oder 8,0 mm. Die Schrauben werden vorzugsweise mit einer festen Dichtscheibe von ca. 16 mm $\emptyset$ versehen. Eine Variante der gewindefurchenden Schraube für die Befestigung auf Holzunterkonstruktion ist durch die Bohrspitze sowie durch ein gröberes Gewinde gekennzeichnet.
– Bohrschrauben (nach DIN 7504; verschiedene nicht genormte Ausführungen) verfügen über eine Bohrspitze, so dass in einem Arbeitsgang das Bohren eines Loches und der Einschraubvorgang erfolgen. Mit einer Überdrehsicherung, d. h. einer gewindefreien Zone unter dem Schraubenkopf, eignen sich die Bohrschrauben auch für „dünn auf dünn"-Verbindungen.

Die normalen Schraubenverbindungen – Sechskantschraube, Unterlegscheibe, Sechskantmutter, als SL- oder GV-Verbindungen mit Schraubenwerkstoffen der Festigkeitsklasse 4.6, 5.6, 8.8 und 10.9 – kommen zur Anwendung, wenn auf begrenztem Raum verhältnismäßig große Kräfte angeschlossen werden sollen.

Nähere Angaben sind DIN 18 800-1 und DIN 18 914 zu entnehmen.

## 6.1.3 Setzbolzen

Setzbolzen sind Verbindungselemente, welche mittels Bolzensetzwerkzeugen in einem Arbeitsgang durch das zu befestigende Trapezprofil (Bauteil I) in die Unterkonstruktion (Bauteil II) getrieben werden und so eine Verbindung herstellen.

Setzbolzen erfordern bei der Stahlunterkonstruktion 6 mm Dicke. Sie bestehen aus gehärtetem, verzinktem Stahl und werden mit einem kalibrierten Setzgerät in die Unterkonstruktion hineingeschossen ($t_{II} \geq 6{,}0$ mm; „dünn auf dick").

Sie sind mit Rondellen ausgerüstet. Diese zentrieren den Setzbolzen beim Eintreiben und vergrößern die Haltefläche des Bolzenkopfes. Infolge des Kaltfließpressvorgangs und einer

Oberflächenerwärmung des Setzbolzens tritt eine Verschweißung und ein Formschluss des Schaftes mit dem Grundmaterial ein.

Setzbolzen können mit und ohne äußere Abdeckung (Kappen) eingebaut werden.

### 6.1.4 Schweißverbindungen

Bei Bauelementen aus dünnwandigen, kaltgeformten Querschnitten können bei der Verbindung zusammengesetzter Querschnitte oder in Verbindungen von Teilelementen zu flächenhaften Bauteilen Punktschweißverfahren angewendet werden. Für Anschlüsse als Überlappungsstöße können auch Kehlnähte gezogen werden. Sonderformen sind Kehlnähte als Lochschweißungen.

Verfahren für Punktschweißverbindungen sind:

– Widerstandspunktschweißen (2-seitig zugängig)
– Schmelzpunktschweißen (MAG)

für Kehlnahtschweißverbindungen:

– Lichtbogenschweißen
– Schutzgasschweißen (MAG).

Für den bautechnisch wichtigen Bereich der Anwendung bandverzinkter Bleche nach DIN EN 10 147 sind hierbei die besonderen Fertigungsbedingungen unter Berücksichtigung der Zinkschicht zu beachten. Bei Punktschweißverbindungen ist die wechselseitige Abhängigkeit von Schweißzeit, Schweißstrom und Punktdurchmesser (bei Widerstandsschweißen auch der Elektrodendruck) zu beachten. Die Einhaltung der Schweißparameter muss durch gütesichernde Maßnahmen überwacht werden.

## 6.2 Anforderungen an die Unterkonstruktion als Auflager für STP-Tafeln

Neben den Stahlträgern sind Beton, Stahlbeton- oder Spannbeton, Holz und Mauerwerk als Unterkonstruktion möglich. Soweit sich aus dem Festigkeitsnachweis keine erforderlichen Auflagerbreiten ergeben, muss die Auflagerbreite zuzüglich Trapezprofilüberstand mindestens 80 mm, bei Mauerwerk mindestens 100 mm betragen. Hiervon darf auf die Mindestwerte abgewichen werden, wenn das Trapezprofil unmittelbar nach dem Verlegen auf dem Auflager befestigt wird (Tab 6.1).

Tab. 6.1 Mindestauflagerbreiten

| Art der Unterkonstruktion | Stahl, Stahlbeton | Mauerwerk | Holz |
| --- | --- | --- | --- |
| Endauflagerbreite min $b_A$ in mm | 40 | 100 | 60 |
| Zwischenauflagerbreite min $b_B$ in mm | 60 | 100 | 60 |

Beispiele für die Auflagerung und Verbindung von STP-Tafeln mit Stahlträgern zeigt Abb. 6.3.

Varianten der für die Auflagerung auf Beton, Stahlbeton oder Spannbeton vorzusehenden zusätzlichen Auflagerteile sind in Abb. 6.4 dargestellt. Auflagerleisten aus Holz müssen DIN 1052-1 entsprechen, jedoch mindestens 40 mm dick und 60 mm breit sein. Keine zusätzlichen Auflagerteile müssen angeordnet werden, wenn für die Verbindung bauaufsichtlich zugelassene Dübel verwendet werden.

102  Verbindungen und Verbindungselemente

Abb. 6.5 zeigt Auflagerungen direkt auf Holz. Es gilt DIN 1052-1.

Für Unterkonstruktionen aus Mauerwerk sind die zusätzlichen Auflagerteile nach Abb. 6.4 zu verwenden oder Dübel zu setzen.

In den Abbildungen 6.3 bis 6.5 bedeuten die Bezugszahlen:

1  Stahltrapezprofil
2  Flachstahl, mindestens 8 mm dick
3  Stahlprofil (für Setzbolzen ≥ 6 mm dick)
4  Stahlhohlprofil (für Setzbolzen ≥ 6 mm dick)
5  Verankerung
6  Hinterfüllung aus Hartschaum, Holz oder Ähnlichem
7  Beton, Stahlbeton, Spannbeton
8  Holzbinder oder Pfette
$V_1$  Verbindungselemente quer zur Spannrichtung in jedem anliegenden Gurt
$V_2$  Verbindungselemente quer zur Spannrichtung in jedem zweiten anliegenden Gurt

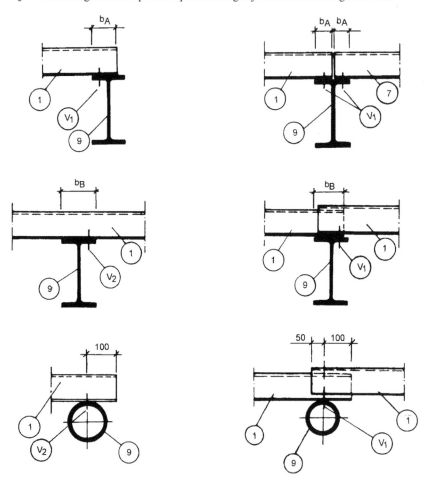

Abb. 6.3  Beispiele für die Auflagerung auf Unterkonstruktionen aus Stahl

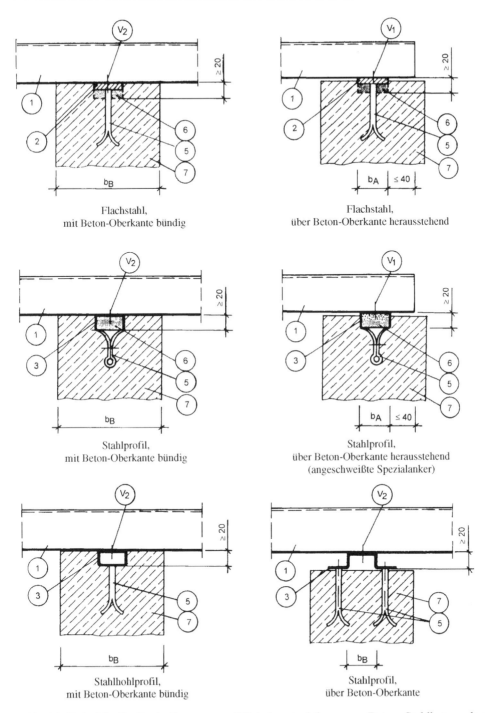

Abb. 6.4 Beispiele für die Auflagerung auf Unterkonstruktionen aus Beton, Stahlbeton oder Spannbeton

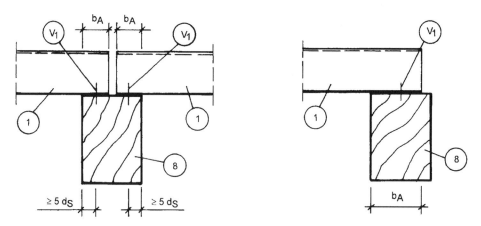

Abb. 6.5 Beispiele für die Auflagerung auf Unterkonstruktionen aus Holz

Die Maße sind in mm angegeben, $d_s$ ist der Schraubenschaftdurchmesser. Quer zur Spannrichtung ist am Rand von Schubfeldern jede Profilrippe des anliegenden STP-Gurtes mit dem Schubfeldträger zu verbinden.

## 6.3 Verbindungen der STP-Tafeln an Längs- und Querrand

An den Längsrändern müssen die STP-Tafeln entweder mit der Unterkonstruktion oder mit einem Randversteifungsblech ($t_N \geq 1$ mm) verbunden werden. Das gilt auch für die Längsränder neben Öffnungen im Dach.

Die einzuhaltenden Abstände der Verbindungselemente für die in Abb. 6.6 dargestellten Längsränder sind in der Tabelle 6.2 angegeben.

Tab. 6.2 Abstände der Verbindungselemente

| Stoßart | Abstände in der Reihe |
|---|---|
| Längsstoß, normal | 50 mm $\leq e_L \leq$ 666 mm |
| Längsstoß, im Schubfeld | zwischen zwei Stützträgern $\geq$ 4 Verbindungselemente |
| Stoß mit Randversteifungsblech | 50 mm $\leq e_R \leq$ 333 mm |
| Stoß mit Randträger | 50 mm $\leq e_R \leq$ 666 mm |

| Randart | Konstruktive Randabstände $d$ = Lochdurchmesser |
|---|---|
| STP-Tafel Längsrand | $e \geq 10$ mm $\geq 1,5\,d$ |
| STP-Tafel Querrand | $e \geq 20$ mm $\geq 2,0\,d$ |

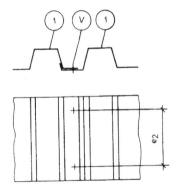

1 STP-Tafel
2 Randversteifungsblech
3 Randträger
V Verbindungselement

Verbindung der Trapezprofile am Längsrand

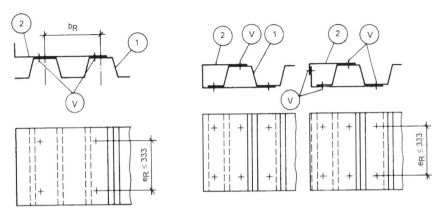

Randaussteifung durch Randversteifungsbleche

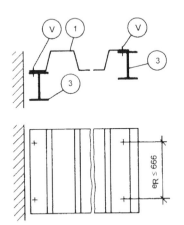

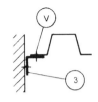

Randversteifungsträger aus Stahl, Beton oder Holz

Verbindung des Längsrandes mit einem durchgehenden, an der Wand befestigten Profil aus Stahl oder Holz

Abb. 6.6 Randausbildungen

In Spannrichtung sind die konstruktiv am Querstoß erforderlichen Überdeckungslängen abhängig vom Dachaufbau und von der Dachneigung (Tab. 6.3).

Tab. 6.3 Überdeckungslängen

| Dachaufbau | | Überdeckungslänge in mm |
|---|---|---|
| STP-Tafel mit oberseitiger Dachabdichtung | | 50 bis 150 |
| STP-Tafel als Dachdeckung für Dachneigungen von | | |
| < 3° | < 5 % | Querstoß nicht erlaubt |
| 3° bis 5° | 5 % bis 9 % | 200 |
| 5° bis 20° | 9 % bis 36 % | 150 |
| > 20° | > 36 % | 100 |

Beim Stoß am Querrand ohne konstruktive Überdeckung sind die Mindestauflagerbreiten wie bei Endauflagern einzuhalten.

Die Verbindungselemente für statisch wirksame Überdeckungen, die zu bemessen und nur im Auflagerbereich zulässig sind, müssen nach Abb. 6.7 folgende Abstände haben:

Randabstand in Kraftrichtung $\quad e_1 \geq 3\,d \geq 20\,\text{mm}$
Randabstand rechtwinklig zur Kraftrichtung $\quad e_2 \geq 30\,\text{mm}$
Lochabstand $\quad 4\,d \leq e \leq 10\,d \geq 40\,\text{mm}$

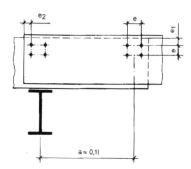

$l$ Stützweite

Abb. 6.7 Statisch wirksame Überdeckung

Auskragende Trapezprofile müssen für die Querverteilung einer Einzellast von 1 kN am freien Ende in jeder Profilrippe zugfest mit einem Randblechwinkel oder einer Bohle verbunden werden (Abb. 6.8).

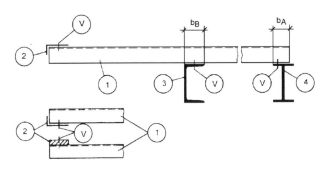

| | |
|---|---|
| V | Verbindungselement |
| 1 | Profiltafel |
| 2 | Querverteilungselement am freien Ende, an jedem Gurt des Trapezprofils befestigen |
| 3 | Vorderes Auflager auskragender Platten |
| 4 | Hinteres Auflager, jede Profiltafel sofort nach dem Verlegen gegen Abheben sichern |

Abb. 6.8  Auskragendes Trapezprofil

## 6.4 Einbinden von Öffnungen in Verlegeflächen

Öffnungen in den Dach- oder Deckenflächen aus STP-Tafeln müssen in den Festigkeitsberechnungen nachgewiesen werden und in den Verlegeplänen der Lage nach festgelegt sein (Abb. 6.9).

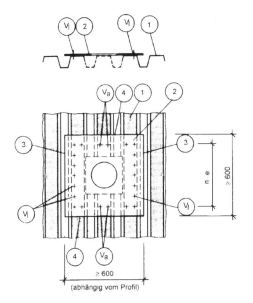

Beispiel a:
Großer Rippenabstand, Mitte Öffnung etwa über Mitte Obergurt; Öffnung in Trapezprofilen: 300 × 300 mm; Abdeckblech mit Rundloch.

1 Trapezblech-Obergurte (schraffiert)
2 Abdeckblech mind. 600 × 600 mm, $t_N \geq 1,13$ mm
3 Abdeckblech-Längsrand
4 Abdeckblech-Querrand
$V_q$ Verbindungselemente am Querrand im Obergurt, je eines neben jedem überdeckten Steg
$V_l$ Verbindungselemente am Längsrand, $e \leq 120$ mm

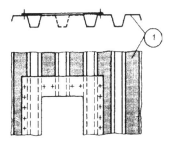

Beispiel b:
Großer Rippenabstand, Mitte Öffnung etwa über Mitte Untergurt;
Öffnung in Trapezprofilen und Abdeckblech: 300 × 300 mm

Abb. 6.9  (Forts. umseitig)

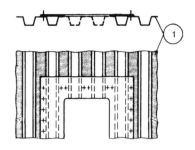

Beispiel c:
Kleiner Rippenabstand, Mitte Öffnung etwa über Mitte Obergurt;
Öffnung in Trapezprofilen und Abdeckblech: 300 × 300 mm

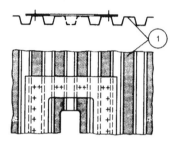

Beispiel d:
Kleiner Rippenabstand, Mitte Öffnung etwa über Mitte Untergurt;
Öffnung in Trapezprofilen: 125 × 125 mm
(für Bemessung maßgebend im Abdeckblech 300 × 300 mm)

Abb. 6.9 Öffnungen in der Verlegefläche, Anschluss-Abdeckblech an die Obergurte

Örtliche Schwächungen der STP-Tafeln durch Löcher in Gurten und Stegen sind ohne Nachweis nur zulässig, wenn bei Lochdurchmessern 4 mm < $d$ ≤ 10 mm die Abstände von Einzellöchern oder von Randlöchern in Lochgruppen ≥ 200 mm sind. Es dürfen je Lochgruppe maximal 4 Löcher vorgesehen sein.

Ihr gegenseitiger Abstand muss ≥ 4 $d$ und größer 30 mm sein. Für Lochdurchmesser $d$ ≤ 4 mm werden für den Einzellochabstand ≥ 80 mm verlangt.

Unter den nachfolgend genannten Bedingungen dürfen quadratische Öffnungen 300 × 300 mm ohne Auswechselung der Unterkonstruktion angeordnet werden:

1. Abdeckungen der Öffnung mit einem Abdeckblech nach Abb. 6.9, dessen Nenndicke $t$ mindestens gleich der 1,5-fachen Blechdicke $t_N$ des Trapezprofils und mindestens 1,13 mm ist.
2. Belastungen nur mit Flächenlasten
3. Statischer Nachweis mit der α-fachen Dachlast nach Abb. 6.10
4. Nur eine Öffnung je 1 m quer zur Spannrichtung der Trapezprofile
5. Die Breite des Abdeckblechs quer zur Spannrichtung ist so zu wählen, dass vom Abdeckblech auf jeder Seite des Abschnitts mindestens zwei durchlaufende Stege überdeckt werden bzw. bei Öffnungen von etwa 125 mm × 125 mm mindestens je die Hälfte des ausgeschnittenen Querschnitts.
6. Das Abdeckblech ist nach Abb. 6.9 an die Obergurte der Verlegefläche wie folgt anzuschließen:
   – am Querrand zwei Verbindungen je Obergurt, je eine neben jedem überdeckten Steg,
   – am Längsrand mindestens eine Reihe von Verbindungen in der Nähe des Steges, Abstand der Verbindungselemente in der Reihe ≤ 120 mm,
   – bei Decken ist sicherzustellen, dass die Rippen auch unter dem Abdeckblech mit Ortbeton gefüllt sind.

Auf das Abdeckblech und die Erhöhung der mit dem Faktor α nach Abb. 6.10 kann verzichtet werden, wenn die Öffnung nicht größer ist als 125 mm × 125 mm und ihr Abstand $l_A \leq 0{,}1\, l_i$; $l'_A \leq 0{,}1\, l_i$.

Die Lastabtragung bei Öffnungen im Stützmomentenbereich ist stets nachzuweisen.

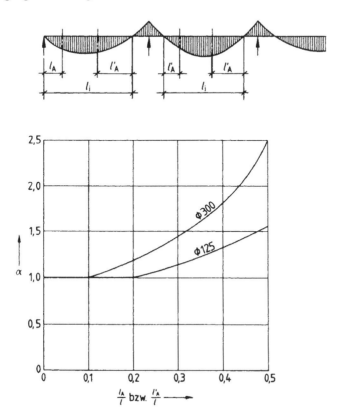

| | |
|---|---|
| $l_A, l'_A$ | Mittenabstand der Öffnung vom Endauflager bzw. vom Momentennullpunkt |
| $l_i$ | ideelle Stützweite (gleich Abstand der Momentennullpunkte) |
| α | Faktor $q_D/q$ |
| $q$ | Dachlast (einschließlich Profileigenlast) |
| $q_D$ | α-fache Dachlast |

Abb. 6.10 Öffnungen in der Verlegefläche – Abminderungsfaktor

## 6.5 Beanspruchungsarten und Nachweisführung für Verbindungselemente

Für die in Verbindungen mit STP-Tafeln zugelassenen Verbindungselemente werden drei Beanspruchungsarten unterschieden:

Querbeanspruchung, Schub ($F_Q \rightarrow V_a$)   Querbeanspruchungen bei Verbindungen liegen dann vor, wenn die Resultierende der Einwirkungen unter 90° zur Achsrichtung des Verbindungselementes verläuft.

Längsbeanspruchung, Zug ($F_Z \rightarrow N_z$)   Zugbeanspruchungen bei Verbindungen liegen dann vor, wenn die Resultierende der Einwirkungen in der Achse des Verbindungselementes liegt.

Kombinierte Beanspruchung ($V_a$ und $N_z$)   Kombinierte Beanspruchungen bei Verbindungen liegen dann vor, wenn sowohl Längs- als auch Querbeanspruchung auf das Verbindungselement wirken (z. B. Windsog und Schub bei Schubfeldern).

Die Beanspruchung der Verbindungselemente ist entweder nach DIN 18 800-1 (11.90) zu berechnen, oder es sind die speziell bei Konstruktionen mit Kaltprofilen aus Stahlblech, insbesondere STP-Tafeln, im Zulassungsbescheid Z-14.1-4 enthaltenen zulässigen Beanspruchungswerte dem Nachweiskonzept nach DIN 18 800 anzupassen.

Im Bescheid vom 13. 7. 95 über die Änderung, Ergänzung und Verlängerung der Geltungsdauer des Zulassungsbescheides Z-14.1-4 vom 25. 7. 90 werden unter Beachtung der Anpassungsrichtlinie für DIN 18 807-1 bis -3 (06.87) vom Deutschen Institut für Bautechnik folgende Regelungen angegeben:

– Die Beanspruchungen $S_d$ sind mit den Lastfaktoren $\gamma_F$ aus den vorhandenen Einwirkungen zu berechnen. Hier sind es die Querbeanspruchung $V_a$ und die Längsbeanspruchung $N_z$.
– Die Beanspruchbarkeiten $R_d$ ergeben sich aus den Tabellenwerten zul $F_Q$ und zul $F_Z$ für die einzelnen Niet- und Schraubenarten und für die Schablonen durch Multiplikation mit dem Faktor 2,0.
– Die Bemessungswerte der Festigkeiten $V_{R,d}$ und $N_{R,d}$ sind daraus mit dem Teilsicherheitsbeiwert $\gamma_M = 1{,}33$ zu ermitteln.

Es ist also für die Querbeanspruchung $\qquad V_{R,d} = \dfrac{2{,}0 \cdot \text{zul}\, F_Q}{\gamma_M} = 1{,}5 \cdot \text{zul}\, F_Q$

und für die Längsbeanspruchung $\qquad N_{R,d} = \dfrac{2{,}0 \cdot \text{zul}\, F_Z}{\gamma_M} = 1{,}5 \cdot \text{zul}\, F_Z$

Liegen im Fall der Zugbeanspruchung „besondere Anwendungsfälle" nach Abb. 6.11 vor, so erhöht sich der Teilsicherheitsfaktor $\gamma_M$ dafür deutlich, und die Bemessungswerte $N_{R,d}$ werden kleiner:

| Anwendungsfälle für $t_{I,N}$ < 1,25 mm, $t_{II,N}$ < 5 mm | $b_u$ mm | $e$ mm | Anzahl VE | $\gamma_M$ |
|---|---|---|---|---|
| 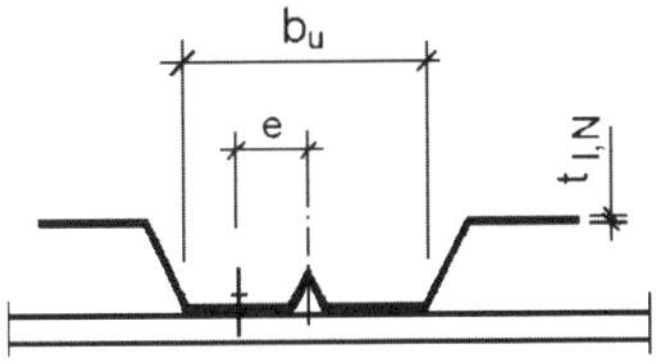 | ≤ 150 | > $\dfrac{b_u}{4}$ | 1 | 1,48 |
| 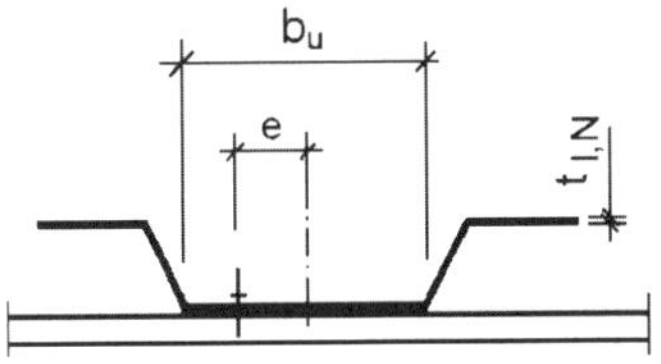 | 150 < $b_u$ < 250 | 0 < $e$ ≤ $\dfrac{b_u}{2}$ | 1 | 2,66 |
| 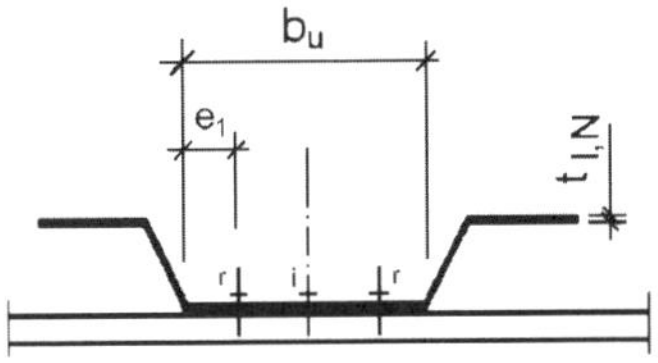 | | $e_1$ mm ≤ 75 | ≥ 2 | 1,9 |
| | | > 75 | ≥ 2 | 3,8 |
| | | dünnwandige unsymmetrische Unterkonstruktion | 1 | 1,9 |

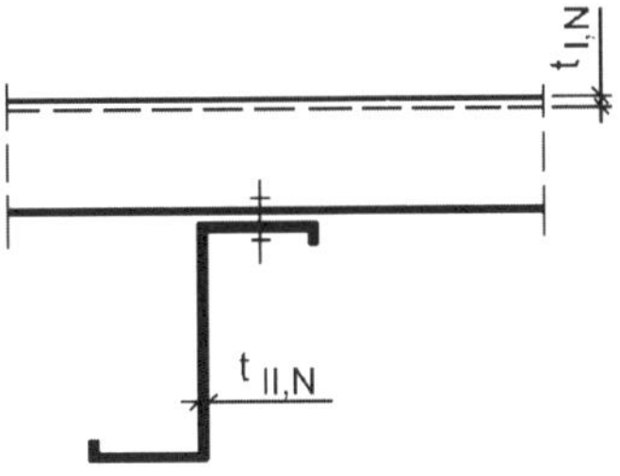

Abb. 6.11 Besondere Anwendungsfälle

$$N_{R,d} = \frac{2{,}0 \cdot \text{zul } F_Z}{1{,}48} = 1{,}35 \text{ zul } F_Z \quad \text{oder}$$

$$N_{R,d} = \frac{2{,}0 \cdot \text{zul } F_Z}{3{,}8} = 0{,}53 \text{ zul } F_Z$$

Bei gleichzeitiger Wirkung von $V_a$ und $N_z$ muss der Interaktionsnachweis in Anlehnung an DIN 18 800 geführt werden.

Für Schraub- und Nietverbindungen von Dünnblechen miteinander gilt die lineare Interaktion:

$$\frac{V_a}{V_{R,d}} + \frac{N_z}{N_{R,d}} \leq 1$$

Für die unterstützte Verbindung mit Setzbolzen oder Schneidschrauben gilt:

$$\left(\frac{V_a}{V_{R,d}}\right)^2 + \left(\frac{N_z}{N_{R,d}}\right)^2 \leq 1$$

Auf den Interaktionsnachweis darf verzichtet werden, wenn einer der Quotienten in der obigen Gleichung < 0,25 ist. Der Nachweis

$$\frac{N_z}{N_{R,d}} \leq 1 \qquad \text{muss aber außerdem erfüllt sein.}$$

## 6.6 Versagensarten von Verbindungen

Bei relativ dicken Blechen ist das Abscheren der Schrauben bei geringen Verformungen zu erwarten, bei geringen Blechdicken ist der Anfangsbereich der Last-Verformungskurve durch das Eindringen des Gewindes in das Grundmaterial gekennzeichnet. Daran schließt sich ein lineares Verformungsverhalten an. Im weiteren Verlauf einer Laststeigerung wird sich bei dem Verbindungstyp „dünn auf dick" ein Lochrandfließen einstellen, während sich beim Verbindungstyp „dünn auf dünn" das Verbindungsmittel schräg stellt, gefolgt von einem Einhängen des Gewindes in das Grundmaterial (wodurch eine weitere Laststeigerung möglich wird) und dem schließlich das Ausreißen der Schraube folgt.

Bei Nietverbindungen sind ähnliche Versagensarten zu erwarten. Hier liegt jedoch in der Regel die Versagenslast für den Schrägstellungsbruch geringfügig unterhalb derjenigen beim Lochrandfließen.

Bei Setzbolzen wird infolge der Verankerung des Schaftes im dicken Grundmaterial entweder Abscheren des Schaftes oder Lochrandfließen eintreten.

Die Versagensarten sind als Schema in Abb. 6.12 für Abscherbeanspruchungen und in Abb. 6.13 für Zugbeanspruchungen dargestellt.

Grundsätzlich sind solche Versagensformen anzustreben, die sich über relativ große Verformungen ankündigen.

a) Abscheren des Verbindungselements

b) Zusammendrücken des Verbindungselements

c) Schrägstellen und Ausreißen des Verbindungselements

d) Überschreiten der Lochleibungsspannung:
d 1) Fließen nur im dünnen Blech

d 2) Fließen in beiden Blechen

e) Abscheren des Bleches vor dem Verbindungselement
f) Versagen des Netto-Querschnitts

Abb. 6.12 Abscherbeanspruchungen

114  Versagensarten von Verbindungen

a) Zugbruch des Verbindungselements

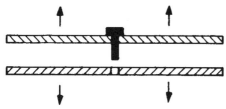

b) Auszug des Verbindungselements aus der Unterkonstruktion

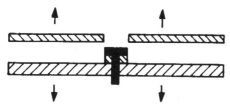

c) Durchstanzen des dünnen Blechs

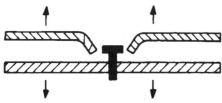

d) Ausknöpfen des dünnen Blechs

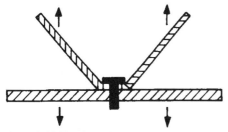

e) Große bleibende Verformung des dünnen Blechs

Abb. 6.13  Zugbeanspruchungen

## 6.7 Verbindungselemente und erforderliche Werkzeuge

Zur Verbindung der Profile mittels Schrauben auf Stahlunterkonstruktion, bzw. auf in Betonträgern eingelassenen Flachstahl mit hinterlegtem Futter, benötigt man zum Vorbohren eine Bohrmaschine mit Bohrern, die je nach Dicke der Unterkonstruktion 5,3 mm, 5,5 mm oder 5,7 mm Durchmesser haben.

Das Vorbohren entfällt bei Verwendung von Bohrschrauben.

Auf Holzunterkonstruktionen wird nach dem Vorbohren mit speziellen Holzschrauben 6,5 mm ⌀ und Unterlegscheibe befestigt. Die Werkzeuge sind denen für die Schraubbefestigung auf Stahl gleich.

Zum Einschrauben der gewindefurchenden Schrauben 6,3 mm bzw. 8 mm ⌀, mit U-Scheibe und Neoprene-Dichtung, verwendet man Elektroschrauber mit Tiefenanschlag und/oder mit einstellbarem Drehmoment. Nur bei Einhaltung der in den Verbindungselementezulassungen angegebenen Anzugsmomente (Richtwerte) können die Schrauben mit den dort aufgeführten Zug- und Querkräften belastet werden. Dies ist vor allem bei der Ausbildung von Schubfeldern von Bedeutung.

Für die Verbindung der STP-Tafeln mittels Setzbolzen auf Stahlträgern über 6 mm Flanschdicke und auf im Beton eingelassenen Flachstahl ohne Futter ist ein Bolzenschusswerkzeug erforderlich. Moderne Geräte haben ein Kartuschen-Magazin.

Außer diesem Werkzeug benötigt man Treibkartuschen, die es für unterschiedliche Materialgüten und -dicken der Auflagerkonstruktion in vier unterschiedlich farbig gekennzeichneten Stärken gibt, und als Befestigungselement den „Spezialnagel" oder Setzbolzen mit 4,5 mm ⌀.

Die Verbindung der Profiltafeln untereinander und die Verbindung der Abschlussbleche mit den Profilen erfolgt durch Blindnieten, Blechschrauben oder Bohrschrauben. Man benötigt als Werkzeuge eine Bohrmaschine mit 4,9-mm- bzw. 5,1-mm-Bohrer für die Nietbohrung, bzw. 4-mm-Bohrer zum Bohren der Kernlöcher für die 6,5-mm-Blechschrauben, außerdem einen Elektroschrauber zur Einbringung der Schrauben.

Für die Fixierung der Blindniete gibt es diverse Werkzeuge, von Handzangen über elektrisch betätigte Geräte, bis hin zu Druckluftnietwerkzeugen. Es werden im Allgemeinen Aluminium-Monel- oder CuNi-Niete mit einem Dorn aus verzinktem bzw. nicht rostendem Stahl oder Edelstahlniete mit Edelstahldorn eingesetzt.

Für die herzustellenden Verbindungen ist der Bedarf an Verbindungsmitteln in Tab. 6.4 und die geeigneten Werkzeuge für die Verbindungselemente in Tab. 6.5 übersichtlich zusammengestellt.

Tab 6.4 Bedarf an Verbindungsmitteln

| Profilblechhöhe in mm | | Verbindung „dünn auf dünn" Stück/m$^2$ | Verbindung „dünn auf dick" Stück/m$^2$ |
|---|---|---|---|
| < 50 | kein Schubfeld | 1,3 | 2,0 |
| | als Schubfeld | 2,6 | 3,3 |
| 50 bis 100 | kein Schubfeld | 0,8 | 2,3 |
| | als Schubfeld | 1,0 | 3,8 |
| 100 bis 160 | kein Schubfeld | 0,7 | 2,7 |
| | als Schubfeld | 0,9 | 4,4 |

Tab. 6.5 Werkzeuge

| Verbindung mit: | Verbindungselemente | Werkzeuge |
|---|---|---|
| Stahlkonstruktion | A | 1 und 2 oder 3 und 4 |
| | G | 8 |
| Betonkonstruktion mit eingelegtem Flachstahl 60 × 8 mm mit hinterlegtem Futter | A | 1 und 4 |
| | E | 1 |
| | G | 8 |
| Betonkonstruktion mit eingelegtem Flachstahl 60 × 8 mm ohne Futter | G | 8 |
| Betonkonstruktion mit HTU-Schiene | D/A | 1/1 und 2 |
| Holzkonstruktion | B | 1 und 5 |
| Profiltafeln untereinander oder mit Blechen oder Kantteilen | F | 1 |
| | H | 6 und 9 |
| | C | 1 und 7 |

| | | |
|---|---|---|
| A | = | gewindefurchende Schraube ⌀ 6,3 × 16 mm |
| B | = | Holzschraube ⌀ 6,5 × 50 mm |
| C | = | Blechschraube ⌀ 6,5 × 16 mm |
| D | = | verz. Bohrschraube 6,3 × 22 mm |
| E | = | verz. Bohrschraube 5,5 × 32 mm Stahlkonstruktion, Flanschdicke 6 – 12 mm |
| F | = | verz. Bohrschraube ⌀ 4,22/4,8 × 16 mm |
| G | = | Setzbolzen 4,5 × 21 mm, Stahlkonstruktion, Flanschdicke ≥ 6 mm |
| H | = | Blindniet ⌀ 4,8 mm/5 mm, Klemmbereich bis 6,5 mm |
| 1 | = | Elektroschrauber |
| 2 | = | Bohrmaschine, Bohrer ⌀ 5,3 mm für Flanschdicke ≈ 2 mm bis < 5 mm |
| 3 | = | Bohrmaschine, Bohrer ⌀ 5,5 mm für Flanschdicke 5 mm bis < 7 mm |
| 4 | = | Bohrmaschine, Bohrer ⌀ 5,7 mm für Flanschdicke >7 mm |
| 5 | = | Bohrmaschine, Bohrer ⌀ 4,8 mm |
| 6 | = | Bohrmaschine, Bohrer ⌀ 4,9 bzw. 5,1 mm |
| 7 | = | Bohrmaschine, Bohrer ⌀ 4,0 mm bis ⌀ 5,0 mm |
| 8 | = | Bolzenschusswerkzeug |
| 9 | = | Blindnietwerkzeug |

# 7 Konstruktive Gestaltung von Gebäudehüllen und Decken unter Verwendung von Stahlblechprofiltafeln

Um die konstruktive Gestaltung von Gebäudehüllen und Decken beginnen zu können, müssen

1. die tatsächlichen Funktionsanforderungen
2. die statischen Gegebenheiten aus der vorhandenen Unterkonstruktion (Spannweiten, Stabilisierung)
3. die montagetechnischen Notwendigkeiten (Verlegerichtung, Anlieferung, Stabilisierung bei Montage)

bekannt sein.

Je detaillierter die gewünschten und notwendigen Leistungsparameter für das jeweilige Bauwerk bekannt sind, umso sicherer kann aus der Vielzahl bekannter Konstruktionsarten ausgewählt werden. Für die meisten liegen schon mehrjährige Erfahrungen vor. Sie haben sich bewährt.

Fehlentscheidungen zum Klima-, Schall- und Brandschutz können vermieden werden.

Nachfolgend sollen Hinweise zur richtigen Gestaltung von Dächern, Wänden und Decken gegeben werden, bei denen dünnwandige Stahlblechprofiltafeln (Trapezprofile, Kassettenprofile, Sandwichplatten u. a.) konstruktive Grundelemente sind.

## 7.1 Dachkonstruktionen

Für die fünf am häufigsten angewandten Dachtypen sind in Tabelle 7.1 die Gestaltungsmerkmale zusammengefasst.

Die genannten Konstruktionsformen erfordern noch viel Arbeitszeit auf der Baustelle. Industriell vorgefertigte Bauteile rationalisieren den Bauprozess noch mehr und erhöhen gleichzeitig die Qualität. Zu nennen sind:

– Sandwichelemente, die aus wärmedämmendem Hartschaum zwischen ebenen oder profilierten Blechen bestehen. Biege- und Schubbeanspruchung wirkt auf das Gesamtsystem.
– STP-Tafeln mit zwischenliegender Wärmedämmung aus Mineralfaserstoffen. Die Verbundwirkung zwischen den Außenschichten wird durch spezielle Stegprofile erreicht.
– STP-Tafeln mit aufgeschäumtem Hartschaum. Auf der Baustelle können beliebige Wetterschalen angebracht werden.

Tab.7.1 Gestaltungsmerkmale von Dachkonstruktionen im Hallen- und Geschossbau

| Dachtyp | Konstruktions-merkmale | Dachaufbau | | | |
|---|---|---|---|---|---|
| | | Unterkon-struktion | Profilbleche | Dämmung | Außenhaut |
| Kaltdach einschalig, ungedämmt | Profilbleche parallel zur Fallrichtung | Walzprofile (IPE, HEA) | stark profilierte STP-Tafeln ($L \geq 3$ m) | keine | STP-Tafeln mit geeignetem Korrosionsschutz (Negativlage) |
| Warmdach einschalig, Wärmedämmung innen | | Kaltprofile (Z- oder C-Typ) | schwach profilierte STP-Tafeln ($L \geq 3$ m) | Hartschaumplatten oder Faserdämmstoffe entsprechend den Anforderungen (evtl. Dampfsperre) Befestigung durch Verklebung oder mit mechanischen Befestigungsmitteln | Falz- und Klemmprofile, Banddeckung mit Doppelfalz, parallel zur Fallrichtung |
| Warmdach einschalig, Wärmedämmung außen | Profilbleche rechtwinklig oder parallel zur Fallrichtung | Dachbinder oder Pfetten (IPE, HEA) | stark profilierte, sickenversteifte STP-Tafeln (Positivlage); geeignet als Schubfelder für die Horizontalstabilisierung | | Bituminöse Dachabdeckungen oder Kunststoffbahnen |
| Warmdach doppelschalig, wärmegedämmt | | | | | Profilbleche parallel zur Fallrichtung, Stützprofile, soweit erforderlich |
| Warmdach doppelschalig, wärmegedämmt, belüftet (Kaltdachprinzip) | | | | | |

## 7.1.1 Kaltdach – einschalig, ungedämmt

Aufbau von innen nach außen:

- STP-Tafeln als statisch tragendes Bauteil, in Negativlage von Pfette zu Pfette in der Dachneigung gespannt. Die Pfetten können aus Stahl, Beton oder Holz sein. Die STP-Tafeln sind Tragelement und Außenhaut zugleich. Es muss nur dafür gesorgt werden, dass Dichtheit an den Tafelstößen in Längs- und Querrichtung, an der Traufe am Ortgang, an Dachdurchbrüchen gewährleistet ist (Abb. 7.1, 7.2 und 7.3). Bei bandverzinkten STP-Tafeln ist ein Kaltbitumenanstrich nötig.

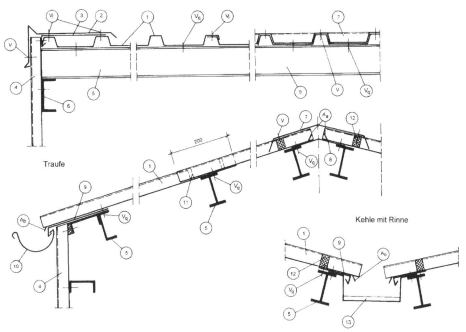

Legende:

| | | | |
|---|---|---|---|
| 1 | STP-Tafel | 9 | Rinneneinlaufblech |
| 2 | Ortgangprofil | 10 | Dachrinne |
| 3 | Randwinkel | 11 | Abdichtung (bei Bedarf) |
| 4 | Wandprofil | 12 | Profilfüller (bei Bedarf) |
| 5 | Pfette | 13 | Kastenrinne |
| 6 | Riegel | $A_a$ | Aufkantung |
| 7 | Firstblech außen, gezahnt | $A_b$ | Abkantung |
| 8 | Firstblech, innen | | |

$V_q$ Verbindungselemente, quer: Edelstahl-Sechskant-Schneidschraube Gewinde B 6,3 × 19 mm
$V_l$, V Verbindungselemente, längs: Edelstahl-Sechskant-Blechschraube Gewinde A (B) 6,5 (6,3) × 19 mm
jeweils mit Edelstahlscheibe und Neoprendichtung

Abb. 7.1 Dachkonstruktion, einschalig, ungedämmt – Traufe, Ortgang und First

Legende:

1 STP-Tafel
2 Distanzlage, mind. 15 mm dick
3 Dämmstreifen (bei Bedarf)
4 Kalotte und Unterlegblock
$V_q$ Verbindungselemente, quer gewindefurchende Schraube mit Neoprendichtung

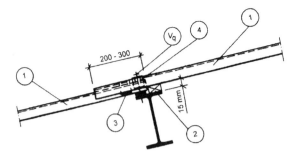

Abb. 7.2 Dachkonstruktion einschalig, ungedämmt – Querstoß, Verbindungselemente im Obergurt

Legende:

1 STP-Tafel
2 Lüftungshaube
3 Winkelblech
4 Haltebügel, Fl 4/50
5 Pfette
6 Profilfüller (bei Bedarf)
$V_q$ Verbindungselemente, quer Edelstahl-Sechskant-Schneidschraube mit Noeprendichtung
$V_l$ Verbindungselemente, längs Edelstahl-Sechskant-Blechschraube mit Neoprendichtung

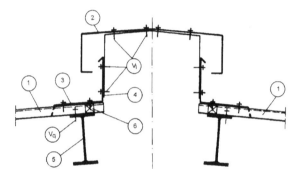

Abb. 7.3 Dachkonstruktion einschalig, ungedämmt – Entlüftung am First

## 7.1.2 Warmdach – einschalig, Wärmedämmung innen

Aufbau von innen nach außen:

– Wärmedämmung: sie muss ausreichend temperaturbeständig, formbeständig, unverrottbar sein. Grundsätzlich müssen die Dämmstoffe aus Materialien bestehen, die schwer entflammbar sind.
– Distanzprofile auf der Unterkonstruktion für die Befestigung der Banddeckung, der Klemmprofile oder der STP-Tafeln
– Blechband mit Doppelfalz, Klemmprofilen oder Stahltrapezprofil-Tafeln. Querstöße sind zu vermeiden. Die Dichtheit der Längsstöße muss gewährleistet sein.

## 7.1.3 Warmdach – einschalig, Wärmedämmung außen

Aufbau von innen nach außen:

– STP-Tafel als statisch tragendes Bauteil in Positivlage. Die Tafeln können entweder in Richtung des Dachgefälles oder aber auch parallel dazu verlegt werden.
– Kaltbitumenvoranstrich ist nur bei bandverzinkten STP-Tafeln nötig. Bei lackierten/kunststoffbeschichteten Profilen reicht der Rückseitenschutzlack aus.

- Trenn- und Ausgleichsschicht bei Bedarf: Dafür sind z. B. Lochglasvlies-Bitumen-Bahnen oder Trennlagen aus Polyethylenfolie, Polyesterfilz, Schaumstoffmatten oder Ölpapier geeignet.
- Dampfsperrschicht bei Bedarf: Dafür sind z. B. Bitumenschweißbahnen mit 4 mm Mindestdicke mit Glasvlies- und Metalleinlage oder Glasvliesbitumenbahnen geeignet. Grundsätzlich sind Stahltrapezprofil-Dächer mit einer Dampfsperre zu versehen, wenn die Innenräume klimatisiert sind, oder bei hoher relativer Luftfeuchtigkeit in Verbindung mit hoher Temperatur im Gebäudeinneren (Temperatur > 20 °C, rel. Luftfeuchtigkeit > 60 %). Die Dampfsperre muss in diesem Fall zur Erhöhung der Trittfestigkeit und zur Vermeidung von mechanischen Beschädigungen mind. aus 4 mm dicken Schweißbahnen mit Gewebeeinlagen oder Bahnen gleichwertiger Festigkeit bestehen. Auf Profilblechen erfolgt die Verklebung der Dampfsperre mit geeigneten Klebern auf den Obergurten. Bei dem Aufkleben im Schweißverfahren ist darauf zu achten, dass durch die Schweißflamme der Korrosionsschutz der Stahlprofilbleche nicht beschädigt wird.
- Wärmedämmung: wie unter 7.1.2 angegeben.
- Für unbelüftete Dächer und druckverteilende Böden müssen druckbeanspruchbare Dämmstoffe eingesetzt werden.
- Dachabdichtungen werden in der Regel mehrlagig ausgeführt. Mehrlagige Dachabdichtungen bieten eine mehrfache Sicherheit für die Dichtigkeit der Nahtverbindung sowie einen erhöhten Schutz gegen mechanische Beschädigung, insbesondere Perforation. In erster Linie werden für die Dachabdichtung Bitumenbahnen in verschiedensten Ausführungen verwendet. Ferner sind hochpolymere Dachbahnen (Kunststoffbahnen) in Verbindung mit Bitumenbahnen oder als einlagige Dachabdichtung in Gebrauch.
- Sicherung gegen Abheben durch Windlast. In der Regel stehen hierzu drei Möglichkeiten zur Verfügung: Auflast (Kiesschüttung), Verklebung, mechanische Befestigung (Abb. 7.4 und 7.5).

### 7.1.4 Warmdach – doppelschalig, Wärmedämmung

Aufbau von innen nach außen:

- STP-Tafeln (Innenschale) als statisch tragendes Bauteil,
- Dampfsperre,
- Distanzprofil, bei Bedarf mit oberseitigem Dämmstreifen zur thermischen Trennung,
- Wärmedämmung,
- Kondensatschutzbahn,
- STP-Tafeln (Außenschale) als wasserführende Dachhaut. Bei Dächern mit einer Dachneigung von weniger als 10° wird eine durchlaufende Abdichtung der Längsstöße mittels handelsüblicher Dichtbänder empfohlen (es gelten auch die Beschreibungen der Einzelteile zu 7.1.1 bis 7.1.3). Doppelschalige Warmdachaufbauten ohne Hinterlüftung entsprechen in ihrer Funktion etwa einem einschalig wärmegedämmten Dach. Da jedoch die Dachhaut hier aus STP-Tafeln besteht, ist eine sorgfältige Abdichtung dieser Dächer wichtig (Abb. 7.6 und 7.7).

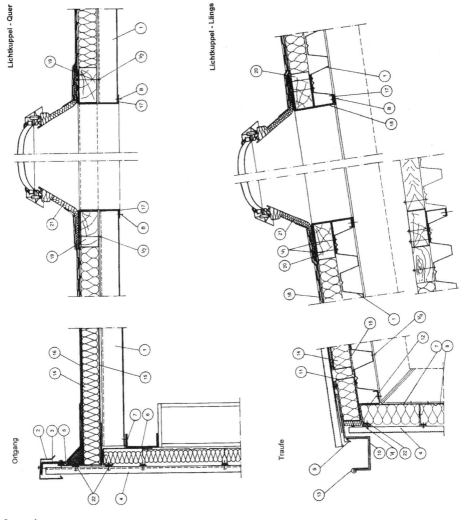

Legende:

1 STP-Tafeln
2 Ortgangprofil oder Attikaprofil
3 Randwinkel, oben
4 Außenwand
5 Randwinkel, unten
6 Riegel
7 Passblech, Anschluss Kassettenprofil
8 Wandkassettenprofil
9 Rinneneinlaufblech
10 Rinneneisen
11 Rinnenhalteblech
12 Wandkopfblech
13 Kastenrinne
14 Wärmedämmung
15 Dampfsperre (bei Bedarf)
16 Dachabdichtung, gemäß technischen Regeln
17 Lichtkuppeleinfassblech
18 Lichtkuppellängsträger
19 Querbohle
20 Längsbohle
21 Lichtkuppel (bauseits)
22 Einseitig selbstklebende Dämmstreifen
$V_1$ Verbindungselemente – gewindefurchende Schraube
$V_2$ Verbindungselemente – Sechskant
$V_l$ Verbindungselemente, längs und an Abdeckungen – Edelstahl-Sechskant-Blechschraube mit Neoprendichtung
$V_q$ Verbindungselemente, quer – Edelstahl-Sechskant-Schneidschraube
B Blindniet

Abb. 7.4 Dachkonstruktion, einschalig, wärmegedämmt – Ortgang, Traufe, Lichtkuppel

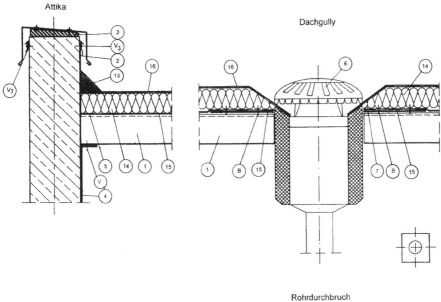

Legende:

1 STP-Tafel
2 Attikaprofil
3 Kopfbohle
4 Randpfette
5 Randwinkel
6 Dachgully
7 Abdeckblech; $t \geq 1{,}25$ mm
8 Rohrmanschette, geschweißt
9 Überhangmanschette
10 Profilfüller
13 Dämmkeil
14 Wärmedämmung
15 Dampfsperre, nach Bedarf
16 Dachdichtung, gemäß technischen Regeln
$V_l$ Verbindungselement, längs und an Abdeckungen
$V_q$ Verbindungselement, quer
B  Verbindungselement, Blindniet
$V_3$ Verbindungselement, Edelstahlschraube mit Neoprendichtung und Dübel

Abb. 7.5 Dachkonstruktion, einschalig, wärmegedämmt – Attika, Dachgully, Rohrdurchführung

124  Konstruktive Gestaltung von Gebäudehüllen und Decken

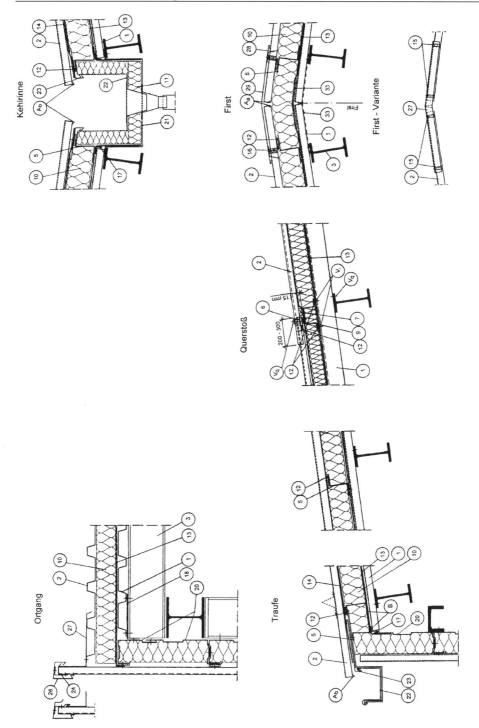

Abb 7.6 Dachkonstruktion, zweischalig, wärmegedämmt – Traufe, Querstoß, First, Ortgang, Kehlrinne

Legende für Abb. 7.6 und 7.7 (auf der nächsten Seite)

| | |
|---|---|
| 1 | STP-Tafel, Unterschale |
| 2 | STP-Tafel, Oberschale |
| 3 | Pfette |
| 4 | Rahmen |
| 5 | Distanzprofil, $t_N \geq 1,5$ mm |
| 6 | Kalotte und Unterlegblock |
| 7 | Distanzlage $\geq 1,5$ mm dick |
| 8 | Flachblechstreifen, $t_N \geq 1,0$ mm |
| 9 | Hutprofil |
| 10 | Wärmedämmung, Anwendungstyp W oder WL DIN 18 165, nichtbrennbar DIN 4102 |
| 11 | Wärmedämmung, Anwendungstyp WD DIN 18 165, gemäß Tauwasserberechnung |
| 12 | Thermischer Trennstreifen, $d \geq 3,0$ mm, feuchtigkeits- und frostbeständig |
| 13 | Dampf- bzw. Luftsperre (bei Bedarf) |
| 14 | Schutzbahn |
| 15 | Dichtung |
| 16 | Profilfüller |
| 17 | Profilschuh |
| 18 | Randversteifungsprofilträger |
| 19 | Auflagerprofil |
| 20 | Wandanschlussprofil |
| 21 | Rinnenunterblech |
| 22 | Rinne |
| 23 | Rinneneinlaufblech |
| 24 | Attikaanschlussblech |
| 25 | Attikakappe |
| 26 | Ortganganschlussblech |
| 27 | Firstabdeckung aus Trapezprofilen |
| 28 | Firstunterblech, gezahnt |
| 29 | Firstblech |
| 30 | Randversteifungsblech |
| 31 | Längswechsel |
| 32 | Querwechsel |
| 33 | Anschlussprofil |
| 34 | Einfassung |
| 35 | Aufsatzkranz mit Profilanschluss |
| $A_a$ | Aufkantung |
| $A_b$ | Abkantung |
| $V_q$ | Verbindungselement, quer: Sechskant-Schneidschraube |
| $V_l$ | Verbindungselement, längs: Sechskant-Blechschrauben |
| B | Blindniet |

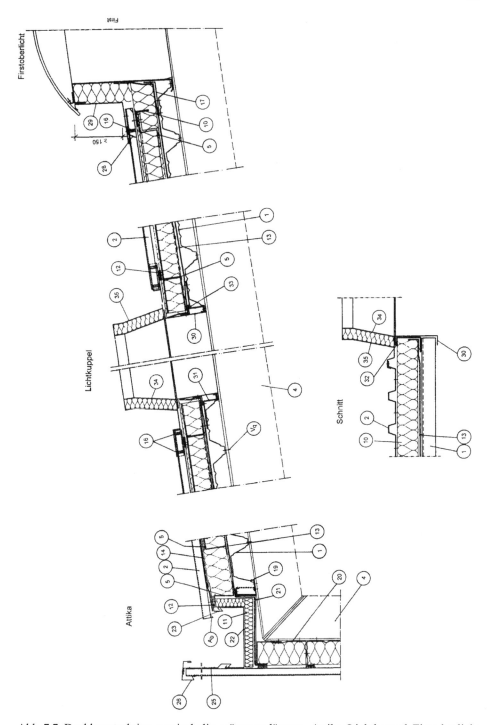

Abb. 7.7 Dachkonstruktion, zweischalig, wärmegedämmt – Attika, Lichtkuppel, Firstoberlicht

## 7.1.5 Warmdach – doppelschalig, Wärmedämmung und Hinterlüftung (Kaltdachprinzip)

Aufbau von innen nach außen:

- STP-Tafel (Innenschale) als statisch tragendes Bauteil von Auflager zu Auflager frei gespannt. Als Auflager kommen Binder oder Pfetten aus Stahl, Beton oder Holz in Frage. Die STP-Tafeln werden entweder in Richtung des Dachgefälles (Pfettendach) oder quer dazu, also parallel zum First (Binderdach), verlegt.
- Distanzprofile aus gekantetem Stahlblech, in einer Mindestdicke von 2 mm, oder aus Holz. Sind STP-Tafeln der Innenschale parallel zum First verlegt, müssen die Distanzprofile quer zur Innenschale im Winkel von 45° verlegt werden.

Sind die STP-Tafeln der Innenschale im Dachgefälle verlegt, können die Distanzprofile entweder quer oder im rechten Winkel zur Innenschale verlegt werden.

In keinem Fall dürfen die Distanzprofile parallel zu den Innenschalenprofilen auf deren Obergurten verlegt werden. Üblicherweise werden die Distanzprofile in einem Abstand von maximal 2 m verlegt. Der erforderliche Abstand richtet sich aber nach der Tragfähigkeit der Außenschale und der Anzahl der Niet- oder Schraubverbindungen, durch die die Distanzprofile auf den Obergurten der Innenschale befestigt sind. Soll eine thermische Trennung der beiden Stahltrapezprofilschalen erreicht werden, so müssen auf die Obergurte der Distanzprofile Dämmstreifen aufgebracht werden, die auch nach der Verschraubung mindestens 5 mm Stärke aufweisen.

- Für Trenn- und Ausgleichsschichten, Dampfsperre und Wärmedichtung gelten die Angaben unter 7.1.2 bis 7.1.4.
- Die Hinterlüftung in einer zweischaligen Dachkonstruktion ist abhängig von der Dachneigung, dem Querschnitt und der Gestaltung des Lüftungsraumes sowie der Größe und Anordnung der Lüftungsöffnungen. Je größer die Dachneigung und somit die Höhendifferenz zwischen Zu- und Abluftöffnungen, umso größer ist der Auftrieb und damit die Strömungsgeschwindigkeit bzw. die das Dach durchströmende Luftmenge.

Tab. 7.2. Hinterlüftung in Abhängigkeit von der Dachneigung

| Dachneigung | Höhe des durchströmbaren Luftraumes | Belüftung | Entlüftung |
|---|---|---|---|
| kleiner als 3° | ca. 20 cm | insgesamt | 5 ‰ |
| zwischen 3° und 20° | ca. 10 cm | 2 ‰ | 2,5 ‰ |
| größer als 20° | ca. 5 cm | 2 ‰ | 2,5 ‰ |

Die in Tab. 7.2 angegebenen Höhen des durchströmbaren Luftraumes und die Querschnitte der Be- und Entlüftungsöffnungen (in ‰ der Dachgrundfläche) haben sich in der Praxis bewährt.

Die Höhe des Luftraumes soll an keiner Stelle unterschritten werden. Die in der Tabelle angegebenen Werte gelten für freie, nicht eingeengte Luftöffnungen. Lüftungswege sollen gerade verlaufen. Ecken, Knicke, Vorsprünge in den Luftraum, Balken, Pfetten, Richtungsänderungen o. ä. behindern die Luftströmung und erfordern besondere Maßnahmen, um die Durchlüftung sicherzustellen. Ist der Lüftungsweg (Abstand Zuluft-/Abluftöffnungen) länger als 10 m, sind besondere Maßnahmen, wie z. B. die Erhöhung des freien Luftraumes oder eine Zwangslüftung, erforderlich. Bei Lüftungsschlitzen soll der freie Querschnitt mindestens 2 cm betragen. Bei Dachflächen ohne Gefälle sind waagerechte Lüftungsschlitze rundum laufend, bei Dachgefällen mit über 5° Dachneigung durchgehend in der Traufe und an der Firstkante anzuordnen.

– STP-Tafel (Außenschale) als wasserführende Dachhaut mit Edelstahl-Schneidschrauben auf den Distanzprofilen befestigt. Die STP-Tafeln werden in der Regel durch den Obergurt geschraubt (Hochpunktbefestigung). Dazu ist die Verwendung von über den Obergurt passenden, mit einer Neoprendichtung versehenen Kalotten anzuraten. Um ein Herunterdrücken der Sicken zu vermeiden, werden Unterlegblöcke aus Metall, Holz oder Kunststoff empfohlen. Bei Dächern mit größerer Neigung (> 5°) können STP-Tafeln auch durch den Untergurt mit den Distanzprofilen verschraubt werden (Tiefpunktbefestigung). Auch hierfür sind Edelstahl-Schneidschrauben mit Scheiben und darauf aufvulkanisierter Neoprendichtung zu verwenden. Nach Möglichkeit sollten Querstoßüberlappungen der STP-Tafeln vermieden werden. Ist dies nicht möglich, muss die Querstoßüberlappung je nach Dachneigung 200 bis 300 mm betragen. Im Bereich der Überlappung ist ein einseitig selbstklebendes Dichtband einzulegen, das einerseits die Überlappung gegen eindringende Feuchtigkeit schützt und andererseits die beiden STP-Tafeln mindestens 10–15 mm voneinander trennt, um stehende Feuchtigkeit im Überlappungsbereich zu verhindern.

## 7.2 Wandkonstruktionen

Die Gebäudeaußenwand aus Stahlblechprofiltafeln ist eine leichte, nur für Beanspruchungen rechtwinklig zu ihrer Ebene geeignete Hüllkonstruktion. Bis auf die bereichsweise ableitbaren Eigenlasten ist sie in ihrer Ebene nichttragend.

Sie dient der Raumtrennung, dem Raumabschluss.

Bei ihrer Gestaltung sind im Hallen- und Geschossbau sowohl architektonische als auch technische Aspekte zu berücksichtigen.

Die Fassade kann mit vertikaler oder horizontaler Profilrichtung ausgeführt werden. Als Unterkonstruktion dienen entweder Wandriegel aus Walz- oder Kaltprofilen oder Wandstiele wie Rahmenstützen, möglicherweise durch Zwischenstützen (von der Traufe zum Sockel spannend) ergänzt.

Je nach Anwendungszweck kann die Wand ungedämmt oder wärmegedämmt ausgeführt werden. Besondere Forderungen des Schall- und Brandschutzes lassen sich berücksichtigen.

### 7.2.1 Wandkonstruktion – einschalig, ungedämmt

Je nach der gewählten Unterkonstruktion werden die STP-Tafeln direkt auf die Unterkonstruktion aus Stahl, Beton oder Holz geschraubt. Zur Befestigung sind Edelstahlschrauben zu verwenden.

Kondensatfeuchte auf der Innenseite der STP-Tafeln lässt sich vermeiden, wenn diese mit einem der im Handel erhältlichen, Kondensatbildung verhindernden Beschichtungsmittel geschützt wird (Abb. 7.8).

### 7.2.2 Wandkonstruktion – einschalig, wärmegedämmt

Durch den Einbau geeigneter, steifer Wärmedämmplatten kann eine einschalige Stahltrapezprofil-Wand einfache Forderungen an Wärme- und Schalldämmung erfüllen. Auf die Unterkonstruktion werden zur Aufnahme der Dämmplatten gekantete Z- und U-Profile aufgeschraubt, auf denen wiederum die STP-Tafeln befestigt werden (Abb. 7.9).

Wandkonstruktionen 129

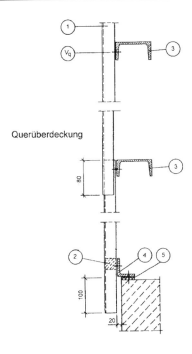

Querüberdeckung

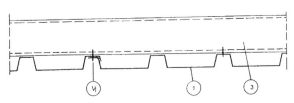

Längsüberdeckung

Legende:
1   STP-Tafel
2   Profilfüller
3   Wandriegel
4   Fußwinkel
5   Dichtstreifen
6   Dichtung
$V_q$  Verbindungselement, quer: Edelstahl-Schneidschraube und Neoprendichtung, mindestens in jeder 2. Sicke
$V_l$  Verbindungselement, längs: Edelstahl-Blechschraube alle 330 mm (Blindniet mit Füllstift möglich)

Abb. 7.8 Wandkonstruktion einschalig, ungedämmt, Stahlunterkonstruktion

Querüberdeckung

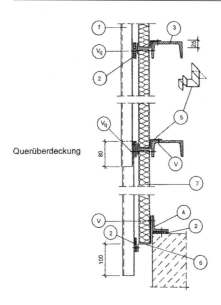

Längsüberdeckung

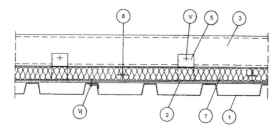

Legende:
1  STP-Tafel
2  Thermischer Trennstreifen, $d \leq 3{,}0$ mm, feuchtigkeits- und frostbeständig
3  Wandriegel
4  Fußwinkel
5  Stützblech für Dämmung, Stahlblech verzinkt 1 Stück je Dämmplatte, am Riegel gekantet
6  Stützprofil am Fußwinkel
7  Wärmedämmung, Anwendungstyp W oder WL DIN 18165
8  Seitliche Dämmplattenverbinder
$V_q$  Verbindungselement, quer: Edelstahl-Schneidschraube und Neoprendichtung, mindestens in jeder 2. Sicke
$V_l$  Verbindungselement, längs: Edelstahl-Blechschraube alle 330 mm (Blindniet mit Füllstift möglich)
V  Setzbolzen, korrosionsgeschützt

Abb. 7.9  Wandkonstruktion einschalig, wärmegedämmt, Stahlunterkonstruktion

## 7.2.3 Wandkonstruktion – doppelschalig, wärmegedämmt

Werden höhere Anforderungen an den Wärme-, Schall- oder Brandschutz gestellt, sind doppelschalige Stahlprofilblechkonstruktionen einzusetzen. Hier gibt es zwei verschiedene Konstruktionsarten, die in erster Linie von der Art der Unterkonstruktion abhängig sind.

1. STP-Tafeln, 2-schalig, mit Distanzprofilen aus gekantetem Stahlblech (Z- oder U-förmig). Diese Konstruktion wird gewählt, wenn die Unterkonstruktion aus Stützen und Riegeln besteht. Es können hier für Außen- und Innenschale jeweils verschiedene Profiltypen gewählt werden. Die Distanzprofile, die Außen- und Innenschale miteinander verbinden, können bei Bedarf mit Dämmstreifen zur thermischen Trennung versehen werden. Bei besonderen Anwendungsfällen sind diese Wandkonstruktionen auch mit senkrecht verlegten SKP-Tafeln zur Aufnahme der Wärmedämmung herstellbar. Auch dann befinden sich zwischen der STP-Tafel der Außenschale und der SKP-Tafel der Innenschale gekantete Distanzprofile.
2. Sind keine Wandriegel vorhanden, können deren Funktion die von Stütze zu Stütze frei gespannten STP-Tafeln übernehmen. Die Wärmedämmung wird von den SKP-Tafeln aufgenommen. Die Montage kann sehr schnell und kostensparend erfolgen. Es entstehen großflächige, glatte bis leichtprofilierte Wandflächen, die im Inneren keine Staub- und Schmutzablagerungen zulassen. Schall- und Brandschutzforderungen lassen sich mit dieser Konstruktionsart leicht erfüllen. Sollen die Kassettenprofile und die Stahltrapezprofile der Außenschale thermisch getrennt werden, so sind auf die Obergurte der Kassetten Dämmstreifen aus geeignetem Material (Zellkautschuk, Zellpolyethylen, PVC o. ä.) in ausreichender Stärke aufzubringen.

Besondere Aufmerksamkeit ist der Verschraubung von STP-Tafeln mit den Obergurten der STP-Tafeln zu schenken.

Die Auswahl der richtigen Verbindungselemente für die Verschraubung wird unter Berücksichtigung der Anforderungen der Bauphysik, des Korrosionsschutzes und der statischen Bemessung getroffen.

Neben der Bemessung der Verbindungselemente selbst sind auch jeweils die Tragfähigkeit der SKP- und der STP-Tafeln mit zu berücksichtigen, da die Belastbarkeit dieser beiden Bauelemente wesentlich von der Anordnung der Verbindungselemente beeinflusst wird. Bei der Verbindung beider Stahlprofilblecharten zu einer Wandkonstruktion müssen die Anwendungsbestimmungen für die Kassetten und die Trapezprofile stets gleichzeitig eingehalten werden (siehe Zulassungsbescheide bzw. DIN 18 807).

Die Befestigung von STP-Tafeln auf SKP-Tafeln erfolgt in der Regel so, dass die anliegenden Trapezprofilgurte (meist Untergurte) mit den schmalen Obergurten der Kassetten verbunden werden. Bei der Ausbildung und Anordnung dieser Befestigungspunkte sind folgende Forderungen zu beachten:

1. Einhaltung des maximalen Abstands der Verbindungselemente in Kassettenlängsrichtung
2. Befestigung der STP-Tafeln in mindestens jedem 2. anliegenden Gurt auf den Kassetten
3. Einhaltung der zulässigen Zug- und Querkräfte in den einzelnen Verbindungen.

Die Kombination der Forderungen 1 und 2 bedeutet aber nicht, dass das Trapezprofil in jeder oder jeder zweiten Tiefsicke mit jedem Kassettenobergurt zu verbinden ist. Das wäre nur erforderlich, wenn die Tragfähigkeit des Trapezprofils unter Windsogbelastung so gering wäre, dass die zulässige Stützweite kleiner ist als die zweifache Kassettenbreite. Zeigen die statischen Nachweise für die Trapezprofile, dass die zulässige Stützweite unter Windsogbelastung das Zwei- oder Mehrfache der Kassettenbreite beträgt, so können die Befestigungspunkte der einzelnen Trapezprofilrippen versetzt angeordnet werden.

Die Auflagerlinie der STP-Tafeln verläuft dann nicht mehr rechtwinklig zur Spannrichtung. Die Stützweite des Trapezprofils, die in die statischen Berechnungen über die Windsogbeanspruchung eingeht, ist der Verbindungselementeabstand in Trapezprofillängsrichtung in derselben Rippe. Die Forderung 1 muss jedoch in jedem Fall eingehalten werden.

Aus Gründen der Gebrauchstauglichkeit ist noch ein Phänomen zu beachten, das mit „Klappern" bezeichnet werden kann.

Grundsätzlich können, wenn die Stützweite der STP-Tafeln bei Windsogbelastung größer ist als bei Winddruck, Klappergeräusche auftreten. Dies ist von der Biegesteifigkeit der STP-Tafeln und der Dicke und Dämpfungswirkung der auf die Kassettenobergurte aufgeklebten Dämmstreifen abhängig. Wenn trotz der Einhaltung der Forderungen 1 bis 3 noch Klappergeräusche zu erwarten sind, können zusätzliche Befestigungspunkte notwendig werden.

## 7.3 Konstruktive Besonderheiten bei Dach und Wand

### 7.3.1 Auswechselungen

Bei größeren Ausschnitten z. B. für Lichtkuppeln, RWAs, Lüfter, Fenster, Türen, Tore usw. muss die Lastabtragung statisch nachgewiesen werden. Die Ausführung der Auswechselung muss den Verlegeplänen und dem statischen Nachweis entsprechen. Beim Einbau von Auswechsel- und Verstärkungsprofilen in Kassetten ist z. B. durch Hinterlegen von Distanzstücken an den Befestigungsstellen dafür zu sorgen, dass die Profilgeometrie der Kassettenprofile erhalten bleibt.

### 7.3.2 Einfassungen von großen Dachöffnungen

Bei von unten sichtbaren Einfassungen sollen die Blendrahmen umlaufend gleichmäßig breit sein, und die Außenränder sind mit einer Kantung zur Stabilisierung zu versehen. Die Ecken können auch stumpfgestoßen ausgeführt werden. Die senkrechten Ecken sind zu hinterlegen.

### 7.3.3 Zusammenbau verschiedener Metalle

Beschichtete Profiltafeln können mit allen anderen Metallen zusammen eingebaut werden. Unbeschichtete Profiltafeln müssen, wenn nachteilige Einwirkungen aus Kontakt unterschiedlicher Metalle eintreten können, durch nachträgliche Beschichtungen oder Zwischenlagen an den Berührungsflächen dauerhaft getrennt werden.

Tab. 7.3 gibt für die Praxis einen Anhalt über den möglichen oder nicht zu empfehlenden Zusammenbau verschiedener Metalle.

Beispiel nach Tabelle 7.3

| Bauteil | Aluminium (Al) | Bauteil | Stahl verzinkt |
|---|---|---|---|
| Verbindungselement | Edelstahlschraube (SS) | Anschlussblech | Walzblei (Pb) |
| Atmosphäre | Industrie | Atmosphäre | Land |
| Bewertung | I (möglich) | Bewertung | II (nicht zu empfehlen) |

Tab. 7.3 Zusammenbau verschiedener Metalle in unterschiedlichen Atmosphärentypen und in Abhängigkeit von der Oberfläche des Bauteils

| | Bauteil | z. B. Verbindungselemente, Anschlussbleche | | | Bewertung |
|---|---|---|---|---|---|
| | | Land | Stadt/Industrie | Meeresnähe | |
| 1 | Zinkblech (Zn) | Al, SS | Al, SS | Al, SS | I |
| | Stahl verzinkt (Z) | Fe, Pb, Cu | Fe, Pb, Cu | Fe, Pb, Cu | II |
| 2 | Aluminium (Al) | Pb, Zn, SS | Pb, Zn, SS | Zn, SS | I |
| | Aluzink (AZ) | Fe, Cu | Fe, Cu | Fe, Pb, Cu | II |
| Legende | | | | | |
| Al | Aluminium | | Pb | Blei (ohne Oberflächenbehandlung) | |
| Cu | Kupfer | | Fe | Stahl | |
| SS | nichtrostender Stahl | | AZ | Aluzink | |
| Zn | Zink | | Z | verzinkter Stahl | |
| I | möglich | | | | |
| II | nicht zu empfehlen | | | | |

## 7.4 Stahl-PUR-Sandwichelemente für Dach und Wand

Die Sandwichelemente mit dünnen Metalldeckschichten und einem Kern aus Polyurethan-Hartschaum (PUR-Schaum) als tragende Bauelemente für Wand- oder Dachkonstruktionen bieten Vorteile, die andere Stahlleichtkonstruktionen nicht haben.

Die Platten werden vorgefertigt, sie sind raumabschließende Konstruktionsteile mit hervorragenden bauphysikalischen Eigenschaften.

Für die Sandwichelemente liegen bauaufsichtliche Zulassungen vor. Im Rahmen dieser Zulassungsbestimmungen unterliegen sie neben der laufenden Eigenüberwachung auch der Fremdüberwachung durch Staatliche Materialprüfämter bzw. durch Güteschutzgemeinschaften. Auf Grund dieser Überwachung hat der Anwender die Gewähr für gleichbleibend hochwertiges Material im Rahmen der festgeschriebenen Eigenschaften. Die Hülle ist nahezu wartungsfrei.

Weitere Anwendungsvorteile ergeben sich aus dem Verhältnis des geringen Eigengewichts zur hohen Tragfähigkeit und der schnellen und einfachen, nahezu witterungsunabhängigen Montage. Für den weltweiten Einsatz gibt es keinerlei klimatische Beschränkungen.

Dächer und Wände aus Stahl-PUR-Stahl-Elementen (SPS-Elemente) erfordern jedoch gewissenhafte Planung, Berechnung, konstruktive Durcharbeitung und Montage. Dabei müssen alle Einsatzgegebenheiten, insbesondere diejenigen bauphysikalischer Art, berücksichtigt werden.

Standardkonstruktionen, die alle Anforderungen erfüllen, gibt es nicht.

Der bauphysikalisch wirksame Kern der SPS-Elemente ist schubsteif mit den Deckelementen verbunden und damit auch statisch wirksam.

Die Hersteller der SPS-Elemente geben für ihre Produkte Tragfähigkeiten an. Wenn jedoch für das spezielle Element keine bauaufsichtliche Prüfung durchgeführt und keine Zulassung erteilt wurde, muss der Anwender die statischen Nachweise selbst veranlassen.

Die Angaben des Herstellers dienen in diesem Fall nur der Vorbemessung. Erfolgt jedoch eine bauaufsichtliche Produktprüfung, dann ist die Anwendung ohne spezielle Nachweisführung im Rahmen der angegebenen Parametergrenzen möglich.

Eine Dachkonstruktion aus SPS-Elementen zeigt Abb. 7.10.

Legende zu Abb. 7.10
1 Ortgangprofil/Attikakappe
2 Dichtschraube $6,5 \times \ldots - E\ 22$
3 Dichtschraube $6,3 \times \ldots - E\ 22$
4 SPS-Element für Dach
5 Dauerelastisches, vorkomprimiertes Dichtungsband, einseitig klebend
6 Blindniet $\varnothing\ 4,8 \times 8,3$
7 SPS-Element für Wand
8 Dichtschraube $6,3 \times \ldots - E\ 16$
9 Riegel
10 Pfette
11 Firstprofil für Pultdach
12 Profilfüller
13 Zahnblech
14 Firstprofil
15 Montageschaum PUR – M
16 Firstblech, unterseitig
20 Dauerelastisches Dichtungsband, einseitig klebend
21 Sichtschutzprofil
22 Rinnenprofil
23 Rinneneisen
24 Rinnenauslauf
25 Rinnenheizung
26 Dämmplatte 20 mm
27 Aufgekanteter Profiluntergurt der Außenschale
28 Rinneneinlaufblech

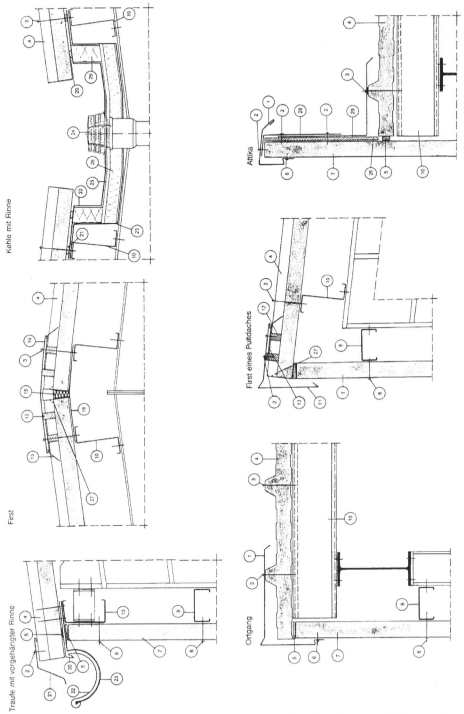

Abb. 7.10 Dachkonstruktion mit SPS-Elementen – Traufe, First, Ortgang, Kehle mit Rinne, First eines Pultdaches, Attika

## 7.4.1 Vorbemessung für SPS-Elemente ohne bauaufsichtliche Prüfung und Genehmigung

Für die Vorbemessung von SPS-Elementen ist als Beispiel die Dachkonstruktion Hoesch-isorock gewählt. Die zulässigen Stützweiten (in m) sind für die gewählten Elemente, abhängig von der Elementdicke, der Deckschalendicke $t_N$ und der zugeordneten Farbgruppe, in Tab. 7.4 und Tab. 7.5 angegeben.

Die Standsicherheit ist in jedem Einzelfall nachzuweisen. Berechnet sind die zulässigen Stützweiten nach der Theorie für Sandwichelemente mit steggerichteter Mineralfaser (nicht brennbar) als Kernschicht. Die dazu erforderlichen Materialkennwerte resultieren aus werkseitigen Bauteilversuchen. Die Windlasten entsprechen DIN 1055-4 (08.86).

Tab. 7.4 Zulässige Stützweiten für Hoesch-isorock-Dächer – Deckschalendicke $t_N = 0{,}63$ mm

| Auflagerbedingungen: | Endauflager | Zwischenauflager |
|---|---|---|
| Breiten | ≥ 60 mm | ≥ 100 mm |
| Anzahl der Schrauben | 3 | 3 |

| Bauteil | | Hoesch-isorock 60 mm (0,63 mm) | | | | | | | | | | | | | | |
|---|---|---|---|---|---|---|---|---|---|---|---|---|---|---|---|---|
| Gebäudeart | | geschlossene Gebäude | | | | | | | seitlich offene Gebäude | | | | | | | |
| Höhe über Gelände (m) | | 0…8 | | >8…20 | | >20…100 | | >100 | | 0…8 | | >8…20 | | >20…100 | | >100 |
| Gebäudeform | h/a | 0,25 | 0,50 | 0,25 | 0,50 | 0,25 | 0,50 | 0,25 | 0,50 | 0,25 | 0,50 | 0,25 | 0,50 | 0,25 | 0,50 | 0,25 | 0,50 |
| Einfeldträger | I | 4,77 | 4,77 | 3,61 | 3,61 | 2,62 | 2,62 | 2,22 | 2,22 | 3,85 | 3,40 | 2,41 | 2,12 | 1,75 | 1,54 | 1,48 | 1,31 |
| | II | 4,77 | 4,77 | 3,61 | 3,61 | 2,62 | 2,62 | 2,22 | 2,22 | 3,85 | 3,40 | 2,41 | 2,12 | 1,75 | 1,54 | 1,48 | 1,31 |
| | III | 4,77 | 4,75 | 3,61 | 3,61 | 2,62 | 2,62 | 2,22 | 2,22 | 3,85 | 3,40 | 2,41 | 2,12 | 1,75 | 1,54 | 1,48 | 1,31 |
| Zweifeldträger | I | 3,21 | 3,21 | 2,88 | 2,88 | 2,32 | 2,32 | 1,98 | 1,98 | 2,93 | 2,93 | 2,14 | 1,96 | 1,61 | 1,47 | 1,40 | 1,26 |
| | II | 3,21 | 3,11 | 2,88 | 2,88 | 2,32 | 2,32 | 1,98 | 1,98 | 2,78 | 2,73 | 2,14 | 1,96 | 1,61 | 1,47 | 1,40 | 1,26 |
| | III | 3,20 | 2,17 | 2,16 | 2,13 | 2,13 | 2,08 | 1,98 | 1,98 | 2,09 | 2,07 | 2,01 | 1,93 | 1,61 | 1,47 | 1,40 | 1,26 |
| Dreifeldträger | I | 3,36 | 3,46 | 2,95 | 2,95 | 2,62 | 2,62 | 2,22 | 2,22 | 3,02 | 3,02 | 2,32 | 2,06 | 1,71 | 1,51 | 1,45 | 1,29 |
| | II | 3,46 | 3,42 | 2,95 | 2,95 | 2,62 | 2,62 | 2,22 | 2,22 | 2,82 | 2,73 | 2,32 | 2,06 | 1,71 | 1,51 | 1,45 | 1,29 |
| | III | 1,92 | 1,89 | 2,88 | 1,85 | 1,85 | 1,81 | 1,83 | 1,78 | 1,81 | 1,79 | 1,74 | 1,72 | 1,68 | 1,51 | 1,45 | 1,29 |

| Bauteil | | Hoesch-isorock 80 mm (0,63 mm) | | | | | | | | | | | | | | |
|---|---|---|---|---|---|---|---|---|---|---|---|---|---|---|---|---|
| Gebäudeart | | geschlossene Gebäude | | | | | | | seitlich offene Gebäude | | | | | | | |
| Höhe über Gelände (m) | | 0…8 | | >8…20 | | >20…100 | | >100 | | 0…8 | | >8…20 | | >20…100 | | >100 |
| Gebäudeform | h/a | 0,25 | 0,50 | 0,25 | 0,50 | 0,25 | 0,50 | 0,25 | 0,50 | 0,25 | 0,50 | 0,25 | 0,50 | 0,25 | 0,50 | 0,25 | 0,50 |
| Einfeldträger | I | 5,52 | 5,52 | 4,36 | 4,36 | 3,52 | 3,52 | 2,98 | 2,98 | 3,19 | 3,04 | 2,02 | 1,99 | 1,56 | 1,49 | 1,37 | 1,28 |
| | II | 5,52 | 5,52 | 4,36 | 4,36 | 3,52 | 3,52 | 2,98 | 2,98 | 3,19 | 3,04 | 2,02 | 1,99 | 1,56 | 1,49 | 1,37 | 1,28 |
| | III | 5,52 | 5,52 | 4,36 | 4,36 | 3,52 | 3,52 | 2,98 | 2,98 | 2,41 | 2,39 | 1,98 | 1,79 | 1,55 | 1,42 | 1,37 | 1,26 |
| Zweifeldträger | I | 3,71 | 3,71 | 2,97 | 2,97 | 2,18 | 2,18 | 1,89 | 1,89 | 3,19 | 3,04 | 2,02 | 1,99 | 1,56 | 1,49 | 1,37 | 1,28 |
| | II | 3,71 | 3,60 | 2,97 | 2,97 | 2,18 | 2,18 | 1,89 | 1,89 | 3,19 | 3,04 | 2,02 | 1,99 | 1,56 | 1,49 | 1,37 | 1,28 |
| | III | 2,54 | 2,51 | 2,50 | 2,46 | 2,18 | 2,18 | 1,89 | 1,89 | 2,41 | 2,39 | 1,98 | 1,79 | 1,55 | 1,42 | 1,37 | 1,26 |
| Dreifeldträger | I | 4,00 | 4,00 | 3,42 | 3,42 | 2,68 | 2,68 | 2,27 | 2,27 | 3,49 | 3,26 | 2,33 | 2,07 | 1,72 | 1,52 | 1,46 | 1,30 |
| | II | 4,00 | 3,95 | 3,42 | 3,42 | 2,68 | 2,68 | 2,27 | 2,27 | 3,26 | 3,16 | 2,33 | 2,07 | 1,72 | 1,52 | 1,46 | 1,30 |
| | III | 2,21 | 2,19 | 2,17 | 2,13 | 2,14 | 2,09 | 2,11 | 2,06 | 2,09 | 2,07 | 2,01 | 1,99 | 1,72 | 1,52 | 1,46 | 1,30 |

| Bauteil | | Hoesch-isorock 100 mm (0,63 mm) | | | | | | | | | | | | | | |
|---|---|---|---|---|---|---|---|---|---|---|---|---|---|---|---|---|
| Gebäudeart | | geschlossene Gebäude | | | | | | | seitlich offene Gebäude | | | | | | | |
| Höhe über Gelände (m) | | 0…8 | | >8…20 | | >20…100 | | >100 | | 0…8 | | >8…20 | | >20…100 | | >100 |
| Gebäudeform | h/a | 0,25 | 0,50 | 0,25 | 0,50 | 0,25 | 0,50 | 0,25 | 0,50 | 0,25 | 0,50 | 0,25 | 0,50 | 0,25 | 0,50 | 0,25 | 0,50 |
| Einfeldträger | I | 6,17 | 6,17 | 4,88 | 4,88 | 3,58 | 3,58 | 3,03 | 3,03 | 5,04 | 4,74 | 3,28 | 3,28 | 2,38 | 2,38 | 2,02 | 2,02 |
| | II | 6,17 | 6,17 | 4,88 | 4,88 | 3,58 | 3,58 | 3,03 | 3,03 | 5,04 | 4,74 | 3,28 | 3,28 | 2,38 | 2,38 | 2,02 | 2,02 |
| | III | 6,17 | 6,17 | 4,88 | 4,88 | 3,58 | 3,58 | 3,03 | 3,03 | 5,04 | 4,74 | 3,28 | 3,28 | 2,38 | 2,38 | 2,02 | 2,02 |
| Zweifeldträger | I | 4,15 | 4,15 | 2,76 | 2,76 | 2,08 | 2,08 | 1,83 | 1,83 | 2,94 | 2,94 | 1,94 | 1,94 | 1,53 | 1,50 | 1,35 | 1,29 |
| | II | 4,15 | 4,02 | 2,76 | 2,76 | 2,08 | 2,08 | 1,83 | 1,83 | 2,94 | 2,94 | 1,94 | 1,94 | 1,53 | 1,50 | 1,35 | 1,29 |
| | III | 2,84 | 2,81 | 2,76 | 2,75 | 2,08 | 2,08 | 1,83 | 1,83 | 2,70 | 2,45 | 1,87 | 1,71 | 1,50 | 1,38 | 1,35 | 1,24 |
| Dreifeldträger | I | 4,47 | 4,47 | 3,69 | 3,69 | 2,68 | 2,68 | 2,27 | 2,27 | 3,69 | 3,27 | 2,34 | 2,08 | 1,73 | 1,53 | 1,47 | 1,31 |
| | II | 4,47 | 4,42 | 3,69 | 3,69 | 2,68 | 2,68 | 2,27 | 2,27 | 3,65 | 3,27 | 2,34 | 2,08 | 1,73 | 1,53 | 1,47 | 1,31 |
| | III | 4,48 | 4,45 | 2,43 | 2,39 | 2,39 | 2,34 | 2,27 | 2,27 | 2,34 | 2,32 | 2,25 | 2,08 | 1,72 | 1,53 | 1,47 | 1,30 |

| Einstufung der Farbtöne in die Farbgruppen | | | |
|---|---|---|---|
| Farbgruppe | I (hell) | II (mittel) | III (dunkel) |
| Temperatur in °C | 55 | 65 | 80 |
| Helligkeitswerte in % | 90 bis 75 | 74 bis 40 | 39 bis 8 |

Stahl-PUR-Sandwichelemente für Dach und Wand  137

Tab.7.5  Zulässige Stützweiten für Hoesch-isorock-Dächer – Deckschalendicke $t_N = 0{,}75$ mm

| Auflagerbedingungen: | Endauflager | Zwischenauflager |
|---|---|---|
| Breiten | $\geq 60$ mm | $\geq 100$ mm |
| Anzahl der Schrauben | 3 | 3 |

| Bauteil | | \multicolumn{16}{c}{Hoesch-isorock 60 mm (0,75 mm)} |
|---|---|---|---|---|---|---|---|---|---|---|---|---|---|---|---|---|---|
| Gebäudeart | | \multicolumn{8}{c}{geschlossene Gebäude} | | \multicolumn{8}{c}{seitlich offene Gebäude} |
| Höhe über Gelände (m) | | \multicolumn{2}{c}{0…8} | \multicolumn{2}{c}{>8…20} | \multicolumn{2}{c}{>20…100} | \multicolumn{2}{c}{>100} | \multicolumn{2}{c}{0…8} | \multicolumn{2}{c}{>8…20} | \multicolumn{2}{c}{>20…100} | \multicolumn{2}{c}{>100} |
| Gebäudeform | h/a | 0,25 | 0,50 | 0,25 | 0,50 | 0,25 | 0,50 | 0,25 | 0,50 | 0,25 | 0,50 | 0,25 | 0,50 | 0,25 | 0,50 | 0,25 | 0,50 |
| Einfeldträger | I | 5,02 | 5,02 | 3,59 | 3,59 | 2,61 | 2,61 | 2,21 | 2,21 | 3,83 | 3,38 | 2,40 | 2,11 | 1,74 | 1,54 | 1,47 | 1,30 |
| | II | 5,02 | 5,02 | 3,59 | 3,59 | 2,61 | 2,61 | 2,21 | 2,21 | 3,83 | 3,38 | 2,40 | 2,11 | 1,74 | 1,54 | 1,47 | 1,30 |
| | III | 4,79 | 4,79 | 3,59 | 3,59 | 2,61 | 2,61 | 2,21 | 2,21 | 3,83 | 3,38 | 2,40 | 2,11 | 1,74 | 1,54 | 1,47 | 1,30 |
| Zweifeldträger | I | 3,51 | 3,51 | 3,08 | 3,08 | 2,23 | 2,23 | 1,92 | 1,92 | 3,21 | 3,02 | 2,06 | 1,98 | 1,58 | 1,48 | 1,38 | 1,27 |
| | II | 3,51 | 3,41 | 3,08 | 3,08 | 2,23 | 2,23 | 1,92 | 1,92 | 3,05 | 2,99 | 2,06 | 1,98 | 1,58 | 1,48 | 1,38 | 1,27 |
| | III | 3,41 | 2,38 | 2,37 | 2,33 | 2,23 | 2,23 | 1,92 | 1,92 | 2,29 | 2,27 | 2,04 | 1,84 | 1,58 | 1,44 | 1,38 | 1,27 |
| Dreifeldträger | I | 3,79 | 3,79 | 3,24 | 3,24 | 2,61 | 2,61 | 2,21 | 2,21 | 3,31 | 3,25 | 2,33 | 2,06 | 1,71 | 1,52 | 1,46 | 1,30 |
| | II | 3,79 | 3,74 | 3,24 | 3,24 | 2,61 | 2,61 | 2,21 | 2,21 | 3,09 | 2,99 | 2,33 | 2,06 | 1,71 | 1,52 | 1,46 | 1,30 |
| | III | 2,10 | 2,07 | 2,06 | 2,02 | 2,02 | 1,98 | 2,00 | 1,95 | 1,98 | 1,96 | 1,91 | 1,88 | 1,71 | 1,52 | 1,46 | 1,30 |

| Bauteil | | \multicolumn{16}{c}{Hoesch-isorock 80 mm (0,75 mm)} |
|---|---|---|---|---|---|---|---|---|---|---|---|---|---|---|---|---|---|
| Gebäudeart | | \multicolumn{8}{c}{geschlossene Gebäude} | | \multicolumn{8}{c}{seitlich offene Gebäude} |
| Höhe über Gelände (m) | | \multicolumn{2}{c}{0…8} | \multicolumn{2}{c}{>8…20} | \multicolumn{2}{c}{>20…100} | \multicolumn{2}{c}{>100} | \multicolumn{2}{c}{0…8} | \multicolumn{2}{c}{>8…20} | \multicolumn{2}{c}{>20…100} | \multicolumn{2}{c}{>100} |
| Gebäudeform | h/a | 0,25 | 0,50 | 0,25 | 0,50 | 0,25 | 0,50 | 0,25 | 0,50 | 0,25 | 0,50 | 0,25 | 0,50 | 0,25 | 0,50 | 0,25 | 0,50 |
| Einfeldträger | I | 6,05 | 6,05 | 4,78 | 4,78 | 3,51 | 3,51 | 2,97 | 2,97 | 4,94 | 4,54 | 3,21 | 2,84 | 2,34 | 2,06 | 1,98 | 1,75 |
| | II | 6,05 | 6,05 | 4,78 | 4,78 | 3,51 | 3,51 | 2,97 | 2,97 | 4,94 | 4,54 | 3,21 | 2,84 | 2,34 | 2,06 | 1,98 | 1,75 |
| | III | 6,05 | 6,05 | 4,78 | 4,78 | 3,51 | 3,51 | 2,97 | 2,97 | 4,94 | 4,54 | 3,21 | 2,84 | 2,34 | 2,06 | 1,98 | 1,75 |
| Zweifeldträger | I | 4,06 | 4,06 | 2,80 | 2,80 | 2,10 | 2,10 | 1,84 | 1,84 | 2,98 | 2,99 | 1,96 | 1,96 | 1,53 | 1,50 | 1,36 | 1,29 |
| | II | 4,06 | 3,94 | 2,80 | 2,80 | 2,10 | 2,10 | 1,84 | 1,84 | 2,99 | 2,99 | 1,96 | 1,96 | 1,53 | 1,50 | 1,36 | 1,29 |
| | III | 4,06 | 2,75 | 2,74 | 2,69 | 2,10 | 2,10 | 1,84 | 1,84 | 2,65 | 2,50 | 1,89 | 1,73 | 1,51 | 1,39 | 1,35 | 1,24 |
| Dreifeldträger | I | 4,38 | 4,38 | 3,69 | 3,69 | 2,68 | 2,68 | 2,27 | 2,27 | 3,69 | 3,26 | 2,34 | 2,07 | 1,72 | 1,53 | 1,47 | 1,30 |
| | II | 4,38 | 4,33 | 3,69 | 3,69 | 2,68 | 2,68 | 2,27 | 2,27 | 3,57 | 3,27 | 2,34 | 2,07 | 1,72 | 1,53 | 1,47 | 1,30 |
| | III | 2,43 | 2,40 | 2,38 | 2,34 | 2,34 | 2,29 | 2,27 | 2,26 | 2,29 | 2,27 | 2,20 | 2,07 | 1,72 | 1,53 | 1,47 | 1,30 |

| Bauteil | | \multicolumn{16}{c}{Hoesch-isorock 100 mm (0,75 mm)} |
|---|---|---|---|---|---|---|---|---|---|---|---|---|---|---|---|---|---|
| Gebäudeart | | \multicolumn{8}{c}{geschlossene Gebäude} | | \multicolumn{8}{c}{seitlich offene Gebäude} |
| Höhe über Gelände (m) | | \multicolumn{2}{c}{0…8} | \multicolumn{2}{c}{>8…20} | \multicolumn{2}{c}{>20…100} | \multicolumn{2}{c}{>100} | \multicolumn{2}{c}{0…8} | \multicolumn{2}{c}{>8…20} | \multicolumn{2}{c}{>20…100} | \multicolumn{2}{c}{>100} |
| Gebäudeform | h/a | 0,25 | 0,50 | 0,25 | 0,50 | 0,25 | 0,50 | 0,25 | 0,50 | 0,25 | 0,50 | 0,25 | 0,50 | 0,25 | 0,50 | 0,25 | 0,50 |
| Einfeldträger | I | 6,77 | 6,77 | 4,92 | 4,92 | 3,58 | 3,58 | 3,03 | 3,03 | 5,25 | 5,19 | 3,28 | 3,28 | 2,38 | 2,38 | 2,02 | 2,02 |
| | II | 6,77 | 6,77 | 4,92 | 4,92 | 3,58 | 3,58 | 3,03 | 3,03 | 5,25 | 5,19 | 3,28 | 3,28 | 2,38 | 2,38 | 2,02 | 2,02 |
| | III | 6,77 | 6,77 | 4,92 | 4,92 | 3,58 | 3,58 | 3,03 | 3,03 | 5,25 | 5,19 | 3,28 | 3,28 | 2,38 | 2,38 | 2,02 | 2,02 |
| Zweifeldträger | I | 4,27 | 4,27 | 2,60 | 2,60 | 2,02 | 2,02 | 1,78 | 1,78 | 2,76 | 2,76 | 1,89 | 1,89 | 1,51 | 1,51 | 1,34 | 1,30 |
| | II | 4,27 | 4,27 | 2,60 | 2,60 | 2,02 | 2,02 | 1,78 | 1,78 | 2,76 | 2,76 | 1,89 | 1,89 | 1,51 | 1,51 | 1,34 | 1,30 |
| | III | 3,12 | 3,08 | 2,60 | 2,60 | 2,02 | 2,02 | 1,78 | 1,78 | 2,51 | 2,27 | 1,80 | 1,66 | 1,47 | 1,36 | 1,32 | 1,22 |
| Dreifeldträger | I | 4,90 | 4,90 | 3,69 | 3,69 | 2,68 | 2,68 | 2,24 | 2,24 | 3,70 | 3,28 | 2,35 | 2,08 | 1,73 | 1,54 | 1,48 | 1,31 |
| | II | 4,90 | 4,84 | 3,69 | 3,69 | 2,68 | 2,68 | 2,24 | 2,24 | 3,70 | 3,27 | 2,35 | 2,08 | 1,73 | 1,54 | 1,48 | 1,31 |
| | III | 2,72 | 2,68 | 2,67 | 2,62 | 2,62 | 2,56 | 2,24 | 2,24 | 2,57 | 2,54 | 2,35 | 2,08 | 1,73 | 1,54 | 1,48 | 1,31 |

| Bauteil | | \multicolumn{16}{c}{Hoesch-isorock 120 mm (0,75 mm)} |
|---|---|---|---|---|---|---|---|---|---|---|---|---|---|---|---|---|---|
| Gebäudeart | | \multicolumn{8}{c}{geschlossene Gebäude} | | \multicolumn{8}{c}{seitlich offene Gebäude} |
| Höhe über Gelände (m) | | \multicolumn{2}{c}{0…8} | \multicolumn{2}{c}{>8…20} | \multicolumn{2}{c}{>20…100} | \multicolumn{2}{c}{>100} | \multicolumn{2}{c}{0…8} | \multicolumn{2}{c}{>8…20} | \multicolumn{2}{c}{>20…100} | \multicolumn{2}{c}{>100} |
| Gebäudeform | h/a | 0,25 | 0,50 | 0,25 | 0,50 | 0,25 | 0,50 | 0,25 | 0,50 | 0,25 | 0,50 | 0,25 | 0,50 | 0,25 | 0,50 | 0,25 | 0,50 |
| Einfeldträger | I | 7,42 | 7,42 | 4,92 | 4,92 | 3,58 | 3,58 | 3,03 | 3,03 | 5,24 | 5,24 | 3,28 | 3,28 | 2,38 | 2,38 | 2,02 | 2,02 |
| | II | 7,42 | 7,42 | 4,92 | 4,92 | 3,58 | 3,58 | 3,03 | 3,03 | 5,24 | 5,24 | 3,28 | 3,28 | 2,38 | 2,38 | 2,02 | 2,02 |
| | III | 7,42 | 7,42 | 4,92 | 4,92 | 3,58 | 3,58 | 3,03 | 3,03 | 5,24 | 5,24 | 3,28 | 3,28 | 2,38 | 2,38 | 2,02 | 2,02 |
| Zweifeldträger | I | 3,82 | 3,82 | 2,47 | 2,47 | 1,96 | 1,96 | 1,75 | 1,75 | 2,60 | 2,60 | 1,85 | 1,85 | 1,49 | 1,49 | 1,33 | 1,31 |
| | II | 3,82 | 3,82 | 2,47 | 2,47 | 1,96 | 1,96 | 1,75 | 1,75 | 2,60 | 2,60 | 1,85 | 1,85 | 1,49 | 1,49 | 1,33 | 1,31 |
| | III | 3,41 | 3,38 | 2,47 | 2,47 | 1,96 | 1,96 | 1,75 | 1,75 | 2,32 | 2,14 | 1,74 | 1,62 | 1,44 | 1,34 | 1,31 | 1,21 |
| Dreifeldträger | I | 5,37 | 5,37 | 3,69 | 3,69 | 2,55 | 2,55 | 2,14 | 2,14 | 3,71 | 3,28 | 2,33 | 2,09 | 1,70 | 1,54 | 1,47 | 1,32 |
| | II | 5,37 | 5,31 | 3,69 | 3,69 | 2,55 | 2,55 | 2,14 | 2,14 | 3,71 | 3,29 | 2,33 | 2,09 | 1,70 | 1,54 | 1,47 | 1,32 |
| | III | 2,98 | 2,94 | 2,92 | 2,87 | 2,55 | 2,55 | 2,14 | 2,14 | 2,81 | 2,79 | 2,33 | 2,08 | 1,70 | 1,54 | 1,47 | 1,32 |

| Einstufung der Farbtöne in die Farbgruppen | | | |
|---|---|---|---|
| Farbgruppe | I (hell) | II (mittel) | III (dunkel) |
| Temperatur in °C | 55 | 65 | 80 |
| Helligkeitswerte in % | 90 bis 75 | 74 bis 40 | 39 bis 8 |

## 7.4.2 Bemessung für SPS-Elemente mit bauaufsichtlicher Prüfung und Genehmigung

Beispiele für Dachkonstruktionen aus SPS-Elementen mit Typenprüfung sind das Hoesch-isodach® und das THYSSEN-thermodach®.

Bemessungswerte für das Hoesch-isodach TL 75 ($d = 75$ mm; $d_1 = 40$ mm) und
TL 95 ($d = 95$ mm; $d_1 = 60$ mm)

sind in Tabelle 7.6 und 7.7 enthalten. Es gilt der Zulassungsbescheid Z-10.4-152 vom 4. 2. 97 des DIBt.

Für Ein-, Zwei- und Dreifeldträger sind die Schneebelastungen mit zul $s$ in kN/m² abhängig von der Stützweite $L$ und den Nennblechdicken der Außenschale $t_a$ und der Innenschale $t_i$ angegeben. Die Durchbiegung beträgt $\leq L/150$.

Tab. 7.6  Stützweiten für die zulässige Schneebelastung

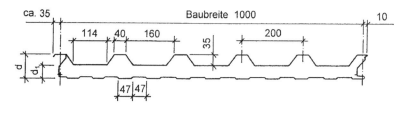

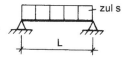

|  | Stützweite $L$ m | | 2,00 | 2,50 | 3,00 | 3,25 | 3,50 | 3,75 | 4,00 | 4,25 | 4,50 | 4,75 | 5,00 | 5,25 | 5,50 | 5,75 | 6,00 |
|---|---|---|---|---|---|---|---|---|---|---|---|---|---|---|---|---|---|
|  | $t_a$ | $t_i$ mm | | | | | | | zul $s$ kN/m² | | | | | | | | |
| TL 75 | 0,63 | 0,55 | 3,14 | 1,93 | 1,15 | 0,90 | 0,70 | | | | | | | | | | |
|  | 0,75 | 0,55 | 3,59 | 2,15 | 1,28 | 0,99 | 0,77 | 0,60 | | | | | | | | | |
|  | 0,88 | 0,55 | 4,07 | 2,37 | 1,41 | 1,09 | 0,85 | 0,66 | | | | | | | | | |
| TL 95 | 0,63 | 0,55 | 3,72 | 2,53 | 1,61 | 1,29 | 1,05 | 0,85 | 0,68 | | | | | | | | |
|  | 0,75 | 0,55 | 4,18 | 2,74 | 1,73 | 1,39 | 1,13 | 0,91 | 0,73 | | | | | | | | |
|  | 0,88 | 0,55 | 4,67 | 2,97 | 1,87 | 1,50 | 1,21 | 0,97 | 0,78 | 0,63 | | | | | | | |

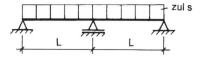

|  | Stützweite $L$ m | | 2,00 | 2,50 | 3,00 | 3,25 | 3,50 | 3,75 | 4,00 | 4,25 | 4,50 | 4,75 | 5,00 | 5,25 | 5,50 | 5,75 | 6,00 |
|---|---|---|---|---|---|---|---|---|---|---|---|---|---|---|---|---|---|
|  | $t_a$ | $t_i$ mm | | | | | | | zul $s$ kN/m² | | | | | | | | |
| TL 75 | 0,63 | 0,55 | 3,14 | 2,24 | 1,70 | 1,50 | 1,33 | 1,19 | 1,07 | 0,96 | 0,87 | 0,79 | 0,71 | | | | |
|  | 0,75 | 0,55 | 3,59 | 2,55 | 1,93 | 1,70 | 1,51 | 1,35 | 1,21 | 1,09 | 0,99 | 0,90 | 0,82 | 0,74 | | | |
|  | 0,88 | 0,55 | 4,07 | 2,87 | 2,16 | 1,90 | 1,69 | 1,51 | 1,36 | 1,22 | 1,11 | 1,01 | 0,92 | 0,83 | 0,71 | | |
| TL 95 | 0,63 | 0,55 | 3,72 | 2,79 | 2,20 | 1,97 | 1,78 | 1,61 | 1,47 | 1,34 | 1,22 | 1,12 | 1,03 | 0,94 | 0,87 | 0,80 | 0,71 |
|  | 0,75 | 0,55 | 4,18 | 3,11 | 2,44 | 2,19 | 1,98 | 1,80 | 1,64 | 1,50 | 1,37 | 1,26 | 1,16 | 1,07 | 0,93 | 0,80 | 0,70 |
|  | 0,88 | 0,55 | 4,67 | 3,44 | 2,69 | 2,42 | 2,18 | 1,98 | 1,80 | 1,65 | 1,51 | 1,39 | 1,28 | 1,09 | 0,94 | 0,81 | 0,70 |

# Stahl-PUR-Sandwichelemente für Dach und Wand

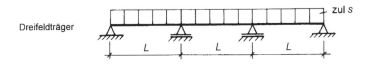
Dreifeldträger

| Stützweite $L$ m | | 2,00 | 2,50 | 3,00 | 3,25 | 3,50 | 3,75 | 4,00 | 4,25 | 4,50 | 4,75 | 5,00 | 5,25 | 5,50 | 5,75 | 6,00 |
|---|---|---|---|---|---|---|---|---|---|---|---|---|---|---|---|---|
| $t_a$ | $t_i$ mm | | | | | | zul $s$ kN/m² | | | | | | | | | |
| TL 75 | 0,63 / 0,55 | 3,14 | 2,24 | 1,70 | 1,50 | 1,33 | 1,19 | 1,07 | 0,96 | 0,87 | 0,79 | 0,71 | | | | |
| | 0,75 / 0,55 | 3,59 | 2,55 | 1,93 | 1,70 | 1,50 | 1,35 | 1,21 | 1,09 | 0,99 | 0,90 | 0,82 | 0,74 | | | |
| | 0,88 / 0,55 | 4,07 | 2,87 | 2,16 | 1,90 | 1,69 | 1,51 | 1,36 | 1,22 | 1,11 | 1,01 | 0,92 | 0,84 | 0,76 | 0,70 | |
| TL 95 | 0,63 / 0,55 | 3,72 | 2,79 | 2,20 | 1,97 | 1,78 | 1,61 | 1,47 | 1,34 | 1,22 | 1,12 | 1,03 | 0,94 | 0,87 | 0,80 | 0,74 |
| | 0,75 / 0,55 | 4,18 | 3,11 | 2,44 | 2,19 | 1,98 | 1,80 | 1,64 | 1,50 | 1,37 | 1,26 | 1,16 | 1,07 | 0,98 | 0,91 | 0,84 |
| | 0,88 / 0,55 | 4,67 | 3,44 | 2,69 | 2,42 | 2,18 | 1,98 | 1,80 | 1,65 | 1,51 | 1,39 | 1,28 | 1,18 | 1,09 | 1,01 | 0,94 |

Tab. 7.7 Maximale Stützenabstände unter Berücksichtigung von Windsog nach DIN 1055-4 (08.86)

| Gebäudeart | | | geschlossen | | | | seitlich offen | | | |
|---|---|---|---|---|---|---|---|---|---|---|
| Höhe über Gelände m | | | < 8 | < 20 | < 100 | > 100 | < 8 | < 20 | < 100 | > 100 |
| Windsog kN/m² | | | 0,30 | 0,48 | 0,66 | 0,78 | 0,80 | 1,28 | 1,76 | 2,08 |
| | $t_a$ | $t_i$ mm | | | | max $L$ m | | | | |
| TL 75 | 0,63 | 0,55 | 6,50 | 5,91 | 4,86 | 4,42 | 4,36 | 3,41 | 2,93 | 2,72 |
| | 0,75 | 0,55 | 6,50 | 5,97 | 4,89 | 4,44 | 4,38 | 3,44 | 2,96 | 2,75 |
| | 0,88 | 0,55 | 6,50 | 6,03 | 4,92 | 4,47 | 4,41 | 3,47 | 2,99 | 2,78 |
| TL 95 | 0,63 | 0,55 | 6,50 | 6,50 | 5,70 | 5,15 | 5,08 | 3,92 | 3,33 | 3,07 |
| | 0,75 | 0,55 | 6,50 | 6,50 | 5,74 | 5,19 | 5,11 | 3,94 | 3,36 | 3,10 |
| | 0,88 | 0,55 | 6,50 | 6,50 | 5,79 | 5,22 | 5,14 | 3,97 | 3,38 | 3,13 |

Für seitlich offene Gebäude sind Kragarme mit einer Länge ≤ 0,25 max $L$ ohne besonderen statischen Nachweis möglich.

Für das THYSSEN-thermodach® gilt folgender Aufbau:

Stahlprofilinnenschale (F2), Polyurethan-Hartschaumkern, Stahltrapezprofil TU 35 als wasserführende Außenschale (F1). Der Polyurethan-Hartschaum gewährleistet einen festen Verbund zwischen Stahltrapezprofil und Stahlprofilinnenschale. In Tab. 7.8 sind das Lieferprogramm und die Abmessungen angegeben. Die zulässigen Stützweiten $L$ sind für Ein- und Mehrfeldträger berechnet. Es gilt der Zulassungsbescheid Nr. Z-10.4-150, THYSSEN- thermodach®, THYSSEN- thermowand® des DIfB.

Für die Farbgruppen gilt:  
I  TC 1015, TC 1023, TC 7035  
TC 9002, TC 9006, TC 9010  
II  TC 1002, TC 3000, TC 5012  
TC 6011, TC 6018, TC 7032  
TC 7037, TC 7038, TC 8004  
III  TC 3009, TC 5009, TC 5010  
TC 7012, TC 7022, TC 8011  

Bei der Ermittlung der zulässigen Stützweiten $L$ wurden die Eigen-, Schnee-, Wind- und Temperaturlast sowie eine Durchbiegung ≤ $L/150$ berücksichtigt.

Die Tabellenwerte gelten für mitteleuropäische Klimaverhältnisse, für normale Raumtemperaturen und für Windlast nach DIN 1055. Die ausreichende Verankerung der Dachelemente mit der Unterkonstruktion ist statisch nachzuweisen. Die nach Zulassung erforderlichen Auflagerdrucknachweise wurden mit den in den Tabellen 7.9 und 7.10 angegebenen Auflagerbreiten geführt.

Tab 7.8 Technische Daten zum THYSSEN-thermodach®

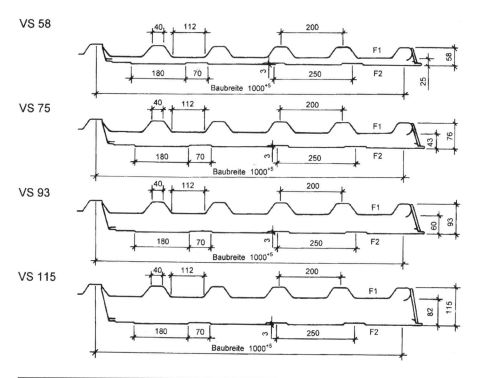

| Typ Bestell-Code | Oberschale Nenndicke $t_N$ mm | Unterschale Nenndicke $t_N$ mm | Eigenlast kN/m² | Lieferlänge von–bis m |
|---|---|---|---|---|
| VS 58 | 0,63 | 0,50 | 0,121 | 2,0–22,4 |
|  | 0,75 | 0,50 | 0,133 | 2,0–22,4 |
| VS 75 | 0,63 | 0,50 | 0,130 | 2,0–24,0 |
|  | 0,75 | 0,50 | 0,142 | 2,0–24,0 |
| VS 93 | 0,63 | 0,50 | 0,137 | 2,0–24,0 |
|  | 0,75 | 0,50 | 0,149 | 2,0–24,0 |
| VS 115 | 0,63 | 0,50 | 0,147 | 2,0–22,4 |
|  | 0,75 | 0,50 | 0,159 | 2,0–24,4 |

Tab.7.9 Zulässige Stützweiten $L$ in m für VS 75 und geschlossene Baukörper nach DIN 1055

| Farb-Gruppe | Schnee-last kN/m² | Statisches System ||||||||||||
|---|---|---|---|---|---|---|---|---|---|---|---|---|
| | | 1-Feldträger Dachhöhe in m über Gelände ||| 2-Feldträger Dachhöhe in m über Gelände ||| 3-Feldträger Dachhöhe in m über Gelände ||| 4-Feldträger Dachhöhe in m über Gelände |||
| | | <8 | <20 | >20 | <8 | <20 | >20 | <8 | <20 | >20 | <8 | <20 | >20 |
| | Auflagerbreiten: Endauflager min $a$ = 40 mm, Zwischenauflager min $b$ = 60 mm |||||||||||||
| I<br>II<br>III | 0,75 | 3,82 | 3,82 | 3,82 | 4,49 | 4,49 | 4,49 | 4,49 | 4,49 | 4,49 | 4,49 | 4,49 | 4,49 |
| | 1,00 | 3,49 | 3,49 | 3,49 | 3,45 | 3,45 | 3,45 | 3,45 | 3,45 | 3,45 | 3,45 | 3,45 | 3,45 |
| | 1,25 | 3,19 | 3,19 | 3,19 | 2,85 | 2,85 | 2,85 | 2,85 | 2,85 | 2,85 | 2,85 | 2,85 | 2,85 |
| | 1,50 | 3,03 | 3,03 | 3,03 | 2,41 | 2,41 | 2,41 | 2,41 | 2,41 | 2,41 | 2,41 | 2,41 | 2,41 |
| | 1,75 | 2,78 | 2,78 | 2,78 | 2,08 | 2,08 | 2,08 | 2,08 | 2,08 | 2,08 | 2,08 | 2,08 | 2,08 |
| | 2,00 | 2,44 | 2,44 | 2,44 | 1,83 | 1,83 | 1,83 | 1,83 | 1,83 | 1,83 | 1,83 | 1,83 | 1,83 |
| | 2,25 | 2,18 | 2,18 | 2,18 | 1,64 | 1,64 | 1,64 | 1,64 | 1,64 | 1,64 | 1,64 | 1,64 | 1,64 |
| | 2,50 | 2,00 | 2,00 | 2,00 | 1,50 | 1,50 | 1,50 | 1,50 | 1,50 | 1,50 | 1,50 | 1,50 | 1,50 |
| | 2,75 | 1,83 | 1,83 | 1,83 | 1,37 | 1,37 | 1,37 | 1,37 | 1,37 | 1,37 | 1,37 | 1,37 | 1,37 |
| | 3,00 | 1,68 | 1,68 | 1,68 | 1,26 | 1,26 | 1,26 | 1,26 | 1,26 | 1,26 | 1,26 | 1,26 | 1,26 |
| | Auflagerbreiten: Endauflager min $a$ = 50 mm, Zwischenauflager min $b$ = 100 mm |||||||||||||
| I<br>II<br>III | 0,75 | 3,82 | 3,82 | 3,82 | 4,93 | 4,93 | 4,93 | 4,93 | 4,93 | 4,93 | 4,93 | 4,93 | 4,93 |
| | 1,00 | 3,49 | 3,49 | 3,49 | 4,26 | 4,26 | 4,26 | 4,26 | 4,26 | 4,26 | 4,26 | 4,26 | 4,26 |
| | 1,25 | 3,19 | 3,19 | 3,19 | 3,75 | 3,75 | 3,75 | 3,75 | 3,75 | 3,75 | 3,75 | 3,75 | 3,75 |
| | 1,50 | 3,01 | 3,01 | 3,01 | 3,36 | 3,36 | 3,36 | 3,36 | 3,36 | 3,36 | 3,36 | 3,36 | 3,36 |
| | 1,75 | 2,86 | 2,86 | 2,86 | 3,05 | 3,05 | 3,05 | 3,05 | 3,05 | 3,05 | 3,05 | 3,05 | 3,05 |
| | 2,00 | 2,75 | 2,75 | 2,75 | 2,80 | 2,80 | 2,80 | 2,80 | 2,80 | 2,80 | 2,80 | 2,80 | 2,80 |
| | 2,25 | 2,60 | 2,60 | 2,60 | 2,59 | 2,59 | 2,59 | 2,59 | 2,59 | 2,59 | 2,59 | 2,59 | 2,59 |
| | 2,50 | 2,42 | 2,42 | 2,42 | 2,42 | 2,42 | 2,42 | 2,42 | 2,42 | 2,42 | 2,42 | 2,42 | 2,42 |
| | 2,75 | 2,26 | 2,26 | 2,26 | 2,26 | 2,26 | 2,26 | 2,26 | 2,26 | 2,26 | 2,26 | 2,26 | 2,26 |
| | 3,00 | 2,09 | 2,09 | 2,09 | 2,09 | 2,09 | 2,09 | 2,09 | 2,09 | 2,09 | 2,09 | 2,09 | 2,09 |
| | Auflagerbreiten: Endauflager min $a$ = 70 mm, Zwischenauflager min $b$ = 70 mm |||||||||||||
| I<br>II<br>III | 0,75 | 3,82 | 3,82 | 3,82 | 4,93 | 4,93 | 4,93 | 4,93 | 4,93 | 4,93 | 4,93 | 4,93 | 4,93 |
| | 1,00 | 3,49 | 3,49 | 3,49 | 4,05 | 4,05 | 4,05 | 4,05 | 4,05 | 4,05 | 4,05 | 4,05 | 4,05 |
| | 1,25 | 3,19 | 3,19 | 3,19 | 3,33 | 3,33 | 3,33 | 3,33 | 3,33 | 3,33 | 3,33 | 3,33 | 3,33 |
| | 1,50 | 3,01 | 3,01 | 3,01 | 2,81 | 2,81 | 2,81 | 2,81 | 2,81 | 2,81 | 2,81 | 2,81 | 2,81 |
| | 1,75 | 2,86 | 2,86 | 2,86 | 2,43 | 2,43 | 2,43 | 2,43 | 2,43 | 2,43 | 2,43 | 2,43 | 2,43 |
| | 2,00 | 2,75 | 2,75 | 2,75 | 2,14 | 2,14 | 2,14 | 2,14 | 2,14 | 2,14 | 2,14 | 2,14 | 2,14 |
| | 2,25 | 2,60 | 2,60 | 2,60 | 1,91 | 1,91 | 1,91 | 1,91 | 1,91 | 1,91 | 1,91 | 1,91 | 1,91 |
| | 2,50 | 2,42 | 2,42 | 2,42 | 1,75 | 1,75 | 1,75 | 1,75 | 1,75 | 1,75 | 1,75 | 1,75 | 1,75 |
| | 2,75 | 2,27 | 2,27 | 2,27 | 1,60 | 1,60 | 1,60 | 1,60 | 1,60 | 1,60 | 1,60 | 1,60 | 1,60 |
| | 3,00 | 2,17 | 2,17 | 2,17 | 1,47 | 1,47 | 1,47 | 1,47 | 1,47 | 1,47 | 1,47 | 1,47 | 1,47 |
| | Auflagerbreiten: Endauflager min $a$ = 200 mm, Zwischenauflager min $b$ = 200 mm |||||||||||||
| I<br>II<br>III | 0,75 | 3,82 | 3,82 | 3,82 | 4,93 | 4,93 | 4,93 | 4,93 | 4,93 | 4,93 | 4,93 | 4,93 | 4,93 |
| | 1,00 | 3,49 | 3,49 | 3,49 | 4,26 | 4,26 | 4,26 | 4,26 | 4,26 | 4,26 | 4,26 | 4,26 | 4,26 |
| | 1,25 | 3,19 | 3,19 | 3,19 | 3,75 | 3,75 | 3,75 | 3,75 | 3,75 | 3,75 | 3,75 | 3,75 | 3,75 |
| | 1,50 | 3,01 | 3,01 | 3,01 | 3,36 | 3,36 | 3,36 | 3,36 | 3,36 | 3,36 | 3,36 | 3,36 | 3,36 |
| | 1,75 | 2,86 | 2,86 | 2,86 | 3,05 | 3,05 | 3,05 | 3,05 | 3,05 | 3,05 | 3,05 | 3,05 | 3,05 |
| | 2,00 | 2,75 | 2,75 | 2,75 | 2,80 | 2,80 | 2,80 | 2,80 | 2,80 | 2,80 | 2,80 | 2,80 | 2,80 |
| | 2,25 | 2,60 | 2,60 | 2,60 | 2,59 | 2,59 | 2,59 | 2,59 | 2,59 | 2,59 | 2,59 | 2,59 | 2,59 |
| | 2,50 | 2,42 | 2,42 | 2,42 | 2,42 | 2,42 | 2,42 | 2,42 | 2,42 | 2,42 | 2,42 | 2,42 | 2,42 |
| | 2,75 | 2,27 | 2,27 | 2,27 | 2,27 | 2,27 | 2,27 | 2,27 | 2,27 | 2,27 | 2,27 | 2,27 | 2,27 |
| | 3,00 | 2,17 | 2,17 | 2,17 | 2,17 | 2,17 | 2,17 | 2,17 | 2,17 | 2,17 | 2,17 | 2,17 | 2,17 |

Tab. 7.10 Zulässige Stützweiten $L$ in m für VS 75 und offene Baukörper nach DIN 1055

| Farb-Gruppe | Schnee-last kN/m² | Statisches System ||||||||||||
| --- | --- | --- | --- | --- | --- | --- | --- | --- | --- | --- | --- | --- | --- |
| | | 1-Feldträger Dachhöhe in m über Gelände ||| 2-Feldträger Dachhöhe in m über Gelände ||| 3-Feldträger Dachhöhe in m über Gelände ||| 4-Feldträger Dachhöhe in m über Gelände |||
| | | < 8 | < 20 | > 20 | < 8 | < 20 | > 20 | < 8 | < 20 | > 20 | < 8 | < 20 | > 20 |
| Auflagerbreiten : Endauflager min $a$ = 40 mm, Zwischenauflager min $b$ = 60 mm |||||||||||||| 
| I II III | 0,75 | 3,67 | 3,44 | 2,91 | 3,82 | 3,33 | 2,91 | 3,82 | 3,44 | 2,91 | 3,82 | 3,44 | 2,91 |
| | 1,00 | 3,38 | 3,30 | 2,91 | 3,06 | 3,00 | 2,86 | 3,06 | 3,00 | 2,86 | 3,06 | 3,00 | 2,86 |
| | 1,25 | 3,13 | 3,08 | 2,94 | 2,65 | 2,52 | 2,44 | 2,65 | 2,52 | 2,44 | 2,65 | 2,52 | 2,44 |
| | 1,50 | 2,94 | 2,89 | 2,81 | 2,26 | 2,16 | 2,11 | 2,26 | 2,16 | 2,11 | 2,26 | 2,16 | 2,11 |
| | 1,75 | 2,63 | 2,56 | 2,49 | 1,97 | 1,92 | 1,87 | 1,97 | 1,92 | 1,87 | 1,97 | 1,92 | 1,87 |
| | 2,00 | 2,33 | 2,28 | 2,22 | 1,75 | 1,71 | 1,66 | 1,75 | 1,71 | 1,66 | 1,75 | 1,71 | 1,66 |
| | 2,25 | 2,10 | 2,05 | 2,00 | 1,57 | 1,54 | 1,50 | 1,57 | 1,54 | 1,50 | 1,57 | 1,54 | 1,50 |
| | 2,50 | 1,90 | 1,86 | 1,82 | 1,43 | 1,40 | 1,37 | 1,43 | 1,40 | 1,37 | 1,43 | 1,40 | 1,37 |
| | 2,75 | 1,74 | 1,71 | 1,67 | 1,30 | 1,28 | 1,26 | 1,30 | 1,28 | 1,26 | 1,30 | 1,28 | 1,26 |
| | 3,00 | 1,63 | 1,59 | 1,55 | 1,22 | 1,19 | 1,16 | 1,22 | 1,19 | 1,16 | 1,22 | 1,19 | 1,16 |
| Auflagerbreiten : Endauflager min $a$ = 50 mm, Zwischenauflager min $b$ = 100 mm ||||||||||||||
| I II III | 0,75 | 3,67 | 3,34 | 2,91 | 4,41 | 3,44 | 2,91 | 4,41 | 3,44 | 2,91 | 4,41 | 3,44 | 2,91 |
| | 1,00 | 3,38 | 3,30 | 2,91 | 3,97 | 3,43 | 2,92 | 3,97 | 3,43 | 2,92 | 3,97 | 3,43 | 2,92 |
| | 1,25 | 3,14 | 3,05 | 2,91 | 3,54 | 3,45 | 2,91 | 3,54 | 3,45 | 2,91 | 3,54 | 3,45 | 2,91 |
| | 1,50 | 2,94 | 2,90 | 2,86 | 3,18 | 3,18 | 2,94 | 3,18 | 3,18 | 2,94 | 3,18 | 3,18 | 2,94 |
| | 1,75 | 2,80 | 2,76 | 2,73 | 2,94 | 2,94 | 2,86 | 2,94 | 2,94 | 2,86 | 2,94 | 2,94 | 2,86 |
| | 2,00 | 2,67 | 2,67 | 2,61 | 2,75 | 2,96 | 2,64 | 2,75 | 2,69 | 2,64 | 2,75 | 2,69 | 2,64 |
| | 2,25 | 2,54 | 2,49 | 2,46 | 2,55 | 2,50 | 2,46 | 2,55 | 2,50 | 2,46 | 2,55 | 2,50 | 2,46 |
| | 2,50 | 2,38 | 2,33 | 2,28 | 2,38 | 2,33 | 2,28 | 2,38 | 2,33 | 2,28 | 2,38 | 2,33 | 2,28 |
| | 2,75 | 2,17 | 2,13 | 2,09 | 2,17 | 2,13 | 2,09 | 2,17 | 2,13 | 2,09 | 2,17 | 2,13 | 2,09 |
| | 3,00 | 2,03 | 1,98 | 1,94 | 2,03 | 1,98 | 1,94 | 2,03 | 1,98 | 1,94 | 2,03 | 1,98 | 1,94 |
| Auflagerbreiten : Endauflager min $a$ = 70 mm, Zwischenauflager min $b$ = 70 mm ||||||||||||||
| I II III | 0,75 | 3,67 | 3,44 | 2,91 | 4,39 | 3,44 | 2,91 | 4,39 | 3,44 | 2,91 | 4,39 | 3,44 | 2,91 |
| | 1,00 | 3,38 | 3,30 | 2,91 | 3,52 | 3,45 | 2,91 | 3,52 | 3,45 | 2,91 | 3,52 | 3,45 | 2,91 |
| | 1,25 | 3,14 | 3,06 | 2,91 | 2,96 | 2,96 | 2,82 | 2,96 | 2,96 | 2,82 | 2,96 | 2,96 | 2,82 |
| | 1,50 | 2,94 | 2,90 | 2,87 | 2,63 | 2,56 | 2,44 | 2,63 | 2,56 | 2,44 | 2,63 | 2,56 | 2,44 |
| | 1,75 | 2,80 | 2,76 | 2,73 | 2,30 | 2,24 | 2,18 | 2,30 | 2,24 | 2,18 | 2,30 | 2,24 | 2,18 |
| | 2,00 | 2,67 | 2,67 | 2,61 | 2,04 | 1,99 | 1,94 | 2,04 | 1,99 | 1,94 | 2,04 | 1,99 | 1,94 |
| | 2,25 | 2,54 | 2,49 | 2,46 | 1,83 | 1,79 | 1,75 | 1,83 | 1,79 | 1,75 | 1,83 | 1,79 | 1,75 |
| | 2,50 | 2,38 | 2,34 | 2,30 | 1,66 | 1,63 | 1,59 | 1,66 | 1,63 | 1,59 | 1,66 | 1,63 | 1,59 |
| | 2,75 | 2,23 | 2,20 | 2,20 | 1,52 | 1,49 | 1,46 | 1,52 | 1,49 | 1,46 | 1,52 | 1,49 | 1,46 |
| | 3,00 | 2,12 | 2,08 | 2,08 | 1,42 | 1,39 | 1,36 | 1,42 | 1,39 | 1,36 | 1,42 | 1,39 | 1,36 |
| Auflagerbreiten : Endauflager min $a$ = 200 mm, Zwischenauflager min $b$ = 200 mm ||||||||||||||
| I II III | 0,75 | 3,67 | 3,44 | 2,91 | 4,41 | 3,44 | 2,91 | 4,41 | 3,44 | 2,91 | 4,41 | 3,44 | 2,91 |
| | 1,00 | 3,38 | 3,31 | 2,91 | 3,97 | 3,43 | 2,92 | 3,97 | 3,43 | 2,92 | 3,97 | 3,43 | 2,92 |
| | 1,25 | 3,14 | 3,06 | 2,91 | 3,54 | 3,45 | 2,91 | 3,54 | 3,45 | 2,91 | 3,54 | 3,45 | 2,91 |
| | 1,50 | 2,94 | 2,90 | 2,87 | 3,18 | 3,18 | 2,94 | 3,18 | 3,18 | 2,94 | 3,18 | 3,18 | 2,94 |
| | 1,75 | 2,80 | 2,76 | 2,73 | 2,94 | 2,94 | 2,86 | 2,94 | 2,94 | 2,86 | 2,94 | 2,94 | 2,86 |
| | 2,00 | 2,67 | 2,67 | 2,61 | 2,75 | 2,69 | 2,64 | 2,75 | 2,69 | 2,64 | 2,75 | 2,69 | 2,64 |
| | 2,25 | 2,54 | 2,49 | 2,46 | 2,55 | 2,50 | 2,46 | 2,55 | 2,50 | 2,46 | 2,55 | 2,50 | 2,46 |
| | 2,50 | 2,38 | 2,34 | 2,30 | 2,38 | 2,34 | 2,30 | 2,38 | 2,34 | 2,30 | 2,38 | 2,34 | 2,30 |
| | 2,75 | 2,23 | 2,20 | 2,20 | 2,23 | 2,20 | 2,20 | 2,23 | 2,20 | 2,20 | 2,23 | 2,20 | 2,20 |
| | 3,00 | 2,12 | 2,08 | 2,08 | 2,12 | 2,08 | 2,08 | 2,12 | 2,08 | 2,08 | 2,12 | 2,08 | 2,08 |

## 7.5 Deckenkonstruktionen mit Stahlblechprofiltafeln an der Unterseite

Mit Stahlblechprofiltafeln als Unterseite von Ortbetondecken können, bei Nutzung ihrer Trageigenschaften, funktionelle, gestalterische und vor allem wirtschaftliche Vorteile erreicht werden.

Sowohl für übliche Geschossdecken aus Deckenplatten, Deckenträgern und Hauptunterzügen als auch für Flachdecken aus Deckenplatten mit eingebetteten Stahlträgern (Slim-floor-Bauweise) werden geringere Eigenlasten als bei konventionellen Deckensystemen erreicht. Das Einschalen der Decken wird vereinfacht, und es geht schneller. Die Decken sind sofort belastbar.

Durch die Wahl des Deckenaufbaues mit geeigneten Dämmstoffen, abgehängter Decke, Fußbodenbelag, Estrich usw. werden die gewünschten und notwendigen Anforderungen an Wärmedämmung, Schallschutz und Brandschutz erfüllt (siehe Abschnitt 2).

Hinsichtlich der tragenden Funktion der STP-Tafeln werden folgende Arten unterschieden:

- Anwendung als verlorene Schalung. Die STP-Tafeln dienen als Schalung für Stahlbetondecken üblicher Bauart. Hierbei können größere Spannweiten überbrückt und die sonst erforderlichen Arbeitsfugen reduziert werden (Abb. 7.11). Die Nennblechdicke $t_N$ muss ≥ 0,75 mm sein.
- Anwendung als tragende Stahltrapezprofildecke
- Anwendung als Stahlverbunddecke mit Stahlblechprofilverbundtafeln als Bewehrung. Hierfür kommen außer Trapezprofilierungen auch andere Profilformen zum Einsatz.

### 7.5.1 Besonderheiten der Stahltrapezprofil-Decken ohne Verbund mit Beton

Bei dieser Deckenart übertragen die STP-Tafeln allein sämtliche Eigen- und Verkehrslasten auf die Bauwerksunterkonstruktion. Der weitere Deckenaufbau, z.B. aus Ortbeton, hat keine tragende Funktion (Abb. 7.12).

Gegenüber den Dach- und Wandkonstruktionen gelten jedoch folgende Einschränkungen:

- Nennblechdicke $t_N$ ≥ 0,88 mm
- Für Einzel- und Linienlasten ist die Lastquerverteilung zu verfolgen. Die Lastquerverteilung darf ohne und mit verteilenden Zwischenschichten nach DIN 18 807-3, Abschnitt 3.1.7 bestimmt werden. Für ausbetonierte Trapezprofile liegt ausreichende Querverteilung vor, wenn die STP-Tafeln oberseitig nur verzinkt sind, die Betonfestigkeitsklasse mindestens B 15 beträgt, die Rippen der STP-Tafeln vollständig mit Beton ausgefüllt sind und die Betondicke über den STP-Tafeln mindestens 50 mm beträgt. Der Aufbeton darf für Querkanäle bis 600 mm Breite unterbrochen werden. Liegen diese Voraussetzungen nicht vor, so kann bei Aufbetonstärken $d$ ≥ 5 cm ausreichende Querverteilung durch Bewehrung rechtwinklig zur Spannrichtung der STP-Tafeln erreicht werden, wenn ihr Durchmesser mindestens 4 mm beträgt und der vorhandene Querschnitt größer als 0,5 cm$^2$/m ist.
- Die Verformungsbegrenzung ist für Geschossdecken mit voll ausbetonierten Rippen und Spannweiten $l$ ≥ 3000 mm unter Verkehrslast $p$ nur im untersuchten Feld ≤ $l/300$. Für sonstige Geschossdecken mit $l$ ≥ 3000 mm ist die maximale Durchbiegung ≤ $l/500$ einzuhalten.

Die Eigenlasten für vollständig mit Beton gefüllte STP-Tafeln können Tab. 7.11 entnommen werden. Decken mit ausreichender Querverteilung der Lasten sind bei Wohnräumen für eine Verkehrslast $p$ = 1,50 kN/m$^2$ zu berechnen. Ohne ausreichende Querverteilung wird $p$ = 2,00 kN/m$^2$.

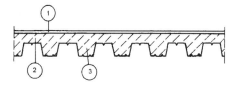

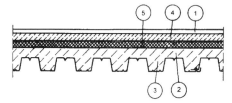

1 Bodenbelag
2 Aufbeton mind. 50 mm
3 Betonfüllung der Rippen
4 Schwimmender Estrich
5 Trittschalldämmung

Abb. 7.11  STP-Tafeln als verlorene Schalung

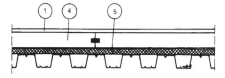

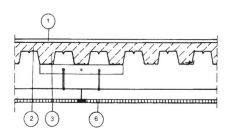

1 Bodenbelag
2 Aufbeton mind. 50 mm
3 Betonfüllung der Rippen
4 Plattenartiger Belag
5 Trittschalldämmung
6 Untergehängte Akustik- oder Brandschutzdecke

Abb. 7.12  Tragende STP-Decke

Sonstige Verkehrslasten richten sich nach DIN 1055-3. Die STP-Tafeln sind für den Montagelastfall mit der vorhandenen Eigenlast und einer zusätzlich wirkenden Verkehrslast $p = 2{,}00$ kN/m² zu bemessen. Bei Durchlaufträgern braucht nur ein Feld belastet zu werden. Stützenmomente werden jeweils aus den belasteten Nachbarfeldern berechnet. Verformungsnachweise sind nicht erforderlich.

Tab. 7.11 Eigenlasten von STP-Tafeln mit Betonfüllung (Positivlage) und 5 cm Aufbeton in kN/m²

| Profil | Blechstärke $t_N$ in mm | | | |
|---|---|---|---|---|
| | 0,75 | 1,00 | 1,25 | 1,50 |
| 35/207 | 1,47 | 1,50 | 1,52 | 1,54 |
| 40/183 | 1,49 | 1,52 | 1,55 | 1,58 |
| 60/200 | 1,73 | 1,76 | 1,79 | 1,81 |
| 80/307 | 1,74 | 1,77 | 1,80 | 1,83 |
| 95/290 | 1,95 | 1,98 | 2,01 | 2,04 |
| 100/275 | 1,97 | 2,00 | 2,03 | 2,06 |
| 100/345 | 1,83 | 1,86 | 1,90 | 1,92 |
| 110/275 | 2,02 | 2,06 | 2,09 | 2,12 |
| 130/275 | 2,15 | 2,19 | 2,22 | 2,25 |
| 150/280 | 2,53 | 2,56 | 2,59 | 2,63 |
| 160/250 | 2,52 | 2,56 | 2,60 | 2,64 |

## 7.5.2 Stahlblechprofil-Betonverbunddecken

Die Verbunddecke wird vor Ort auf den Stahlblechprofilen als Schalung betoniert. Die gesamte Decke wirkt nach dem Abbinden und Erhärten des Betons wie eine Stahlbeton-Verbunddecke, wobei das Stahlblechprofil die untere Bewehrung ganz oder teilweise ersetzt. Die Verbundwirkung wird hauptsächlich durch die besondere Art der Blechprofilierung erreicht. Im Hochbau liegt der Anwendungsbereich der Stahlblechprofil-Betonverbunddecken bei Stützweiten zwischen 6 m und 12 m. Die Verkehrslasten überschreiten 5,0 kN/m² nicht.

Im Industriebau werden in vielen Fällen stützenfreie Räume für einen nutzungsabhängigen, leicht zu verändernden Ausbau gefordert. Bei großzügig geplantem Stützenraster können die Verbunddecken durch gekreuzt übereinander liegende Träger (gestapelte Trägerlage) gestützt werden. Die sich ergebende zusätzliche Bauhöhe kann für das Verlegen von Installationsleitungen parallel zu den Hauptträgern genutzt werden. An die Stützen brauchen nur die Hauptunterzüge angeschlossen zu werden. Trotz größerer Bauhöhe ergeben sich Kosteneinsparungen.

Bei den in Europa gebräuchlichen Stahlblechprofil-Betonverbunddecken sind grundsätzlich zwei Typen zu unterscheiden: Trapezprofile mit Sicken und/oder Noppen einerseits und hinterschnittene Profile (schwalbenschwanzförmig) mit oder ohne Noppen andererseits. Die hinterschnittene Profilform führt zwar zu einem höheren Stahlverbrauch je m² Deckenfläche, sie verhindert aber die Trennung der Stahlblechprofile vom Aufbeton sehr wirksam. Bei glatten Blechen ermöglicht diese Profilform Reibungskräfte und Klemmwirkungen. Sind zusätzliche Noppen eingeprägt, so kommt dazu in der gemeinsamen Verbundfuge ein großer Verschiebewiderstand. Es werden nur Stahlblechprofile bis 85 mm Profilhöhe verwendet. Bei höheren Rippen ist die Dübeltragfähigkeit nicht mehr zu garantieren (Abb. 7.13).

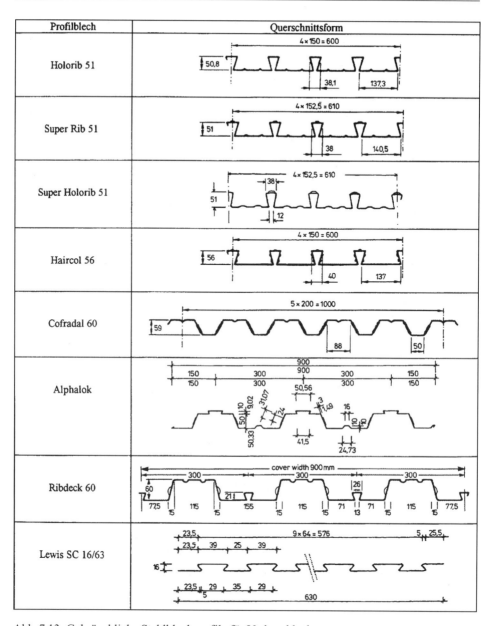

Abb. 7.13 Gebräuchliche Stahlblechprofile für Verbunddecken

In Normen und Richtlinien werden folgende Möglichkeiten, den Verbund wirksam zu sichern, angegeben (Abb.7.14):

1. Verbund durch hinterschnittene Querschnittsformen des Stahlblechprofils. Schubkräfte werden auch ohne zusätzliche mechanische Verdübelung durch Reibung und Klemmwirkung übertragen.

2. Verbund durch im Stahlblechprofil eingeprägte Sicken (quer oder schräg) oder Noppen im Obergurt und/oder in den Stegen des Profilblechs zur mechanischen Verdübelung.

3. Endverankerung durch aufgeschweißte Kopfbolzen oder andere Verbindungsmittel zwischen Beton und Stahlblechprofil (z. B. Setzbolzen), jedoch nur in Verbindung mit 1. oder 2.

4. Endverankerung durch Verformung der Rippen des Stahlblechprofils an den Tafelenden (wie beim so genannten Blechverformungsanker), jedoch nur bei hinterschnittenen Profilen.

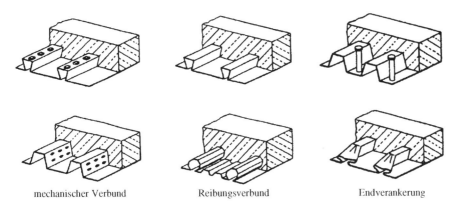

mechanischer Verbund        Reibungsverbund        Endverankerung

Abb. 7.14  Verbundsicherungen

Konstruktionsbeispiele mit Holorib-Elementen zeigen die Abb. 7.15 und 7.16.

Für die Entwurfsplanung ist es wichtig, bereits im Anfangsstadium übersichtliche Entscheidungshilfen benutzen zu können, die eine schnelle und fehlerfreie Vordimensionierung von Decke und Deckenträgern ermöglicht. Es können so auch Varianten untersucht werden.

In *Bode, H.*, Euro-Verbundbau, sind solche Entscheidungshilfen als Bemessungsdiagramme ausgearbeitet. Die Diagramme sind Ergebnisse von Parameterstudien. Sie können bei der Dimensionierung von Einfelddeckenträgern helfen. Für vorgegebene unterschiedliche Verkehrslasten (3,5 kN/m², 5,0 kN/m², 10,0 kN/m²) können in Abhängigkeit von der Trägerstützweite $l$ und dem Trägerabstand $B$, bei Beachtung der Betondeckenstärke $d$, geeignete IPE-Deckenträger ausgewählt werden. Als Anhalt für die Ermittlung der Rohdeckenstärke $d$ hat sich die Beziehung $d \geq 8 + \dfrac{B}{60}$ bewährt ($B$ und $d$ in cm). Auch Hauptunterzüge können so dimensioniert werden. Die IPE-Hauptunterzüge werden abhängig von der Streckenlast $q_d$ (bereits mit dem Sicherheitsfaktor 1,5 multipliziert) und der Stützweite gewählt.

Als feste Größen gehen ein:   Stahlblechprofil   HR 51/150-0,88
                              Betongüte          B 25 (C 25/30)
                              Baustahl           StE 350 (S 350)
                              Bewehrung          BSt 500

148     Konstruktive Gestaltung von Gebäudehüllen und Decken

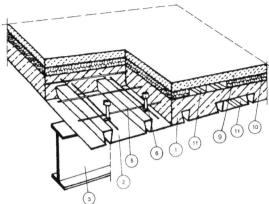

Legende
1 Beton
2 Holorib-Element
3 Unterkonstruktion Stahlträger
4 Unterkonstruktion Stahlbetonbalken
5 Deckenbewehrung
6 Kopfbolzendübel
7 Fixierung der Holorib-Elemente
8 Aufhängung für Installation
9 Estrich
10 Trittschalldämmung
11 Kabelpritsche

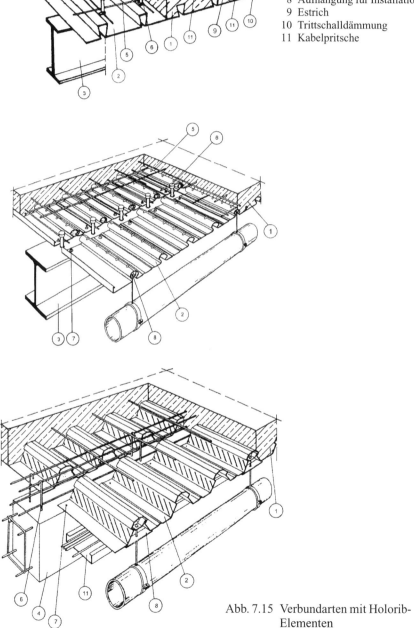

Abb. 7.15  Verbundarten mit Holorib-Elementen

## Deckenkonstruktionen mit Stahlblechprofiltafeln an der Unterseite

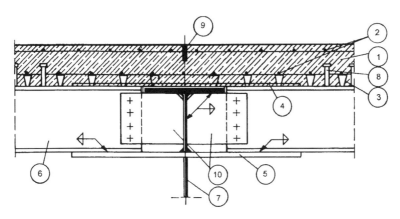

Legende
1 Beton
2 Querbewehrung
3 Holorib-Element
4 Zuglasche
5 Drucklasche
6 Verbundträger, Querträger
7 Hauptträger, Rahmenriegel
8 Kopfbolzendübel
9 Einschnitt und Fugenverguss
10 Anschlussblech

Abb. 7.16 Anschlussdeckenträger – Hauptunterzug mit HOLORIB-Verbund

Eine Verbunddecke muss so bemessen werden, dass in keinem der in Abb. 7.17 markierten Schnitte der Grenzzustand der Tragfähigkeit überschritten wird.

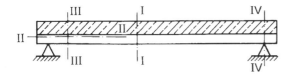

Abb. 7.17 Lage der Schnitte für den Nachweis der Grenztragfähigkeit

Es sind folgende Versagensarten zu unterscheiden:
Schnitt I–I: Biegeversagen im positiven Momentenbereich kann nur bei vollständiger Verdübelung maßgebend werden.
Schnitt II–II: Längsversagen der Verbundfuge. Die Tragfähigkeit begrenzt die maximale Beanspruchbarkeit der Verbundplatte auf Biegung. Die volle Biegetragfähigkeit kann nicht erreicht werden. Es liegt teilweise Verdübelung vor, und es tritt Schlupf in der Verbundfuge auf.
Schnitt III–III: Querkraftversagen im Beton wird nur maßgebend bei Verbundplatten mit geringen Spannweiten unter hohen Einzellasten.
Schnitt IV–IV: Biegeversagen im negativen Momentenbereich des Durchlaufträgers.

Für die in Abb. 7.13 beispielhaft aufgeführten Blechprofile ist zu beachten, dass sie im Endzustand nur nach der jeweils erteilten bauaufsichtlichen Zulassung des Instituts für Bautechnik bemessen werden dürfen. Liegt diese Zulassung nicht vor, so ist die Zustimmung im Einzelfall einzuholen.

Nachfolgend wird für die HOLORIB®-Verbunddecke, Profil 51/150-0,88, gemäß Zulassungsbescheid Nr. Z-26.1-4 (12/91) nach DIN 1045 ein Beispiel gerechnet. Die Berechnung erfogt nach DIN 1045. Es wird das Bemessungsverfahren mit einheitengebundenen Beiwerten für Rechteckquerschnitte ohne Druckbewehrung, beansprucht durch Biegung und Längskraft, angewendet ($k_h$-Verfahren). In Abb. 7.18 ist der Spannungs- und Dehnungsverlauf dargestellt.

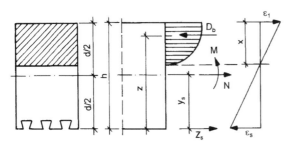

Abb. 7.18
Spannungs- und Dehnungsverlauf für einfachbewehrte Rechteckquerschnitte

Die Abhängigkeiten für die Beiwerte und für die Beanspruchungen lauten:

$$k_x = \frac{\varepsilon_1}{\varepsilon_1 + \varepsilon_s}$$

$$\chi = k_x \cdot h$$

$$z = k_z \cdot h$$

$$y_s = h - \frac{d}{2}$$

$$M_s = M - N \cdot y_s \quad \text{($N$ ist als Druckkraft negativ einzusetzen)}$$

$$k_h = \frac{h}{\sqrt{\dfrac{M_s}{b}}} \quad \text{($h$ in cm, $M_s$ in kNm, $b$ in m)}$$

Die Beiwerte sind für die Betongüten und Betonstahlsorten in Tab. 7.12 angegeben. Die $k_s$-Werte für das HOLORIB-Verbunddeckenprofil nach Abb. 7.19 sind darin mit enthalten. Die erforderliche Bewehrungsfläche beträgt:

$$A_s = k_s \cdot \frac{M_s}{h} + \frac{10 \cdot N}{\sigma_{sU}/\gamma}$$

$A_s$ ergibt sich in cm², wenn $M_s$ in kNm, $h$ in cm, $N$ in kN und $\sigma_{sU}/\gamma$ in MN/m² eingesetzt sind.

Tab. 7.12 Beiwerte für einfachbewehrte Rechteckquerschnitte

| $k_h$ | | | | | $k_s$ für HR-Pofil | $k_s$ | | | $k_x$ | $k_z$ | $\varepsilon$ in ‰ | |
|---|---|---|---|---|---|---|---|---|---|---|---|---|
| B 15 | B 25 | B 35 | B 45 | B 55 | $\beta_s = 280$ MN/m² | BSt 220/340 | BSt 420/500 | BSt 500/550 | | | $\varepsilon_1$ | $\varepsilon_s$ |
| 27,5 | 21,3 | 18,6 | 17,1 | 16,3 | 6,3 | 8,0 | 4,2 | 3,5 | 0,03 | 0,99 | 0,15 | |
| 13,9 | 10,8 | 9,4 | 8,7 | 8,2 | 6,4 | 8,1 | 4,3 | 3,6 | 0,06 | 0,98 | 0,31 | |
| 9,4 | 7,3 | 6,3 | 5,8 | 5,5 | 6,4 | 8,2 | 4,3 | 3,6 | 0,09 | 0,97 | 0,48 | |
| 7,1 | 5,5 | 4,8 | 4,4 | 4,2 | 6,5 | 8,3 | 4,3 | 3,6 | 0,12 | 0,96 | 0,66 | |
| 5,8 | 4,5 | 3,9 | 3,6 | 3,4 | 6,6 | 8,4 | 4,4 | 3,7 | 0,14 | 0,95 | 0,84 | |
| 4,9 | 3,8 | 3,3 | 3,1 | 2,9 | 6,7 | 8,5 | 4,4 | 3,7 | 0,17 | 0,94 | 1,03 | |
| 4,3 | 3,3 | 2,9 | 2,7 | 2,6 | 6,8 | 8,6 | 4,5 | 3,8 | 0,20 | 0,93 | 1,23 | |
| 3,9 | 3,0 | 2,6 | 2,4 | 2,3 | 6,8 | 8,6 | 4,5 | 3,8 | 0,22 | 0,92 | 1,43 | 5,00 |
| 3,5 | 2,7 | 2,4 | 2,2 | 2,1 | 6,8 | 8,7 | 4,6 | 3,8 | 0,25 | 0,91 | 1,64 | |
| 3,3 | 2,5 | 2,2 | 2,0 | 1,9 | 6,9 | 8,8 | 4,6 | 3,9 | 0,27 | 0,90 | 1,85 | |
| 3,1 | 2,4 | 2,1 | 1,9 | 1,8 | 7,0 | 8,9 | 4,7 | 3,9 | 0,29 | 0,89 | 2,07 | |
| 2,9 | 2,3 | 2,0 | 1,8 | 1,7 | 7,1 | 9,0 | 4,7 | 4,0 | 0,31 | 0,88 | 2,28 | |
| 2,8 | 2,2 | 1,9 | 1,7 | 1,7 | 7,1 | 9,1 | 4,8 | 4,0 | 0,33 | 0,87 | 2,50 | |
| 2,7 | 2,1 | 1,8 | 1,7 | 1,6 | 7,2 | 9,2 | 4,8 | 4,1 | 0,35 | 0,86 | 2,73 | |
| 2,6 | 2,0 | 1,8 | 1,6 | 1,5 | 7,4 | 9,4 | 4,9 | 4,1 | 0,37 | 0,85 | 2,96 | |
| 2,5 | 2,0 | 1,7 | 1,6 | 1,5 | 7,5 | 9,5 | 5,0 | 4,2 | 0,39 | 0,84 | 3,21 | |
| 2,46 | 1,90 | 1,66 | 1,53 | 1,45 | 7,5 | 9,6 | 5,0 | 4,2 | 0,412 | 0,829 | 3,50 | 5,00 |
| 2,41 | 1,87 | 1,63 | 1,50 | 1,42 | 7,6 | 9,7 | 5,1 | 4,3 | 0,43 | 0,82 | | 4,58 |
| 2,36 | 1,83 | 1,59 | 1,47 | 1,39 | 7,7 | 9,8 | 5,1 | 4,3 | 0,46 | 0,81 | | 4,15 |
| 2,31 | 1,79 | 1,56 | 1,44 | 1,37 | 7,8 | 9,9 | 5,2 | 4,4 | 0,48 | 0,80 | 3,50 | 3,77 |
| 2,27 | 1,76 | 1,53 | 1,42 | 1,34 | 7,9 | 10,1 | 5,3 | 4,4 | 0,51 | 0,79 | | 3,42 |
| 2,23 | 1,73 | 1,51 | 1,39 | 1,32 | 8,0 | 10,2 | 5,3 | 4,5 | 0,53 | 0,78 | | 3,11 |
| | | $\sigma_{sU}/\gamma$ in MN/m | | | 160 | 126 | 240 | 286 | | | | |

Der Sicherheitsfaktor $\gamma = 1,75$ und $\sigma_{sU} = \beta_s$ gelten für die gesamte Tabelle. Bei Bauteilen mit $h < 10$ cm sind die Schnittgrößen für die Bemessung im Verhältnis

$$\frac{15}{h+5} \quad \text{zu vergrößern.}$$

Für die Beispielrechnung ist als statisches System eine Zweifeldplatte mit $d = 16$ cm und den Stützweiten $2 \times L = 2 \times 5,5$ m angenommen.

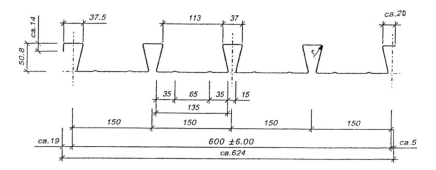

$g = 0{,}135 \text{ kN/m}^2; \quad A = 15{,}62 \text{ cm}^2/\text{m}; \quad I_{ef} = 62{,}19 \text{ cm}^4/\text{m}; \quad i = 2{,}0 \text{ cm};$

$e_o = 3{,}455 \text{ cm}; \quad e_u = 1{,}645 \text{ cm}; \quad r = 4{,}0 \text{ mm}$

| HOLORIB HR 51/150 | Querschnittsfläche $A_s$ in cm²/m | | | $e_u$ in cm |
|---|---|---|---|---|
| | $t_N = 0{,}75$ $t_k = 0{,}71$ | $t_N = 0{,}88$ $t_k = 0{,}84$ | $t_N = 1{,}00$ $t_k = 0{,}96$ | |
| Bei Vollauslastung $h = d - e_u$ | 13,20 | 15,62 | 17,82 | 1,65 |
| Bei ca. 50–80 % Auslastung $h = d - e_u$ | 11,45 10,23 9,00 7,76 | 13,55 12,10 10,64 9,18 | 15,43 13,82 12,16 10,50 | 1,10 0,70 0,35 0,10 |
| Bei ca. 50 % Auslastung $h = d$ | 6,53 | 7,73 | 8,83 | 0 |

Abb. 7.19 Profilwerte HR 51/150

Folgende Einwirkungen:

| | | |
|---|---|---|
| Rohdeckeneigengewicht, Estrich, Unterdecke | $g_1$ = | $4{,}0\,\text{kN/m}^2$ |
| Installation | $g_2$ = | $1{,}5\,\text{kN/m}^2$ |
| Eigenlast | $g$ = | $5{,}5\,\text{kN/m}^2$ |
| Nutzlast | $p$ = | $5{,}0\,\text{kN/m}^2$ |
| Gesamtlast | $q = p + g$ | $= 10{,}5\,\text{kN/m}^2$ |

Als Baustoffe werden verwendet:

- Beton — B 25, gemäß DIN 1045
- Betonstahl — BSt 500/550
- Verbunddeckenprofil — HR 51/150 – 0,88 ($f_y = 28\,\text{kN/cm}^2$)

Es ergeben sich folgende Beanspruchungen:

$$\max M_F = (0{,}070 \cdot 5{,}5 + 0{,}096 \cdot 5{,}0) \cdot 5{,}5^2 = 26{,}17\,\text{kNm/m}$$
$$\max M_{st} = 0{,}125 \cdot (5{,}5 + 5{,}0) \cdot 5{,}5^2 = 39{,}70\,\text{kNm/m}$$
$$\max A = (0{,}375 \cdot 5{,}5 + 0{,}438 \cdot 5{,}5) \cdot 5{,}5 = 23{,}39\,\text{kN/m}$$
$$\max V = 0{,}625 \cdot (5{,}5 + 5{,}0) \cdot 5{,}5 = 38{,}98\,\text{kN/m}$$
$$\text{red}\,M_{st} = 0{,}85 \cdot 39{,}70 = 33{,}75\,\text{kNm/m}$$

$$\text{zugeh}\,B = 10{,}5 \cdot 5{,}5 + 2 \cdot \frac{33{,}75}{5{,}5} = 70{,}02\,\text{kN/m}$$

$$\text{zugeh}\,A = 10{,}5 \cdot 2{,}75 - \frac{33{,}75}{5{,}5} = 22{,}74\,\text{kN/m}$$

$$\text{zugeh}\,V = \frac{70{,}02}{2} = 35{,}01\,\text{kN/m}$$

$$\text{zugeh}\,M_F = \frac{(33{,}742)^2}{2 \cdot (5{,}5 + 5{,}0)} = 24{,}63\,\text{kNm/m}$$

$$\text{red}\,M_{st} = 33{,}75 - 70{,}02 \cdot \frac{0{,}16}{8} = 32{,}35\,\text{kNm/m}$$

(bei einer anrechenbaren Auflagerbreite von 160 mm)

Daraus ergeben sich die Bemessungsschnittgrößen:

$M_r = 26{,}17\,\text{kNm/m}$
$M_{st} = 32{,}35\,\text{kNm/m}$
$A = 22{,}74\,\text{kN/m}$
$V = 35{,}01\,\text{kN/m}$

Nachweis im Feld:

Die Feldlängsbewehrung ist die statisch erforderliche Querschnittsfläche des Verbunddeckenprofils erf $A_s$.

Gewählt:

$e_u = 0{,}7\,\text{cm}$ mit zugehörigem vorh $A_s = 12{,}10\,\text{cm}^2/\text{m}$

$$h = 16{,}0 \text{ cm} - 0{,}7 \text{ cm} = 15{,}3 \text{ cm}$$

$$k_h = \frac{h}{\sqrt{M_F}} = \frac{15{,}3}{\sqrt{26{,}17}} = 2{,}99 \quad \Rightarrow k_s = 6{,}80$$

$$\text{erf } A_s = \frac{M_F}{h} \cdot k_s = \frac{26{,}17}{15{,}30} \cdot 6{,}80 = 11{,}63 \text{ cm}^2/\text{m} \leq 12{,}10 \text{ cm}^2/\text{m} = \text{vorh } A_s$$

Die vorhandene Schlankheit gemäß DIN 1045 ist mit der Ersatzstützweite

$$L_i = 0{,}8 \cdot 550 = 440 \text{ cm und der statischen Deckenstärke}$$

$$h = d - e_u = 16{,}0 - 0{,}7 = 15{,}3 \text{ cm}$$

$$\frac{L_i}{h} = \frac{440}{15{,}3} = 28{,}76 \leq 35$$

Nachweis der Verbundsicherung:

Rechenwerte für die verschiedenen Verbundsicherungsmaßnahmen bei Profil HR 51/150–0,88

| | | |
|---|---|---|
| Flächenverbund | $= Z_{FV}$ | $= 42{,}50$ kN/m² |
| Blechverformungsanker | $= Z_{BVA}$ | $= 36{,}60$ kN/St |
| Setzbolzen | $= Z_{SB}$ | $= 6{,}00$ kN/St |
| Kopfbolzendübel Ø 19 mm | $= Z_{KD}$ | $= 69{,}90$ kN/St |
| vorh $Z_s$ = erf $A_s \cdot \beta_s = 11{,}63 \cdot 28$ | | $= 325{,}64$ kN/m |

Anrechenbares Scherkraftgebiet für den Flächenverbund:

$$L_{FV} = \frac{0{,}8 \cdot L}{2} = \frac{0{,}8 \cdot 5{,}5}{2} = 2{,}20 \text{ m} \quad \text{(Näherung)}$$

$$L_{FV} = \frac{\sqrt{8 \cdot M_F}}{q} \cdot 2 = \frac{\sqrt{8 \cdot 26{,}17}}{10{,}5} \cdot 2 = 2{,}75 \text{ m} \quad \text{(genau)}$$

Die Anzahl der Blechverformungsanker je m beträgt:

$$n_{BVA} = \frac{1}{0{,}15} = 6{,}66$$

Die aufnehmbare Zugkraft wird dann:

$$Z_{FV+BVA} = 2{,}23 \cdot 42{,}5 + 6{,}66 \cdot 36{,}6 = 338{,}53 \text{ kN/m} > 325{,}64 \text{ kN/m} = \text{vorh } Z_s$$

Nachweis über Stütze:

| | |
|---|---|
| Stützbewehrung aus Betonstahl | BSt 500/550 |
| kammartiger Querschnitt | $b_M = 0{,}85$ m/m |
| statische Höhe | $h = 16{,}0 - 2{,}8 = 13{,}20$ cm |

$$k_h = \frac{13{,}2}{\sqrt{\frac{32{,}35}{0{,}85}}} = 2{,}13 \Rightarrow k_s \Rightarrow k_z = 0{,}86$$

$$\text{erf } A_s = \frac{32{,}35 \cdot 4{,}1}{13{,}2} = 10{,}05 \text{ cm}^2$$

gewählt:

2 × R 317 + R 377    (Lagermatten)

vorh $A_s = 2 \cdot 3{,}17 + 3{,}77 = 10{,}11 \text{ cm}^2/\text{m} > 10{,}05 \text{ cm}^2/\text{m} = \text{erf } A_s$

Kleinster kammartiger Querschnitt (lt. Zulassung):

$b_a = 0{,}76 \text{ m/m}$

Maßgebende Querkraft:

$$V = 35{,}01 - 10{,}5 \cdot \left(\frac{0{,}16}{2} + \frac{0{,}145}{2}\right) = 33{,}40 \text{ kN/m}$$

Nachweis der Schubspannung:

$$\text{vorh } \tau = \frac{33{,}40}{0{,}145 \cdot 0{,}88 \cdot 0{,}76} = 344{,}41 \text{ kN/cm}^2 < 500 \text{ kN/cm}^2 = \text{zul } \tau_0$$

Schubdeckung ist nicht erforderlich.

Im vorstehenden Bemessungsbeispiel ist das Holorib-Verbunddeckenprofil nur ca. 75 % ausgelastet.

vorh $Z_s$ ist kleiner als die aufnehmbare Zugkraft durch Flächenverbund (FV) und Blechverformungsanker (BVA) $Z_{FV+BVA}$.

Bei voller Auslastung des HOLORIB®-Verbunddeckenprofils, hier Profil HR 51/150 – 0,88, erf $A_s$ = vorh $A_s$, würde die Verkehrslast bei dem vorstehenden Beispiel ca. 7,0 kN/m² betragen. Die vorhandene Zugkraft ist dann:

vorh $Z_s = A_s \cdot \beta_s = 15{,}62 \cdot 28 = 437{,}36 \text{ kN/m}$

Die vorhandene Zugkraft ist größer als die aufnehmbare Zugkraft $Z_{FV+BVA}$. Es sind also weitere Verbundsicherungsmaßnahmen, wie Setzbolzen, gewindefurchende Schrauben mit oder ohne Kopfbolzen, erforderlich.

$Z_{FV} = 2{,}23 \cdot 42{,}50 \quad\quad = 94{,}80 \text{ kN/m}$
$Z_{BVA} = 6{,}66 \cdot 36{,}60 \quad\quad = 244{,}00 \text{ kN/m}$

$Z_{SB} = \dfrac{3}{0{,}15} \text{ St/m} \cdot 6{,}00 \text{ kN/St} = 120{,}00 \text{ kN/m}$

Es werden 3 Setzbolzen je Rippe bei einem Rippenabstand 150 mm angeordnet.

$Z_{FV+BVA+SB} = 458{,}80 \text{ kN/m} \geq \text{vorh } Z_s = 437{,}36 \text{ kN/m}$

Tab 7.13 Stützenweiten $L$ für Holorib-Profil 51/150 – 0,88 im Betonierzustand

Deckendicke $d$ in cm (von Unterkante Holorib-Profil bis Oberkante Rohbeton)

Lastannahme: $g = 0{,}25\ \text{kN/m}^2 \cdot d$   Auflagerbreite: Endauflager $\geq 40$ mm
$p = 2{,}00\ \text{kN/m}^2$   Mittelauflager $\geq 100$ mm
$q = g + p$   Durchbiegung $\leq L/300$

| $d$ cm | Einfeldträger m | Zweifeldträger m | Dreifeldträger m |
|---|---|---|---|
| 9  | 1,99 | 2,42 | 2,36 |
| 10 | 1,95 | 2,40 | 2,32 |
| 12 | 1,88 | 2,34 | 2,25 |
| 14 | 1,82 | 2,28 | 2,19 |
| 16 | 1,77 | 2,19 | 2,13 |
| 18 | 1,72 | 2,10 | 2,07 |
| 20 | 1,67 | 2,03 | 2,03 |
| 22 | 1,64 | 1,90 | 1,98 |
| 24 | 1,60 | 1,77 | 1,94 |

## 7.6 Allgemeine Bemerkung zu den Konstruktionsbeispielen

Die Anforderungen, Empfehlungen und Konstruktionsskizzen entsprechen dem heutigen Stand der Technik.

Sie sind als Anregung für eine fachgerechte Ausführung gedacht. In Sonderfällen können sowohl weitgehende als auch einschränkende Maßnahmen erforderlich werden. Die Anwendung der Konstruktionsbeispiele befreit nicht von der Verantwortung für eigenes Handeln. Nach den bisherigen Erkenntnissen stellt deren Einhaltung jedoch eine einwandfreie technische Leistung sicher. Irgendwelche einklagbaren Ansprüche können aus ihrer Anwendung nicht abgeleitet werden.

# 8 Hinweise für die Bauausführung

## 8.1 Transport

Der Transport der einbaufertigen Elemente erfolgt meist mit LKW in palettierten Paketen, die mit Rücksicht auf die Baustellenhebezeuge max. 3 t schwer sind. Bei gestapelten Paketen müssen die Holzplatten mit Stahlbandumschnürung übereinander liegen. Bei Profiltafellängen länger als 15 m müssen für den Straßentransport Sondergenehmigungen eingeholt werden.

Jede Versandeinheit ist mit einem Etikett versehen, auf dem folgende Angaben enthalten sind:

- Lieferwerk/Werkskennzeichen
- Stückzahl
- Auftrags- und Positionsnummer
- Profilbezeichnung und Tafellänge
- Blechdicken
- Beschichtung
- Gewicht.

Die Elemente und Zubehörteile sind auf die bestmögliche Art geschützt. Weiterhin erfolgt stets ein sorgfältiges Stapeln. Die Ladung ist gegen Verrutschen gesichert. Die kunststoffbeschichtete Außenseite der Sandwichelemente ist gegen Beschädigung bei Produktion, Lagerung, Transport und Montage durch eine werkseitig aufkaschierte Folie geschützt.

Bauseits ist eine befestigte Zufahrt zur Einbaustelle vorzusehen, die mindestens mit 40-t-Sattelzügen befahren werden kann. Die Ladung muss auf LKW mit Planen transportiert werden und ist bei der Ankunft umgehend auf Vollzähligkeit der Packstücke und auf sichtbare Schäden zu überprüfen. Beanstandungen sind in den Versandpapieren zu vermerken.

## 8.2 Abladen und Lagern

Die Pakete müssen an der Baustelle mit geeigneten Hebezeugen abgeladen werden. Bei kurzen Blechen ist dies sicher durch Gabelstabler möglich, besser aber ist die Verwendung von Kranen. Dabei sind die Tafeln durch Anschlagseile gegen starke Bewegungen durch Windeinfluss zu sichern. Bei Elementlängen über 10,0 m ist zusätzlich eine Traverse zu benutzen.

Falls keine speziellen „Traversen" mit gummierten Hebebändern zur Verfügung stehen, sind beim Abladen mit normalen Anschlagseilen Kantenschutzwinkel an der Oberseite der Pakete anzulegen.

Die symmetrisch angehängten Pakete sollen mit dem Kran zur Lagerstelle nur geschwenkt werden.

Falls die Pakete ohne Zwischenlagerung sofort auf das Dachtragwerk abgelegt werden, hat das im Bereich der Stützen zu erfolgen. Andernfalls ist der für das Bauwerk verantwortliche Bauleiter nach den geeigneten Ablagestellen zu befragen.

Wenn die Stahlprofilbleche nicht umgehend verarbeitet werden, müssen die Pakete vor Witterungseinflüssen geschützt gelagert werden. Die Pakete sollen möglichst in Längsrichtung leicht schräg gelagert werden, damit evtl. eingedrungenes Wasser ablaufen kann.

Werden die Pakete auf geeigneter Fläche abgesetzt, so sind sie gegen Abrutschen zu sichern.

Bei Lagerung im Freien ist eine regendichte, gut durchlüftete Abdeckung der Pakete durch Planen erforderlich (keine Kunststofffolien).

Bei ungeschützten Stapeln kann sich unter Einfluss von Kondens- oder Niederschlagswasser zwischen den verzinkten Profiltafeln infolge unzureichender Luftdurchspülung Weißrost bilden.

Im Gegensatz zur schützenden hellgrauen „Zinkpatina" mit der chemischen Bezeichnung „basisches Zinkcarbonat" ist Weißrost schädlich und kann unter ungünstigen Umständen in kurzer Zeit zum Abtragen der gesamten Zinkschicht mit nachfolgender Rotrostbildung des Stahls führen.

Bei in größerem Umfang vorhandener Weißrostbildung müssen in Abstimmung mit dem Lieferanten geeignete Ausbesserungsmaßnahmen durchgeführt werden.

## 8.3 Kontrollen vor der Verlegung

Die Unterkonstruktion muss vor Verlegung der Profiltafeln auf ihre Beschaffenheit, wie Ebenheit, Rechtwinkligkeit, erforderliche Auflagerbreite usw., überprüft werden.

Die Mindestauflagerbreiten für Stahltrapezprofiltafeln sind in DIN 18 807-3, Tabelle 5 festgelegt.

Für Sandwichkonstruktionen sind gemäß bauaufsichtlicher Zulassung erforderlich:

Endauflager: ≥ 40 mm
Querstoß: ≥ 85 mm
Zwischenauflager: ≥ 60 mm

wenn die statische Berechnung bzw. Ausführungszeichnung nichts anderes vorgibt (Abb 8.1).

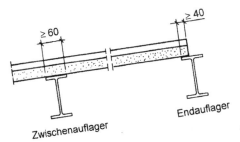

Abb. 8.1  Auflagerbreiten

Zu kontrollieren ist auch, ob nach dem Verlegeplan erforderliche Auswechselungen in der Unterkonstruktion richtig eingebaut sind und ob in den angelieferten STP-Tafeln die Ausschnitte in der Werkstatt eingearbeitet wurden.

Falls Mängel oder Fehler vorhanden sind, die die Verlegung erschweren oder gar unmöglich machen, so ist gem. VOB Teil B §4, Ziffer 3 eine schriftliche Mitteilung an den Auftraggeber mit der Bitte um Nachbesserung erforderlich.

## 8.4 Voraussetzungen zur Verlegung

Mit der Verlegung von Stahltrapezprofil- und Sandwichkonstruktionen sollen nur Firmen betraut werden, die fachlich und personell in der Lage sind, diese Arbeiten nach den anerkannten Regeln der Technik und unter Beachtung der entsprechenden Normen, der behördlichen und sicherheitstechnischen Vorschriften, auszuführen.

Die fachgerechte Montage sichert die Funktionsfähigkeit und Qualität der damit hergestellten Bausysteme für Dächer, Wände und Decken.

Grundsätzlich müssen, außer bei untergeordneten Baumaßnahmen, bei Montagebeginn geprüfte Verlegepläne vorliegen.

Vollständig ausgearbeitete Verlegepläne (Abb. 8.2) für Bedachungen und Wandverkleidungen dienen zur Erleichterung der Montagearbeiten und zur Vorlage bei Prüfstatikern und Baubehörden.

Sie müssen folgende Angaben enthalten :

– Vorgesehene Profiltafeln, mit Profilbezeichnung und Angabe des Herstellers, Nennblechdicken und Lieferlängen
– Statische Systeme für die Profiltafeln
– Montagerichtung
– Vorgesehene Verbindungselemente mit Typenbezeichnung, Anordnung und Abständen, Art der Unterlegscheiben bei Schubfeldern, besondere Montagehinweise je nach Art der Verbindung (z. B. Bohrlochdurchmesser und Anzugsmoment)
– Dübel, Typenbezeichnung, Dübelkennwerte und Bauteilabmessungen wie Achs-, Rand- und Eckabstände, Bohrlochdurchmesser, Verankerungsgrund und Bauteildicke
– Art und Einzelheiten der Unterkonstruktion für die Trapezprofile sowie der Werkstoffe und deren Festigkeiten, Achsabstände, Ausbildung der Auflager, Gefälle, Details von Längs- und Querrändern der Verlegefläche
– Dehnfugen
– Öffnungen in den Verlegeflächen einschließlich erforderlicher Auswechselungen, z. B. für Lichtkuppeln, Rauch- und Wärmeabzugseinrichtungen (RWA), Dachentwässerungen usw.
– Aufbauten oder Abhängungen (z. B. für Rohrleitungen, Kabelbündel, Unterdecken)
– Kennzeichnung der Bereiche mit planmäßiger Schubfeldwirkung
– Statisch wirksame Überdeckung, biegesteife Stöße
– Einschränkungen bezüglich Begehbarkeit der Profiltafeln während der Montage und ggf. während der Aufbringung von Wärmedämmung und Dachabdichtung.

Die Anwendung der Stahltrapezprofile in Dach-, Wand- und Deckensystemen ist durch die Norm Stahltrapezprofile, DIN 18 807-1 und -3, geregelt.

Bauaufsichtliche Zulassungen regeln den Einsatz von SPS-Elementen und STP-Tafeln für Verbunddecken.

Bei der Montage der bauaufsichtlich zugelassenen Bauelemente zu Dach-, Wand- und Decken-Systemen müssen die entsprechenden Zulassungsbescheide auf der Baustelle vorliegen. Dies gilt ebenfalls bei der Verwendung bauaufsichtlich zugelassener Verbindungselemente und Dübel.

Auf Verlangen des Bauherrn oder der Bauaufsicht sind von der ausführenden Firma folgende Nachweise zu erbringen :

– Unbedenklichkeitsbescheinigung der Berufsgenossenschaft, der gesetzlichen Krankenkassen und des Finanzamtes

- Bescheinigung über ausreichenden Versicherungsschutz des Unternehmens
- behördliche Bescheinigung nach dem Arbeitnehmerüberlassungsgesetz für firmenfremdes Personal.

Die Monteure müssen mit der Be- und Verarbeitung von Profiltafeln aus Metall vertraut sein. Neben der fachlichen Qualifikation steht die von den Berufsgenossenschaften geforderte sicherheitstechnische Qualifikation. So muss vom Baustellen-Führungspersonal die Einhaltung der einschlägigen Unfallverhütungsvorschriften überwacht werden.

Außerdem ist die 1975 erschienene Arbeitsstättenverordnung zu beachten. Mit den neuen „Regeln für Sicherheit und Gesundheitsschutz bei der Montage von Profiltafeln", die vom Fachausschuss Bau bei der Berufsgenossenschaftlichen Zentrale für Sicherheit und Gesundheit des Hauptverbandes der gewerblichen Berufsgenossenschaften erarbeitet wurden und seit 1.10.1994 anzuwenden sind, wurde eine einheitliche Auslegung vorhandener Vorschriften für diesen Gewerbezweig festgeschrieben.

Legende zum Verlegeplan (Abb. 8.2) Zeichnung Nr. 9.747

Profiltafeln:

| Hersteller | Profil | A | B |
|---|---|---|---|
| Thyssen Pos. 1 bis Pos.5 | T 135/308/0,88 | RSL | RAL 9002 10-15 $\mu$m |

Statisches System:
    4-Feldträger Achse 1 bis 5 mit biegesteifem Stoß in Achse 2
    3-Feldträger Achse 5 bis 8 Dehnfuge in Achse 5
    Schubfeld zwischen Achse 1 und 2

Montagerichtung:
    von Achse B nach A

Verbindungselemente:

| Verbindung | Typ Bezeichnung |
|---|---|
| Auflager | Setzbolzen HILTI ENP 3–21 L 15 |
| Längsstöße/Randträger | POP Blindniet 4,8–8,1 Monel |

$n = 0,5$    Befestigung in jedem 2. anliegendem Profilgurt
$n = 1,0$    Befestigung in jedem Profilgurt
$n = 2,0$    Befestigung mit 2 Verbindungselementen je anliegendem Profilgurt

Stöße der STP-Tafeln:

    Blindnietabstand $e \leq 666$ mm

Unterkonstruktion:

    Obergurte von Stahlfachwerkbindern

Dachneigung:

    1,15°

Einzelheiten zu den Lichtkuppel- und Gullyöffnungen s. Zeichnung Nr. 9.748

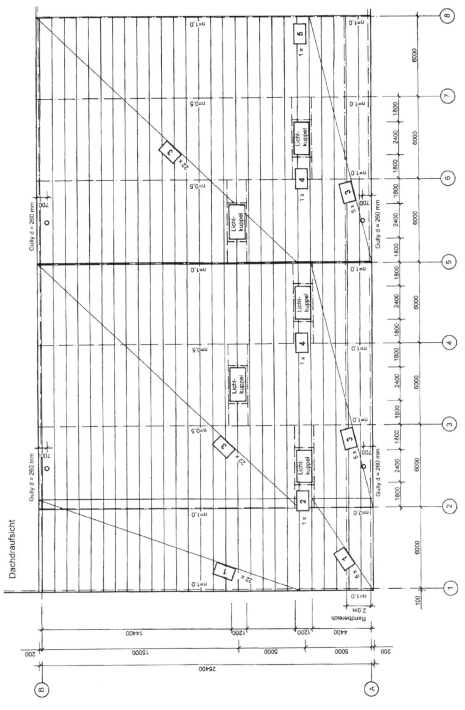

Abb. 8.2 Verlegeplan, Ausschnitt von Zeichnung Nr. 9.747

## 8.5 Verlegevorgang

Das Verlegen der STP-Tafeln kann erst beginnen, wenn ihre Lage durch Markierungen auf der Unterkonstruktion bestimmt ist.

Werden Tafeln ohne Fugenabdeckprofil verlegt, so muss zur Hauptwetterrichtung hin gearbeitet werden. Das erste Element ist auszurichten und zu befestigen. Für die folgenden Elemente können geringe Toleranzen in Querrichtung der Profile, später durch Ziehen und Drücken derselben ausgeglichen werden, wobei insbesondere das Vergrößern der Baubreite nur einige mm pro Blech betragen darf, da sich sonst das Tragverhalten ungünstig verändert.

Die Handhabung der Elemente auf der Dachfläche hat besonders bei beschichteten Oberflächen sehr sorgsam zu erfolgen. Sie dürfen weder auf eine Ecke aufgesetzt noch über die fertige Dachfläche oder die Unterkonstruktion geschleift oder geworfen werden. Die STP-Tafeln werden für Warmdachtragkonstruktionen in Positivlage mit dem Längsstoß unten montiert. Jede einzelne Tafel ist sofort gegen Verschieben und gegen Abheben durch Verbinden mit den Auflagerpunkten zu sichern. Die Verbindung der Bleche untereinander kann später erfolgen.

Für die Befestigung von Sandwichelementen auf der Tragkonstruktion sind grundsätzlich nur bauaufsichtlich zugelassene Verbindungselemente einzusetzen. Dabei sind, je nach Material der Tragkonstruktion, verschiedene Gewindeausführungen erforderlich.

Die Befestigung auf Stahlkonstruktionen kann sowohl durch den Obergurt als auch durch den Untergurt erfolgen. Sind die Elemente länger als 10 m, so darf aus Gründen der Schraubenkopfauslenkung jedoch nur noch durch den Obergurt befestigt werden. Auf Holzkonstruktionen ist grundsätzlich durch den Obergurt zu befestigen.

Die verlegten Elemente dürfen als begehbare Arbeitsbühne genutzt werden, wenn alle Vorsichtsmaßnahmen getroffen worden sind. Die Kriterien für die Tragfähigkeitsversuche zur Begehbarkeit von STP-Tafeln sind in DIN 18 807-2, Abschnitt 7.7 angegeben.

Bei Ablagerung von Einzellasten über 100 kg (Dachbahnen, Behälter usw.) müssen lastverteilende Holzbohlen oder Ähnliches aufgelegt werden.

Die STP-Tafeln geöffneter Profilpakete sind, insbesondere nach Feierabend, gegen Sturm zu sichern. Beschwerung allein genügt im allgemeinen nicht, es müssen Verspannungen durch Seile oder Stricke verwendet werden.

Notwendige Ausschnitte in der Dachfläche für Oberlichte, Entlüftungen und Dachentwässerungen müssen statisch nachgewiesen sein. Die dafür erforderlichen Auswechselungen und Randverstärkungen entsprechen dem Verlegeplan. Die STP-Tafeln sollten mit den vorgesehenen Ausschnitten auf die Baustelle geliefert werden, so dass Baustellenschnitte vermieden werden können.

Erforderliche Schneidarbeiten, z. B. für Ausklinkungen und Anpassarbeiten am Dachrand, erfolgen zweckmäßig durch Geräte, die einen funkenlosen Schnitt erzeugen. Für das Schneiden können Handblechscheren, Knabber, Elektroblechscheren, Stichsägen und Handkreissägen verwendet werden.

Die verwendeten Sägeblätter müssen für den Einsatz geeignet sein. Günstig sind Zahnteilungen um 1 mm. Falls Trennschleifer eingesetzt werden, ist folgendes zu beachten:

– Alle Oberflächen – besonders bei kunststoffbeschichteten Blechen – sind gegen Funkenflug zu schützen.
– An korrosionsgefährdeten Stellen (z. B. Außenbereiche) ist ggf. eine Nachbehandlung der Schnittflächen erforderlich.

Bei Schneid- oder Bohrvorgängen anfallende Späne auf der Oberfläche müssen entfernt werden. Durch Bohrspäne verursachte Beschädigungen der Blechoberflächen können die Quelle späterer Korrosionsschäden sein.

Geringe Abweichungen von der Ebenheit in den ebenen Flächenbereichen der Stahlprofilblechtafeln beeinflussen die Tragfähigkeit oder Dauerhaftigkeit nicht und stellen keinen Mangel in der Leistung dar.

Größere bleibende Verformungen, insbesondere Knicke in den Kanten am Übergang zwischen Gurten und Stegen, können die Tragfähigkeit abmindern. Deshalb muss geprüft werden, ob diese beschädigten Profiltafeln den Anforderungen noch genügen. Mechanische Beschädigungen von Beschichtungen bzw. Lacken können mit lufttrocknenden Lacken ausgebessert werden.

Großflächige Ausbesserungen erfordern in jedem Einzelfall eine sehr sorgfältige Abstimmung des Ausbesserungslacks.

## 8.6 Abnahme nach der Verlegung

Unmittelbar nach Beendigung der Verlegearbeit der Stahlprofilbleche, insbesondere aber vor der Arbeitsaufnahme von Nachfolgegewerken (z. B. Dachdämmungs- und Abdichtungsarbeiten), sollte eine Abnahme, ggf. auch von Teilabschnitten, durchgeführt werden. Wenn vertragliche Vereinbarungen dem entgegenstehen, sollte eine gemeinsame Begehung erfolgen, über die ein Begehungsprotokoll angefertigt wird. Streitigkeiten über die Verursachung bei späteren Mängelrügen und Reklamationen können so vermieden werden.

Stahlprofilblechtafeln, die zur Aussteifung von Gebäuden oder Gebäudeteilen statisch herangezogen werden (Schubfelder), unterliegen besonderen Festlegungen und dürfen nur von Fachkräften nach Anleitung eines Fachingenieurs eingebaut werden. Die ordnungsgemäße und funktionsgerechte Ausführung, insbesondere der Verbindungen, ist in einem Abnahmeprotokoll von dem verantwortlichen Fachingenieur oder vom Bauleiter festzuhalten und durch Unterschrift zu bestätigen.

## 8.7 Regeln für die Sicherheit und den Gesundheitsschutz

Die Grundlage für Sicherheit und Gesundheitsschutz bei der Montage von Profiltafeln bilden die Bestimmungen der VBG 37. Für die praktische Anwendung erfolgt eine Aufbereitung, so dass die Verantwortung der am Bau Beteiligten klar abgegrenzt ist. Dies gilt vor allem für die Verantwortung des Bauherrn,

– eine sachgerechte Leistungsbeschreibung vorzugeben
– die Voraussetzungen an der baulichen Anlage so zu schaffen, dass der Unternehmer die ihm obliegenden Sicherheits- und Gesundheitsschutzpflichten erfüllen kann.

Zur Arbeitsvorbereitung gehört es auch festzustellen, ob auf der Baustelle Personen in anderer Weise gefährdet werden können, zum Beispiel durch elektrische Freileitungen. Die sich daraus ergebenden Maßnahmen müssen vom Unternehmer in die Montageanweisungen einbezogen werden. Für die Montage von Profiltafeln muss an der Montagestelle eine schriftliche Anweisung vorliegen, die alle erforderlichen sicherheitstechnischen Angaben, einschließlich der vom Planer getroffenen Festlegungen, enthält. Dabei geht es um die Übermittlung der Ergebnisse der sicherheitstechnischen Arbeitsvorbereitung an die Monteure. Da jede Montagestelle anders aussieht, kann eine Montageanweisung nicht für mehrere Baustellen angewendet werden.

Die Montage von Profiltafeln darf nur durchgeführt werden, wenn die vorstehend beschriebenen Voraussetzungen an der baulichen Anlage gegeben sind.

Nach der Verdingungsordnung für Bauleistungen (VOB) Teil B hat das ausführende Unternehmen seine Bedenken gegen die vorgesehene Art der Ausführung dem Auftraggeber unverzüglich schriftlich mitzuteilen.

Zu den Einrichtungen für die Montage von Profiltafeln gehören je nach gewähltem Arbeitsverfahren:

– Befestigungen für Seitenschutzbauteile an den Absturzkanten
– Verankerungsmöglichkeiten für Standgerüste
– Befestigungsmöglichkeiten für Auffangnetze
– Voraussetzungen zum Erstellen von Stand-, Hänge- oder Fahrgerüsten.

Für Öffnungen in Dachflächen und für Dachflächen aus nicht begehbaren Bauteilen müssen dauerhafte Einrichtungen geschaffen werden, die ein Abstürzen von Personen verhindern. Dies können beispielsweise ausreichend tragfähige Rundstähle oder Sicherheitsdrahtgitterunterspannungen sein.

Einrichtungen für die Instandhaltung von Wand- und Dachflächen aus Profiltafeln können unter anderem sein:

– 1 m hohe Attiken oder dauerhafte Geländer,
– dauerhafte Möglichkeiten zur Aufnahme von Seitenschutz,
– Verankerungspunkte für Standgerüste in der Außenschale,
– Anschläge für Anseilschutz auf der Dachfläche.

Zu den Nebenleistungen, die auch ohne Erwähnung im Vertrag zu vertraglichen Leistungen gehören, zählen grundsätzlich nach DIN 18 299, Abschnitt 4.1.4 auch die Schutz- und Sicherheitsmaßnahmen nach den Unfallverhütungsvorschriften und den behördlichen Bestimmungen.

Eine ausdrückliche Erwähnung von Nebenleistungen ist dann geboten, wenn die Kosten der Nebenleistungen von erheblicher Bedeutung für die Preisbildung sind.

Dies kommt insbesondere in Betracht

– bei dem Einrichten und Räumen der Baustelle, für Gerüste und besondere Anforderungen an Zufahrt, Lager- und Stellflächen,
– für Art, Lage und Tragfähigkeit von Anschlagpunkten für Schutznetze, Angaben zur Ausführung und besondere Anforderungen an Schutzgerüste und Schutzmaßnahmen.

Demnach müssen Auffangnetze nach DIN 32 767, deren Einbau und Vorhalten nach den Sicherheitsregeln „Auffangnetze" (ZH 1/560) über die geforderte Bauzeit erfolgt, in die Leistungsbeschreibung als eigene Positionen aufgenommen werden. Das gilt auch z. B. für Treppentürme.

Als sicherheitstechnische Vorschriften und Verbandsrichtlinien gelten:

– Unfallverhütungsvorschriften der Bauberufsgenossenschaft
– Allgemeine Vorschriften VBG 1
– Bauarbeiten VBG 37
– Leitern und Tritte VBG 74
– Regeln für Sicherheit und Gesundheitsschutz bei der Montage von Profiltafeln, ZH 1/166, Ausgabe 1. 10. 1994
– IFBS-Richtlinie für die Montage von Stahlprofiltafeln für Dach-, Wand- und Deckenkonstruktionen
– Güte- und Prüfbestimmungen der Gütegemeinschaft Bauelemente aus Stahlblech e. V.
– RAL-RG 617.

# 9 Sonderkonstruktionen

## 9.1 Stahltrapezprofile als Stege zwischen Holzgurten

Seit 1980 gibt es ein besonderes Anwendungsgebiet für Stahltrapezprofilbleche großer Breite und geringer Länge (Höhe).

Als Hybrid-Konstruktion sind Holzbauträger mit Stahlsteg (Nail-Web-Träger) bauaufsichtlich zugelassen (Abb. 9.1).

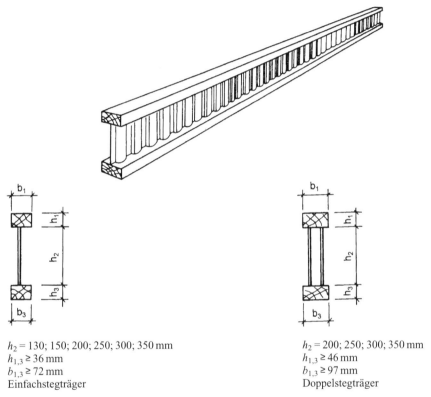

$h_2$ = 130; 150; 200; 250; 300; 350 mm
$h_{1,3} \geq 36$ mm
$b_{1,3} \geq 72$ mm
Einfachstegträger

$h_2$ = 200; 250; 300; 350 mm
$h_{1,3} \geq 46$ mm
$b_{1,3} \geq 97$ mm
Doppelstegträger

Abb. 9.1 Holzbauträger mit Stahlsteg (Nail-Web-Träger)

### 9.1.1 Form der Träger

Der Holzbauträger mit Stahlsteg ist ein gerader I-Träger mit konstantem Querschnitt und besteht beim Nail-Web-Träger aus

- Ober- und Untergurt; Nadelholz der Güteklasse II nach DIN 4074, gehobelt und getrocknet. Die Gurte sind keilgezinkt nach DIN 68 140 Beanspruchungsgruppe I und, falls erforderlich, gegen Insekten- bzw. Pilzbefall chemisch geschützt (DIN 68 800).
- einem oder zwei Stegen aus 0,5 mm Feinblech. Der oder die Stege bestehen aus bandverzinktem, hochfestem, trapezförmig gewelltem Stahlblech. Durch die spezielle Form der Stege wird das Ausbeulen der dünnen Bleche bei einer Schub- oder Biegebelastung verhin-

dert. Allerdings beteiligen sich die Stege dadurch auch nicht an der Übertragung der Biegebeanspruchung, die allein von den Gurten übernommen wird. Die Stege haben an der Ober- und Unterkante ausgestanzte Zähne, die 20 mm tief in das Holz der Gurte eingedrückt werden. Diese Zähne, die alle 50 mm angeordnet sind, bilden im Grundriss ein „S", um ein Aufreißen des Holzes beim Eindrücken zu verhindern (Abb. 9.2).

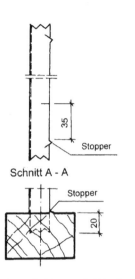

Schnitt A - A

Detail der Stegeindringung in den Gurt

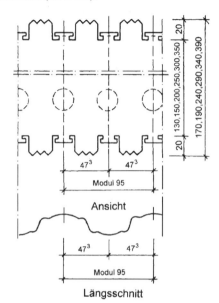

Ansicht

Längsschnitt

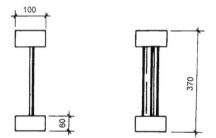

Nail-Web-Träger 370/60-100
Trägerhöhe: 370 mm
Gurthöhe: 60 mm
Gurtbreite: 100 mm

Bezeichnung bei zwei Stegen:
2/370/60-100

Abb. 9.2 Einzelheiten zum Nail-Web-Träger

Dieses Verfahren ist in ganz Europa patentiert (Patent-Nr. 0038830 vom 20. Oktober 1980). Der Nail-Web-Träger ist allgemein bauaufsichtlich zugelassen (Zulassung Z-9.1-262 des DIBt).

## 9.1.2 Herstellung der Träger

Die Verbindung zwischen Steg und Gurt erfolgt durch das Einpressen des Steges in die Gurte. Hierzu sind die Stege an der Ober- und Unterkante so geformt, dass sie in regelmäßigen Abständen von etwas weniger als 50 mm Stegzähne aufweisen. Diese Stegzähne werden ähnlich wie die Nägel einer Nagelplatte in das Holz eingepresst. Die Einpresstiefe beträgt 20 mm.

Da, anders als bei Nagelplatten, die Gefahr besteht, dass die Zähne zu tief ins Holz eingedrückt werden und eventuell die Gurte aufspalten, sind an den Stegen Stopper geformt, die die Eindringtiefe begrenzen. Unterschiedliche Eindringtiefe in den Gurten wird dadurch vermieden. Eine speziell konstruierte Presse ermöglicht es, eine Überhöhung von $l/300$ aufzubringen. Die Länge der herzustellenden Träger ist nur durch die Länge der Gurte beschränkt.

Die Hersteller unterliegen einer Güteüberwachung, die aus Eigen- und Fremdüberwachung besteht. Überprüft werden die Holzart und die Sortierklasse der Gurthölzer, die Holzfeuchte und die Holzabmessungen. Auch die Abmessungen der Stahlstege, die Stahlqualität sowie der Korrosionsschutz der Stege werden laufend überwacht.

### 9.1.3 Anwendung der Träger

Grundsätzlich können Holzbauträger mit Stahlkern überall dort eingesetzt werden, wo auch gewöhnliche Holzbalken aus Nadelholz oder Brettschichtholz zum Einsatz kommen. Das sind Dach-, Decken- und Wandkonstruktionen.

Die Leistungsfähigkeit und damit der wirtschaftlich sinnvolle Einsatz dieser Träger liegt etwa zwischen der Anwendung von Vollholzbalken und Brettschichtholzträgern. Da Nail-Web-Träger in Deutschland allerdings eine neue Trägerbauart darstellen, ist ihre Anwendung durch die allgemeine bauaufsichtliche Zulassung zumindest vorerst auf Dach-, Decken- und Wandkonstruktionen sowie auf den Einsatz als Rippen im Holztafelbau beschränkt. Eine Beschränkung des Anwendungsbereichs existiert auch hinsichtlich des Korrosionsschutzes für die Stege.

Im Freien, in besonders feuchter Umgebung mit relativen Luftfeuchten über 70 % oder bei besonders starker korrosiver Beanspruchung dürfen Nail-Web-Träger nicht eingesetzt werden. Ebenfalls nicht zulässig ist der Einsatz bei Verkehrslasten über 5 kN/m$^2$ oder für Decken unter Büchereien, Archiven und Aktenräumen.

Tab. 9.1 Bemessungsdiagramm für Nail-Web-Doppelstegträger mit Gurten 60/120 mm

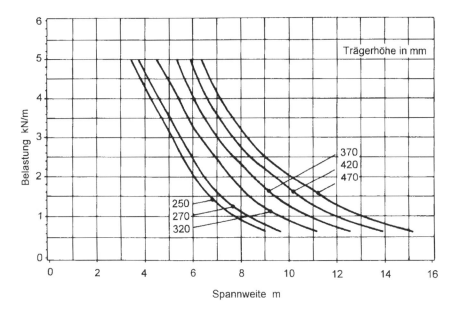

## 9.1.4 Berechnung von Holzträgern mit Stahlkern

Die Berechnung erfolgt nach DIN 1052-1, Abschnitt 8.3 „Biegeträger aus nachgiebig miteinander verbundenen Querschnittsteilen", da die Verbindung zwischen Steg und Gurten nicht starr wie bei einer Leimverbindung, sondern nachgiebig ist, weil es sich um eine mechanische Verbindung handelt. Diese Nachgiebigkeit verursacht bei Belastung des Trägers eine Relativverschiebung zwischen den miteinander verbundenen Einzelquerschnitten. Die im unbelasteten Zustand ebenen Querschnitte bleiben bei Belastung nicht mehr eben, sondern weisen einen Versatz auf (Abb.9.3).

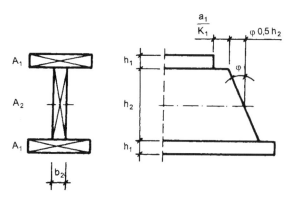

Abb. 9.3 Schematische Darstellung der Verformung eines nachgiebig zusammengesetzten I-Trägers ($a_1$ und $K_1$ nach DIN 1052 ermitteln)

In der Zulassung des DIBt sind die einzuhaltenden Bemessungswerte festgelegt.

Der Abstand $e'$ der Verbindungsmittel beträgt:

| | |
|---|---|
| bei einstegigen Trägern | 47,5 mm |
| bei doppelstegigen Trägern | 23,75 mm |

Angaben zur Nachgiebigkeit der Gurt-Steg-Verbindung von I-Hybrid-Trägern gibt es in DIN 1052 nicht. Die Verschiebungsmodule $C$ wurden aus Versuchsergebnissen abgeleitet:

| | |
|---|---|
| für den Spannungsnachweis ist | $C = 7500$ N/mm |
| für den Durchbiegungsnachweis ist | $C = 2500$ N/mm |

Mit diesen Werten ergeben sich die Fugensteifigkeiten:

| | |
|---|---|
| für den einstegigen Träger | $C/e' = 52{,}6$ N/mm$^2$ |
| für den doppelstegigen Träger | $C/e' = 23{,}75$ N/mm$^2$ |

Für Nadelholz der Güteklasse II beträgt die

| | |
|---|---|
| zulässige Biegerandspannung des Gurtes | zul $\sigma = 10$ N/mm$^2$ |
| und die zulässige Schwerpunktspannung im Gurt | zul $\sigma = 8{,}5$ N/mm$^2$ |

Bei Nail-Web-Trägern ist die aufnehmbare Querkraft durch die Tragfähigkeit der Fuge zwischen Steg und Gurt begrenzt. Die zulässige Schubbeanspruchung ist abhängig von der Gurthöhe in der bauaufsichtlichen Zulassung angegeben.

Der zulässige Schubfluss zul $t$ wird bei einstegigen Trägern

    für die Gurthöhe 36 mm     zul $t$ = 18 N/mm
    für die Gurthöhe > 46 mm     zul $t$ = 21 N/mm

Die zulässige Beanspruchung der Verbindung Gurt – Steg auf Herausziehen beträgt

    zul $p$ = 1,5 kN/m.

Für einen Träger mit vorgegebener Höhe ist die maximale Gesamtlast $P$ nahezu unabhängig von der Trägerlänge. Die zulässige Querkraft wird aus dem zulässigen Schubfluss und dem Schwerpunktabstand $h_o$ der Gurte berechnet. Es gilt:

$P = 2 \cdot Q = 2 \cdot$ zul $t \cdot h_o$

## 9.2 Stahltrapezprofile als Bogendächer

Knitterfrei zu einem Bogen gleicher Krümmung geformte Stahltrapezprofile können frei tragende Überdachungen bilden. Binder und Pfetten sind als Unterkonstruktion nicht erforderlich. Lediglich im Traufbereich, der gleichzeitig Auflagerbereich ist, werden quer zu den gekrümmten Stahltrapezblech-Bogenträgern (-bindern) zusätzlich Stütz- und Verbindungselemente erforderlich. Die Verbindung der Blechtafeln erfolgt an den Rändern „dünn auf dünn". Es entsteht in Dachlängsrichtung von Ortgang zu Ortgang eine gleichmäßige Dachhaut.

Durch die Bandverzinkung und die farbige Kunststoffbeschichtung ist ein sicherer Korrosionsschutz und damit eine lange Lebensdauer gewährleistet.

Mit unterschiedlichen Bogenprofilen, vielen Krümmungsradien und einer umfangreichen Farbpalette gibt dieses Dachsystem Raum für neue Ideen und gestalterische Vielfalt (Abb. 9.4).

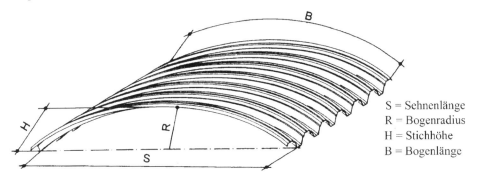

S = Sehnenlänge
R = Bogenradius
H = Stichhöhe
B = Bogenlänge

Abb. 9.4 Bogenmaße

### 9.2.1 Form der Dächer

Das Bogendach kann je nach Einsatzgebiet als ein- oder doppelschaliges Dachsystem ausgeführt werden (Abb. 9.5 und Abb. 9.6).

Einschalig dient die Dachhaut sowohl als Tragsystem als auch als Wetterhaut. Im doppelschaligen Bogendach übernehmen beide Schalen die Tragfunktion. Die dazwischen liegende Wärmedämmschicht kann nach Erfordernis auch Schall- und Brandschutzfunktion erfüllen.

Durch die hervorragenden statischen Eigenschaften des Bogens kann das Bogendach doppelschalig bis zu 24,0 m frei tragend gespannt werden.

Es ist Tragwerk und Dach zugleich. Minimales Konstruktionsgewicht und Gewinn zusätzlicher Nutzfläche bringen beachtliche wirtschaftliche Vorteile.

Die Auswahl der Profile ist abhängig von dem gewünschten Bogenradius sowie von der Spannweite und der zu erwartenden Belastung.

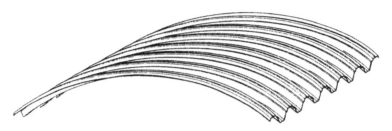

Abb. 9.5  Einschalige Konstruktion

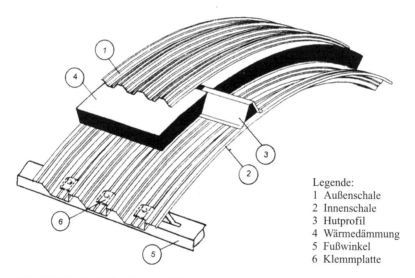

Legende:
1 Außenschale
2 Innenschale
3 Hutprofil
4 Wärmedämmung
5 Fußwinkel
6 Klemmplatte

Abb. 9.6  Zweischalige Konstruktion

Schon für die Vordimensionierung und die wirtschaftliche Profilwahl bieten die Hersteller Computerprogamme an.

Günstige statische Verhältnisse ergeben sich, wenn Spannweite und Bogenradius gleiche Abmessungen haben.

Angaben zu Regelprofilen enthält Abb. 9.7.

Bogenprofil HP 41 B

Verwendungszweck: ausschließlich als innere Bogenschale

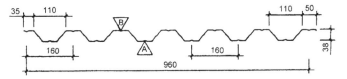

max. Bogenlänge: 16 m

Bogenprofil HP 41 DB

Verwendungszweck: als äußere oder einlagige Bogenschale

max. Bogenlänge: 16 m

| Bauteilbezeichnung | Materialdicke mm | Bogenradius m | Eigengewicht kg/m² |
|---|---|---|---|
| HP 41 DB | 0,75 | ≥ 8,00 | 7,81 |
| HP 41 B | 0,88 | ≥ 6,00 | 9,17 |
|  | 1,00 | ≥ 4,50 | 10,42 |
|  | 1,25 | ≥ 2,50 | 13,02 |
|  | 1,50 | ≥ 2,00 | 15,63 |

Bogenprofil HP 107 DB

Verwendungszweck: als äußere und innere Bogenschale mit größerer Abmessung

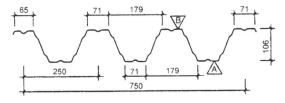

max. Bogenlänge: 24 m

| Bauteilbezeichnung | Materialdicke mm | Bogenradius m | Eigengewicht kg/m² |
|---|---|---|---|
| HP 107 DB | 0,75 | ≥ 30,00 | 10,00 |
|  | 0,88 | ≥ 13,00 | 11,73 |
|  | 1,00 | ≥ 12,00 | 13,33 |
|  | 1,25 | ≥ 11,00 | 16,67 |
|  | 1,50 | ≥ 10,00 | 20,00 |

Abb. 9.7 Regelprofile

## 9.2.2 Konstruktion der Dächer

Die Auflagerung des Bogens kann entweder auf Stahlkonstruktionen, auf Stahlbeton oder auf einer Holzunterkonstruktion erfolgen. Die nach außen gerichteten horizontalen Auflagekräfte werden durch eine steife Unterkonstruktion aufgenommen, oder es werden zusätzlich Zugbänder angeordnet (Abb. 9.8 und Abb. 9.9).

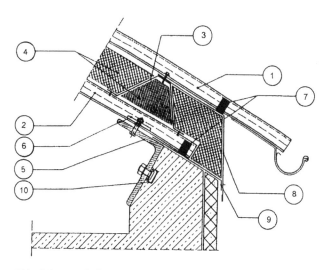

Abb. 9.8 Traufe für Bogendach auf Stahlbetondecke

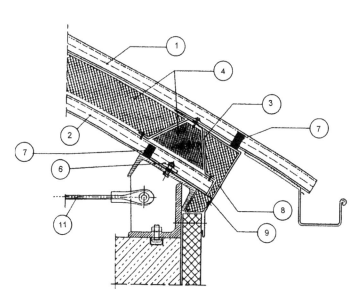

Abb. 9.9 Traufe für Bogendach mit Zugband

Legende zu Abb. 9.8 bis Abb. 9.12:
1 Außenschale
2 Innenschale
3 Hutprofil
4 Wärmedämmung
5 Fußwinkel
6 Klemmplatte
7 Profilfüller
8 Abschlussprofil
9 Winkel
10 Ankerschiene
11 Zugband
12 gebogener Ortgang
13 gebogener Randträger
14 Rinnenunterträger (Stahlkonstruktion)
15 Folienauskleidung
16 Wärmedämmung (trittfest)
17 Notüberlauf
18 Aufsatzkranz
19 Dichtband
20 Einfassprofil
21 Kantenholz

Anschlussformteile unterschiedlichster Art wie z. B. Ortgangabschlüsse stehen als Standard-Formteil für die verschiedenen Bogenkrümmungsradien zur Verfügung. Lasteinleitungen aus den Giebelwänden in die Bogenschalen erfordern eine gesonderte statische Bemessung (Abb. 9.10).

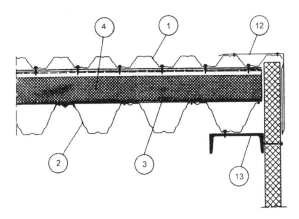

Abb. 9.10  Ortgangausbildung

Für Lichtöffnungen im Bogendach sind integrierte Lichtbandausführungen oder Aufsatzkränze und Zargen für Lichtkuppeln, RWA-Klappen und Lüfter möglich (Abb. 9.11).

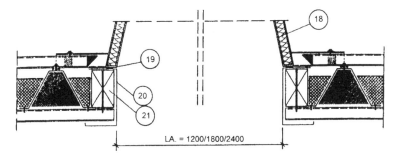

Abb. 9.11  Lichtkuppeleinbau

Lichtkuppeln können nur im Scheitelpunkt des Bogens eingebaut werden. Integrierte Lichtbänder werden mit gebogenen Lichtplatten in Spannrichtung der Bogenschale ausgebildet. Die Breite von Lichtbändern und Lichtkuppeln beträgt max. 1200 mm. Der Abstand der Lichtkuppeln bzw. Lichtbänder untereinander muss größer als 5000 mm sein. In jedem Fall ist eine statische Untersuchung erforderlich.

Das Bogendach kann als einschiffiges oder als mehrschiffiges Dach ausgebildet werden. Die durch Schneesackbildung entstehenden größeren Belastungen sind zu berücksichtigen (Abb. 9.12).

Einfache Tonnengewölbe können auch aus Trägerwellblech hergestellt werden (Abb. 9.13).

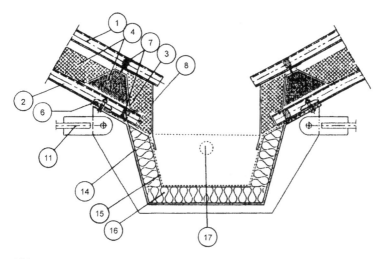

Abb. 9.12 Kehlrinnenausbildung

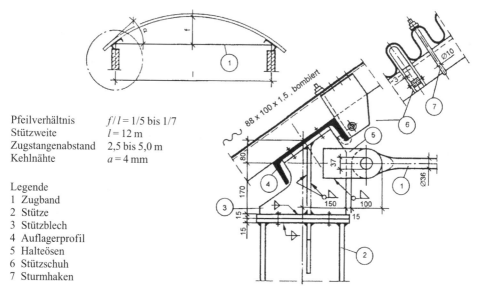

| Pfeilverhältnis | $f/l = 1/5$ bis $1/7$ |
| Stützweite | $l = 12$ m |
| Zugstangenabstand | 2,5 bis 5,0 m |
| Kehlnähte | $a = 4$ mm |

Legende
1 Zugband
2 Stütze
3 Stützblech
4 Auflagerprofil
5 Halteösen
6 Stützschuh
7 Sturmhaken

Abb. 9.13 Tonnengewölbe aus Trägerwellblech

## 9.3 Metalldachdeckung – Stehfalzsystem

Der wesentliche Unterschied der Metalldachdeckung zu Dachkonstruktionen aus STP-Tafeln besteht darin, dass ebene oder vorgefertigte profilierte Stahlblechbänder, Scharen genannt, auf einer statisch wirksamen, geschlossenen Unterkonstruktion verlegt und mit dieser kraftschlüssig verbunden werden. Diese Art der Metalldachdeckung kann auf eine lange Tradition zurückblicken.

Es haben sich verschiedene handwerkliche Verlegetechniken entwickelt. Die heute gebräuchlichste Technik ist das Doppelstehfalzsystem.

Hierbei werden Scharen durch doppeltes Umlegen des Oberstandes der unterschiedlich hohen Aufkantungen miteinander verbunden (Abb. 9.14). Die zwischen den Scharen auf der Schalung befestigten Hafte werden durch das doppelte Verfalzen Bestandteil des Falzsystems, so dass eine kraftschlüssige Befestigung der Blechscharen auf der Unterkonstruktion entsteht. Der Doppelstehfalz ist sehr anpassungsfähig. Bei großflächigen Eindeckungen kann mit Spezialmaschinen rationell gearbeitet werden. Lediglich An- und Abschlüsse bei Traufen, Firsten, Graten, Kehlen und Dachdurchdringungen erfordern Handarbeit.

Die DIN 18 339 schreibt für die Doppelstehfalzdeckung eine Mindestdachneigung von 3° vor. Um ausreichendes und schnelles Abfließen des Wassers zu erreichen, ist aber mindesten 5° Dachneigung zu empfehlen. Auch die Selbstreinigungskraft ist umso kleiner, je geringer das Dach geneigt ist. Die Korrosionsanfälligkeit wird größer.

Die Mindesthöhe des fertigen Stehfalzes ist auf 23 mm festgelegt. Auch hier kann abhängig von der Dachneigung und von den klimatischen Bedingungen ein höherer Fertigfalz sinnvoll sein. Durch den vorgeschriebenen Abstand von 2 bis 3 mm zwischen den Aufkantungen nebeneinander liegender Scharen sollen Zwängungen aus Querdehnung vermieden werden.

Weite Verbreitung hat die Doppelstehfalzdeckung wegen ihrer hohen Dichtheit in regen- und schneereichen Gebieten oder in Gebieten mit rasch wechselnden Wetterlagen gefunden. Bei fachgerechter Verlegung und Wartung kann eine lange Haltbarkeit dieser Dachdeckungsart vorausgesetzt werden.

Die relativ hohen Herstellungskosten werden durch geringe Unterhaltungskosten ausgeglichen. Voraussetzung ist aber, dass das richtige Material verwendet wird. Für Stehfalzdeckung wird üblicherweise die Stahlsorte DX 51D+Z mit einer beiderseitigen Zinkauflage von 275 g/m² nach DIN EN 10 142 eingesetzt. Als Blechdicken kommen 0,6 mm und 0,7 mm in Frage. Die Gesamtschutzdauer des Zinküberzuges kann durch organische Beschichtungen verlängert werden (siehe Abschitt 2.6).

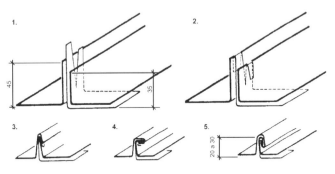

Legende
1. Nach dem Aufnageln oder Aufschrauben der Befestigungswinkel (Hafte) werden die Schare mit 2 bis 3 mm Abstand angelegt.
2. An der unterschiedlich hohen Blechaufkantung werden die Zungen der Hafte abgekantet.
3. Die überstehende Aufkantung wird abgebogen.
4. und 5. zeigen den Abschluss der Doppelfalzung.

Abb. 9.14 Montageablauf der Falzung

# 10 Anhang

Zur Ergänzung der in den Abschnitten 1 bis 9 gemachten Ausführungen sind als Anhang die technischen Daten der STP-Tafeln, SKP-Tafeln und SPS-Elemente aufgeführt. Es wurde für zweckmäßig gehalten, auch die Querschnittswerte für parallelflanschige [ PE-Profile mit aufzunehmen, weil diese noch wenig bekannt sind, in der Anwendung aber Vorteile bieten. Als Auswahl sind die technischen Daten von gängigen Verbindungselementen abgedruckt.

Die Anpassungsrichtlinie Stahlbau vom Mai 1996 wurde im Wortlaut aufgenommen, um die Änderungen, die sich für die DIN 1807 ergeben, sofort zur Hand zu haben.

Eine größere Anzahl von Typenblättern, bereits auf die neuen Bezeichnungen umgestellt, aufzunehmen war leider nicht möglich.

Der letzte Abschnitt enthält die Verzeichnisse, geordnet nach: Normen und Richtlinien, Zulassungen, IFBS-Veröffentlichungen, das Literaturverzeichnis (getrennt nach Zeitschriftenartikeln und Monographien) sowie das Stichwortverzeichnis.

## 10.1 Verzeichnis der Hersteller- und Lieferfirmen

In der nachfolgenden Tabelle werden die Hersteller- und Lieferfirmen

    für Stahltrapez-Tafeln    (STP)
    für Stahlkassettenprofil-Tafeln    (SKP)
    und für Stahl-PUR-Stahl-Elemente    (SPS)
    Stahlsandwichelemente

in alphabetischer Reihenfolge aufgeführt.

Die Liste ist vom Industrieverband zur Förderung des Bauens mit Stahlblech e. V. (IFBS). Die Zugehörigkeit zu den Fachverbänden

                      Bauelemente Herstellung (HB)
        und    Bauelemente Vertrieb (BV)

ist mit angegeben.

Nach der Profilhöhe geordnet sind dann die STP-Tafeln mit Firmen-Profilbezeichnung aufgeführt. Es folgt die Zusammenstellung der SKP-Tafeln und der SPS-Elemente.

# Verzeichnis der Hersteller- und Lieferfirmen

| Lfd. Nr. | Firma | Kurzbe- zeichnung | Fachverband | | Hersteller/Lieferer | | |
|---|---|---|---|---|---|---|---|
| | | | BH | BV | STP | SKP | SPS |
| 1 | Bausysteme Krahl und Partner GmbH Bopserwaldstr. 36, 70184 Stuttgart Tel.: (07 11) 23 88 10, Fax: (07 11) 2 38 81–30 | K + P | | x | x | x | x |
| 2 | BIEBER® Bereich bieberal® 35649 Bischoffen Tel.: (0 64 44) 88–50, Fax: (0 64 44) 88–90 | bi | | x | x | x | x |
| 3 | BPS · Profile + Bauelemente GmbH Lindestr. 8, 57234 Wilnsdorf Tel.: (0 27 37) 9 88–3, Fax: (0 27 37) 9 88–5 00 | BPS | | x | x | x | x |
| 4 | DLW – Metecno GmbH Industriegebiet am Amselberg 99444 Blankenhain Tel.: (0 71 42) 7 16 14, Fax: (0 71 42) 7 17 85 | DLW | x | x | x | x | x |
| 5 | Dörnbach Bauprofile Handelsgesellschaft mbH Siegstr.1, 57250 Netphen – DT Tel.: (02 71) 7 72 73–0, Fax: (02 71) 7 72 73–99 | DP | | x | x | x | x |
| 6 | EKO Bauteile GmbH Werkstr. 16, 15890 Eisenhüttenstadt Tel.: (0 33 64) 37 59 37 + 37 81 57 Fax: (0 33 64) 37 59 61 + 37 59 73 | EKO | x | x | x | x | x |
| 7 | Fischer Profil GmbH Waldstr.67, 57250 Netphen Tel.: (0 27 37) 5 08–0, Fax: (0 27 37) 5 08–1 15 | FI | x | x | x | x | x |
| 8 | Haironville Profilvertrieb GmbH Würmtalstr. 90, 81375 München Tel.: (0 89) 7 41 24–0, Fax: (0 89) 7 41 24–1 10 | HPV | | x | x | x | x |
| 9 | Haironville Austria GmbH Lothringenstr.2, A-4501 Neuhofen/Kr. Vertrieb: Haironville Profilvertrieb | HA | x | | x | x | |
| 10 | Haironville S. A. F-55000 Haironville Vertrieb: Haironville Profilvertrieb | HSA | x | | x | x | x |
| 11 | Haironville Deutschland GmbH Münchner Str., 06796 Brehna Tel.: (03 49 54) 4 55–0, Fax: (03 49 54) 4 55–10 Vertrieb: Haironville Profilvertrieb | HD | x | | x | x | x |
| 12 | Hoesch-Siegerlandwerke GmbH Geisweider Str. 13, 57078 Siegen Tel.: (02 71) 8 08-02, Fax: (02 71) 8 08-4 04/-14 59 | HSW | x | x | x | x | x |
| 13 | INTER PROFILES A/S 8400 Ebeltoft, Dänemark Zweigniederl.: Horner Landstr. 380, 22111 Hamburg Tel.: (0 40) 7 36 03 10, Fax: (0 40) 73 60 31 50 | IP | x | x | x | x | x |

| Lfd. Nr. | Firma | Kurzbe-zeichnung | Fachverband | | Hersteller/Lieferer | | |
|---|---|---|---|---|---|---|---|
| | | | BH | BV | STP | SKP | SPS |
| 14 | Kingspan GmbH<br>Ulmer Str.6/2,<br>89134 Blaustein-Ulm<br>Tel.: (0 73 04) 96 26–0, Fax: (0 73 04) 96 26 96 | KI | | x | x | x | x |
| 15 | Kingspan Building Products Ltd.<br>Kingscourt, Co. Cavan, Ireland<br>Vertrieb: Kingspan GmbH | KI | x | | | | x |
| 16 | Klinger & Partner Profilvertrieb GmbH<br>Limesstr. 91, 81243 München<br>Tel.: (0 89) 8 97 70 80, Fax: (0 89) 87 91 82 | KPM | | x | x | x | x |
| 17 | Maas GmbH „Profil-Partner Süd"<br>Friedrich-List-Str. 25,<br>74532 Ilshofen<br>Tel.: (0 79 04) 97 14–0, Fax: (0 79 04) 97 14–51 | PP | x | x | x | x | x |
| 18 | Metal Profil Belgium, Parc Industriel;<br>Des Hauts-Sarts,<br>B- 4040 Herstal-Liège<br>Vertrieb: Haironville Profilvertrieb | MPB | x | | x | x | |
| 19 | PAB GmbH<br>An der Stetze 12,<br>57223 Kreuztal-Eichen<br>Tel.: (0 27 32) 8 86–0, Fax: (0 27 32) 88 62 00 | PAB | x | x | x | x | x |
| 20 | PAB EST<br>10, rue de Bassin de l'Industrie,<br>F-67017 Strasbourg Cedex<br>Vertrieb: PAB GmbH | PAB | x | | x | x | x |
| 21 | Preussag Stahl AG<br>Eisenhüttenstr. 99,<br>38239 Salzgitter<br>Tel.: (0 53 41) 21–01, Fax: (0 53 41) 21 24 31 | PS | x | x | x | x | x |
| 22 | PROGE Profilverkauf<br>Gehrmann GmbH<br>Marktstr.9, 57078 Siegen<br>Tel.: (02 71) 88 09 00, Fax: 8 80 90 20 + 21 | PROGE | | x | x | x | x |
| 23 | Romakowski GmbH und Co.<br>Herdweg 31,<br>86647 Buttenwiesen-Thürheim<br>Tel.: (0 82 74) 9 99–0, Fax: (0 82 74) 99 91 50 | ROMA | x | x | x | x | x |
| 24 | Friedr. Schrag · Eisen- und<br>Blechwarenfabrik, Mühlenweg 11,<br>57271 Hilchenbach<br>Tel.: (0 27 33) 8 15–0, Fax: (0 27 33) 75 06 | FSH | | x | x | x | x |
| 25 | Straßburger Stahlkontor GmbH<br>Bierkellerstr. 21,<br>77694 Kehl am Rhein<br>Tel.: (0 78 51) 7 98–0, Fax: (0 78 51) 7 57 64 | SSK | | x | x | x | x |
| 26 | Thyssen Bausysteme GmbH<br>Hagenstr.2,<br>46535 Dinslaken<br>Tel.: (0 20 64) 68–0,<br>Fax: (0 20 64) 5 43 63 u. 5 67 01 | TBS | x | x | x | x | x |

| Lfd. Nr. | Firma | Kurzbe-zeichnung | Fachverband | | Hersteller/Lieferer | | |
|---|---|---|---|---|---|---|---|
| | | | BH | BV | STP | SKP | SPS |
| 27 | Rudolf Wiegmann Umformtechnik KG<br>Industriegebiet Ost,<br>49593 Bersenbrück<br>Tel.: (0 54 39) 9 50–0, Fax: (0 54 39) 9 50–1 00 | RWU | | x | x | x | x |
| 28 | Georg Wurzer<br>Bauartikel · Trapezprofile<br>Ziegeleiweg 6,<br>86444 Affing bei Augsburg<br>Tel.: (0 82 07) 8 99–0, Fax: (0 82 07) 8 99–62 | WU | x | x | x | x | x |

## 10.1.1 Stahltrapezprofile

| | Hersteller | Firmen-Profil-bezeichnung | Abmessungen nach DIN 18 807 $h/b_R$ [1] mm / mm | Profilquerschnitt[1] Maße in mm | Blech-dicke $t_N$ mm |
|---|---|---|---|---|---|
| | 1 | 2 | 3 | 4 | 5 |
| 1 | PP | 20–70 | 21/75 | | 0,50<br>0,63<br>0,75 |
| 2 | IP | 19/154 | 17,7/153,5 | | 0,50<br>0,60 |
| 3 | PP | 22–214 | 22/214 | | 0,50<br>0,63<br>0,75 |
| 4 | EKO | EKO 25 | 25/167 | | 0,63<br>0,75<br>0,88 |
| 5 | FI<br>PAB | 30/220<br>30/220 | 26/220<br>26/220 | | 0,63<br>0,75<br>0,88<br>1,00<br>1,25 |

| | Hersteller | Firmen-Profil-bezeichnung | Abmessungen nach DIN 18 807 $h/b_R$ [1)] mm / mm | Profilquerschnitt[1)] Maße in mm | Blechdicke $t_N$ mm |
|---|---|---|---|---|---|
| | 1 | 2 | 3 | 4 | 5 |
| 6 | HA<br>HD<br>HSA | 32/207 B<br>32/207 B<br>32/207 B | 32/207<br>32/207<br>32/207 | 106, 101; 32; 174, 33, 207; 1035 | 0,63<br>0,75<br>0,88<br>1,00 |
| 7 | FI<br>HSW | 32/207<br>E 35 | 32/207[2)]<br>32/207[2)] | 119, 88; 32; 207, 40; 1035 | 0,63<br>0,75<br>0,88<br>1,00<br>1,25 |
| 8 | MPB | 43/207 B | 35/207 | 110, 97; 35; 207, 40, 167; 1035 | 0,63<br>0,75<br>0,88<br>1,00 |
| 9 | EKO<br>IP<br>PAB<br>PP<br>PS<br>TBS<br>WU | EKO 35<br>35/207<br>35/207<br>35/207<br>PS 35<br>T 35<br>35/207 | 35/207<br>35/207<br>35/207<br>35/207<br>35/207<br>35/207<br>35/207 | 119, 88; 35; 167, 40, 207; 1035 | 0,63<br>0,75<br>0,88<br>1,00<br>1,13<br>1,25<br>1,50 |
| 10 | MPB | 37/193 | 37/193 | 130, 63; 37; 193, 23, 170; 965 | 0,63<br>0,75<br>0,88<br>1,00 |
| 11 | HA<br>HD<br>HSA | 39/183 B<br>39/183 B<br>39/183 B | 39/183<br>39/183<br>39/183 | 111, 72; 39; 145, 38, 183; 915 | 0,63<br>0,75<br>0,88<br>1,00 |

| | Hersteller | Firmen-Profil-bezeichnung | Abmessungen nach DIN 18 807 $h/b_R$ [1] mm / mm | Profilquerschnitt[1] Maße in mm | Blechdicke $t_N$ mm |
|---|---|---|---|---|---|
| | 1 | 2 | 3 | 4 | 5 |
| 12 | PP | 40–100 | 38/100 | | 0,50<br>0,63<br>0,75 |
| 13 | HA<br>HD<br>HSA | 39/333 T<br>39/333 T<br>39/333 T | 39/333,3<br>39/333,3<br>39/333,3 | | 0,63<br>0,75<br>0,88<br>1,00 |
| 14 | EKO<br>IP<br>PAB<br>PP<br>PS<br>TBS<br>WU | EKO 40<br>40/183<br>E 40[2]<br>40/183<br>40/183<br>PS 40<br>40/183 | 40/183<br>40/183<br>49/183<br>40/183<br>40/183<br>40/183<br>40/183 | | 0,63<br>0,75<br>0,88<br>1,00<br>1,13<br>1,25<br>1,50 |
| 15 | TBS | T 40 | 41/183 | | 0,75<br>0,88<br>1,00<br>1,13<br>1,25<br>1,50 |
| 16 | EKO<br>FI<br>HSW<br>PAB<br>PS | EKO 40 S<br>40/183 S<br>E 40 S<br>40/183 S<br>PS 40 S | 40/183 S<br>40/183 S<br>40/183 S<br>40/183 S<br>40/183 S | | 0,75<br>0,88<br>1,00<br>1,13<br>1,25<br>1,50 |
| 17 | MPB | 42/333 S | 42/333,3 | | 0,63<br>0,75<br>0,88<br>1,00 |

| | Hersteller | Firmen-Profil-bezeichnung | Abmessungen nach DIN 18 807 $h/b_R$ [1] mm / mm | Profilquerschnitt[1] Maße in mm | Blechdicke $t_N$ mm |
|---|---|---|---|---|---|
| | 1 | 2 | 3 | 4 | 5 |
| 18 | HSA | 44/180 | 44/180 | | 0,63<br>0,75<br>0,88<br>1,00 |
| 19 | PAB | 45/333,3 | 45/333,3 | | 0,63<br>0,75<br>0,88<br>1,00<br>1,25 |
| 20 | HSW<br>PS<br>WU | E 50<br>PS 50<br>50/250 | 48,5/250<br>48,5/250<br>48,5/250 | | 0,63<br>0,75<br>0,88<br>1,00<br>1,25<br>1,50 |
| 21 | HSA | 50/250 T | 48,5/250 | | 0,75<br>0,88<br>1,00 |
| 22 | EKO | EKO 50 | 49/262,5 | | 0,75<br>0,88<br>1,00 |
| 23 | FI | 50/250 | 50/250 | | 0,63<br>0,75<br>0,88<br>1,00<br>1,25<br>1,50 |

| | Hersteller | Firmen-Profil-bezeichnung | Abmessungen nach DIN 18 807 $h/b_R$ [1] mm / mm | Profilquerschnitt[1] Maße in mm | Blechdicke $t_N$ mm |
|---|---|---|---|---|---|
| | 1 | 2 | 3 | 4 | 5 |
| 24 | MPB | 59/250 | 59/210 | (147, 63; 59; 185, 25, 210; 840) | 0,75<br>0,88<br>1,00<br>1,25 |
| 25 | HSA | 75/305 | 75/305 | (147, 158; 75; 265, 40, 305; 915) | 0,75<br>0,88<br>1,00<br>1,25 |
| 26 | PAB | 77/301 | 77/301 | (168, 133; 77; 261, 40, 301; 903) | 0,75<br>0,88<br>1,00<br>1,13<br>1,25<br>1,50 |
| 27 | HSA | WU | 80/307 | (175, 132; 80; 267, 40, 307; 922) | 0,75<br>0,88<br>1,00<br>1,13<br>1,25<br>1,50 |
| 28 | MPB | 80/305 | 80/305 | (145, 160; 80; 265, 40, 305; 915) | 0,75<br>0,88<br>1,00<br>1,25<br>1,50 |
| 29 | TBS | T 85 N | 85/280 | (161, 119; 84,4; 280, 40, 240; 1120) | 0,75<br>0,88<br>1,00<br>1,13<br>1,25<br>1,50 |

| | Hersteller | Firmen-Profil-bezeichnung | Abmessungen nach DIN 18 807 $h/b_R$ [1] mm/mm | Profilquerschnitt[1] Maße in mm | Blech-dicke $t_N$ mm |
|---|---|---|---|---|---|
| | 1 | 2 | 3 | 4 | 5 |
| 30 | EKO<br>HSW<br>PS | EKO 85<br>E 85<br>PS 85 | 83/280<br>83/280<br>83/280 | | 0,75<br>0,88<br>1,00<br>1,13<br>1,25<br>1,50 |
| 31 | HSA | 80/325 | 83/325 | | 0,75<br>0,88<br>1,00<br>1,25 |
| 32 | FI | 90/305 | 90/305 | | 0,75<br>0,88<br>1,00<br>1,25<br>1,50 |
| 33 | PAB | 95/305 | 96/305 | | 0,75<br>0,88<br>1,00<br>1,25<br>1,50 |
| 34 | PAB | 100/300 | 97/300 | | 0,75<br>0,88<br>1,00<br>1,25<br>1,50 |
| 35 | TBS | T 98 | 99,8/285 | | 0,75<br>0,88<br>1,00<br>1,13<br>1,25<br>1,50 |

| | Hersteller | Firmen-Profil-bezeichnung | Abmessungen nach DIN 18807 $h/b_R$ [1] mm / mm | Profilquerschnitt [1] Maße in mm | Blech-dicke $t_N$ mm |
|---|---|---|---|---|---|
| | 1 | 2 | 3 | 4 | 5 |
| 36 | EKO<br>FI<br>MPB<br>PS<br>WU | EKO 100<br>100/275<br>100/275<br>PS 100<br>100/275 | 100/275[2]<br>100/275[2]<br>100/275[2]<br>100/275[2]<br>100/275[2] | | 0,75<br>0,88<br>1,00<br>1,13<br>1,25<br>1,50 |
| 37 | HSW | E 100 | 101/275[2] | | 0,75<br>0,88<br>1,00<br>1,25<br>1,50 |
| 38 | TBS | T 100 N | 102,6/275[2] | | 0,75<br>0,88<br>1,00<br>1,13<br>1,25<br>1,50 |
| 39 | HSA | 105/345 | 105/345[2] | | 0,75<br>0,88<br>1,00<br>1,25 |
| 40 | FI<br>HSW | 106/250<br>E 106 | 106/250[2]<br>106/250[2] | | 0,75<br>0,88<br>1,00<br>1,25<br>1,50 |
| 41 | PAB | 107/339 | 107/339 | | 0,75<br>0,88<br>1,00<br>1,25<br>1,50 |

| | Hersteller | Firmen-Profil-bezeichnung | Abmessungen nach DIN 18 807 $h/b_R$ [1) mm / mm | Profilquerschnitt[1)] Maße in mm | Blech-dicke $t_N$ mm |
|---|---|---|---|---|---|
| | 1 | 2 | 3 | 4 | 5 |
| 42 | TBS | T 106 | 108,2/250 | | 0,75<br>0,88<br>1,00<br>1,13<br>1,25<br>1,50 |
| 43 | TBS | T 108 | 108/354[2)] | | 0,75<br>0,88<br>1,00<br>1,13<br>1,25<br>1,50 |
| 44 | PAB | 115/275 | 111/275[2)] | | 0,75<br>0,88<br>1,00<br>1,25<br>1,50 |
| 45 | WU | 125/300 | 127/300 | | 0,75<br>0,88<br>1,00<br>1,25<br>1,50 |
| 46 | TBS | T 126 | 126/326 | | 0,75<br>0,88<br>1,00<br>1,13<br>1,25<br>1,50 |
| 47 | PAB | 130/294 | 130/294 | | 0,75<br>0,88<br>1,00<br>1,25<br>1,50 |

| | Hersteller | Firmen-Profil-bezeichnung | Abmessungen nach DIN 18 807 $h/b_R$ [1] mm / mm | Profilquerschnitt[1] Maße in mm | Blech-dicke $t_N$ mm |
|---|---|---|---|---|---|
| | 1 | 2 | 3 | 4 | 5 |
| 48 | FI<br>HD<br>HSA<br>MPB<br>PAB<br>WU | 135/310<br>135/310<br>135/310<br>135/310<br>135/310<br>135/310 | 137/310[2]<br>137/310[2]<br>137/310[2]<br>137/310[2]<br>137/310[2]<br>137/310[2] | 145 165 / 135 / 270 40 310 / 930 | 0,75<br>0,88<br>1,00<br>1,13<br>1,25<br>1,50 |
| 49 | EKO<br>HSW | EKO 135<br>E 135 | 137/310[2]<br>137/310[2] | 144 166 / 137 / 310 43 / 930 | 0,75<br>0,88<br>1,00<br>1,13<br>1,25<br>1,50 |
| 50 | TBS | T 135 | 137,8/308[2] | 142 166 / 137,8 / 40 308 / 924 | 0,75<br>0,88<br>1,00<br>1,13<br>1,25<br>1,50 |
| 51 | FI | 144/287 | 144/287 | 119 168 / 144 / 287 60 / 860 | 0,75<br>0,88<br>1,00<br>1,25<br>1,50 |
| 52 | EKO<br>FI<br>HA<br>HSA<br>HSW<br>MPB<br>PAB<br>PS<br>WU | EKO 150<br>150/280<br>150/280<br>150/280<br>E 150<br>150/280<br>150/280<br>PS 150<br>150/280 | 153/280[2]<br>153/280[2]<br>153/280[2]<br>153/280[2]<br>153/280[2]<br>153/280[2]<br>153/280[2]<br>153/280[2]<br>153/280[2] | 119 161 / 153 / 239 41 280 / 840 | 0,75<br>0,88<br>1,00<br>1,13<br>1,25<br>1,50 |

| | Hersteller | Firmen-Profil-bezeich-nung | Abmessun-gen nach DIN 18 807 $h/b_R$ [1] mm / mm | Profilquerschnitt[1] Maße in mm | Blech-dicke $t_N$ mm |
|---|---|---|---|---|---|
| | 1 | 2 | 3 | 4 | 5 |
| 53 | TBS | T 150 | 155/280[2] | | 0,75<br>0,88<br>1,00<br>1,13<br>1,25<br>1,50 |
| 54 | EKO<br>HSW<br>PAB<br>PS | EKO 160<br>E 160<br>160/250<br>PS 160 | 158/250[2]<br>158/250[2]<br>158/250[2]<br>158/250[2] | | 0,75<br>0,88<br>1,00<br>1,13<br>1,25<br>1,50 |
| 55 | TBS | T 170 | 161,5/250[2] | | 0,75<br>0,88<br>1,00<br>1,13<br>1,20<br>1,50 |
| 56 | FI | 165/250 | 163/250 | | 0,75<br>0,88<br>1,00<br>1,25<br>1,50 |
| 57 | HSA | 170/250 | 165/250 | | 0,75<br>0,88<br>1,00<br>1,25 |

| | Hersteller | Firmen-Profil-bezeichnung | Abmessungen nach DIN 18 807 $h/b_R$ [1] mm / mm | Profilquerschnitt[1] Maße in mm | Blech-dicke $t_N$ mm |
|---|---|---|---|---|---|
| | 1 | 2 | 3 | 4 | 5 |
| 58 | HSA | 200/420 | 200/420 | 221, 199, 200, 420, 840, 79 | 0,75 0,88 1,00 1,25 |
| 59 | HSW | TRP 200 | 205/750[2] | 580, 205, 750, 75 — Verlegung nur mit Stützen-elementen und Montageband | 0,75 0,88 1,00 1,25 1,50 |

[1] Werden in der Zusammenstellung Profile mit gleicher Abmessung „$h/b_R$" nach DIN 18 807 von verschiedenen Firmen hergestellt, können geringe Abweichungen in der Geometrie des Profils gegenüber dem gezeigten vorkommen.

[2] Lieferung mit gelochten Flächen möglich.

## 10.1.2 Stahlkassettenprofile

| | Hersteller | Firmen-Profil-bezeichnung | Abmessungen nach DIN 18 807 $h/b_R$ [1) mm/mm | Profilquerschnitt[1) Maße in mm | Blechdicke $t_N$ mm |
|---|---|---|---|---|---|
| | 1 | 2 | 3 | 4 | 5 |
| 1 | MPB | 90/500 B | 90/500 | | 0,75<br>0,88<br>1,00<br>1,25 |
| 2 | PAB | 90/500 | 90/500 | | 0,75<br>0,88<br>1,00<br>1,25 |
| 3 | WU | 90/500 | 90/500[1) 2) | | 0,75<br>0,88<br>1,00<br>1,13<br>1,25<br>1,50 |
| 4 | HSW<br>WU | 90/600<br>90/600 | 90/600[1) 2) | | 0,75<br>0,88<br>1,00<br>1,13<br>1,25<br>1,50 |
| 5 | PS<br>WU | 90/625<br>90/625 | 90/625[1) 2) | | 0,75<br>0,88<br>1,00<br>1,13<br>1,25<br>1,50 |
| 6 | FI | 500/100 | 100/500 | | 0,75<br>0,88<br>1,00<br>1,25 |

| | Hersteller | Firmen-Profil-bezeich-nung | Abmessun-gen nach DIN 18 807 $h/b_R$ [1] mm / mm | Profilquerschnitt[1] Maße in mm | Blech-dicke $t_N$ mm |
|---|---|---|---|---|---|
| | 1 | 2 | 3 | 4 | 5 |
| 7 | EKO | 100/600 | 100/600 | | 0,75<br>0,88<br>1,00<br>1,25<br>1,50 |
| 8 | FI | 600/100 | 100/600[2] | | 0,75<br>0,88<br>1,00<br>1,25 |
| 9 | HA<br>HD<br>HSA | 100/600 SR<br>100/600 SR<br>100/600 SR | 100/600[2] | | 0,75<br>0,88<br>1,00<br>1,25 |
| 10 | HSW<br>PS<br>WU | 100/600<br>100/600<br>100/600 | 100/600[1)2)] | | 0,75<br>0,88<br>1,00<br>1,13<br>1,25<br>1,50 |
| 11 | PAB | 100/600 | 100/600 | | 0,75<br>0,88<br>1,00<br>1,25 |
| 12 | TBS | K 100 | 100/600[2] | | 0,75<br>0,88<br>1,00<br>1,25 |

| | Hersteller | Firmen-Profil-bezeichnung | Abmessungen nach DIN 18 807 $h/b_R$ [1] mm/mm | Profilquerschnitt[1] Maße in mm | Blech-dicke $t_N$ mm |
|---|---|---|---|---|---|
| | 1 | 2 | 3 | 4 | 5 |
| 13 | EKO | 120/600 | 120/600 | | 0,75<br>0,88<br>1,00<br>1,25<br>1,50 |
| 14 | HSW<br>PS<br>WU | 120/600<br>120/600<br>120/600 | 120/600[1)2)] | | 0,75<br>0,88<br>1,00<br>1,13<br>1,25<br>1,50 |
| 15 | PAB | 120/600 | 120/600 | | 0,75<br>0,88<br>1,00<br>1,25 |
| 16 | TBS | K 120 | 120/600[2)] | | 0,75<br>0,88<br>1,00<br>1,25 |
| 17 | FI | 600/130 | 130/600[2)] | | 0,75<br>0,88<br>1,00<br>1,25 |
| 18 | HA<br>HD<br>HSA | 130/600 SR<br>130/600 SR<br>130/600 SR | 130/600[2)] | | 0,75<br>0,88<br>1,00<br>1,25 |

| | Hersteller | Firmen-Profil-bezeich-nung | Abmessun-gen nach DIN 18 807 $h/b_R$ [1] mm / mm | Profilquerschnitt[1] Maße in mm | Blech-dicke $t_N$ mm |
|---|---|---|---|---|---|
| | 1 | 2 | 3 | 4 | 5 |
| 19 | HSW PS WU | 130/600 130/600 130/600 | 130/600[1)2)] | | 0,75 0,88 1,00 1,13 1,25 1,50 |
| 20 | PAB | 130/600 | 130/600 | | 0,75 0,88 1,00 1,25 |
| 21 | TBS | K 140 | 140/600[2)] | | 0,75 0,88 1,00 1,25 |
| 22 | WU | 145/500 | 145/500[1)2)] | | 0,75 0,88 1,00 1,13 1,25 1,50 |
| 23 | EKO | 145/600 | 145/600 | | 0,75 0,88 1,00 1,25 1,50 |
| 24 | HSW PS WU | 145/600 145/600 145/600 | 145/600[1)2)] | | 0,75 0,88 1,00 1,13 1,25 1,50 |

| | Hersteller | Firmen-Profil-bezeichnung | Abmessungen nach DIN 18 807 $h/b_R$ $^{1)}$ mm / mm | Profilquerschnitt$^{1)}$ Maße in mm | Blech-dicke $t_N$ mm |
|---|---|---|---|---|---|
| | 1 | 2 | 3 | 4 | 5 |
| 25 | PAB | 145/600 | 145/600 | | 0,75<br>0,88<br>1,00<br>1,25 |
| 26 | HA<br>HD<br>HSA | 150/600 SR<br>150/600 SR<br>150/600 SR | 150/600$^{2)}$ | | 0,75<br>0,88<br>1,00<br>1,25 |
| 27 | HSW<br>PS<br>WU | 160/600<br>160/600<br>160/600 | 160/600$^{1) 2)}$ | | 0,75<br>0,88<br>1,00<br>1,13<br>1,25<br>1,50 |
| 28 | TBS | K 160 | 160/600$^{2)}$ | | 0,75<br>0,88<br>1,00<br>1,25 |

$^{1)}$ Kassettenprofil mit variabler Höhe ($90 \leq h \leq 160$ mm) und variabler Baubreite ($500 \leq b_R \leq 625$ mm) lieferbar.
$^{2)}$ Lieferung mit gelochten Flächen möglich.

## 10.1.3 Stahl-PUR-Sandwichelemente

| Hersteller | Elementbezeichnung | Element-Querschnitt Maße in mm | Blechdicke Außenschale | Blechdicke Innenschale | Elementedicke | Wärmedurchlaßwiderstand $1/\Lambda$ | Wärmedurchgangskoeffizient $k$ |
|---|---|---|---|---|---|---|---|
| | | | mm | mm | mm | m²K/W | W/(m²·K) |
| 1 | 2 | 3 | 4 | 5 | 6 | 7 | 8 |
| 1 TBS | Thyssen-Thermodach® VS 58 | | 0,63<br>0,75 | 0,50<br>0,50 | 58 | 1,22 | 0,72 |
| 2 KI | Kingspan Dachpaneel 1000 RW-S 30/65 | | 0,55<br>0,70<br>0,70 | 0,40<br>0,40<br>0,50 | 65 | 1,28 | 0,69 |
| 3 DLW | delitherm® G4-St-30 G4-ALN-30 (Oberschale Alunatur) G4-ALB-30 (Oberschale Alubeschichtet | | 0,60 | 0,45 | 68 | 1,25 | 0,71 |
| 4 FI | Fischer ISO-THERM D 70 | | 0,63<br>0,75 | 0,55<br>0,55 | 70 | 1,28 | 0,69 |
| 5 HSW | Hoesch-isodach® TL 74-n | | 0,63<br>0,75<br>0,88 | 0,55<br>0,55<br>0,55 | 75 | 1,73 | 0,53 |

| Hersteller | Elementbezeichnung | Element-Querschnitt Maße in mm | Blechdicke Außenschale | Blechdicke Innenschale | Elementedicke | Wärmedurchlaßwiderstand 1/Λ | Wärmedurchgangskoeffizient $k$ |
|---|---|---|---|---|---|---|---|
| | | | mm | mm | mm | m²K/W | W/(m²·K) |
| 1 | 2 | 3 | 4 | 5 | 6 | 7 | 8 |
| 6 HSW | Hoesch-isodach integral® TL 75 i-n (mit verdeckter Befestigung) | | 0,63<br>0,75<br>0,88 | 0,55<br>0,55<br>0,55 | 75 | 1,73 | 0,53 |
| 7 KI | Kingspan Dachpaneel 1000 RW-S-40/75 | | 0,55<br>0,70<br>0,70 | 0,40<br>0,40<br>0,50 | 75 | 1,69 | 0,54 |
| 8 PAB | Ondatherm 201/40 | (Schaumdicke 30 mm lieferbar) | 0,50<br>0,63<br>0,63 | 0,50<br>0,50<br>0,63 | 75 | 1,64 | 0,55 |
| 9 TBS | Thyssen-Thermodach® VS 75 | | 0,63<br>0,75 | 0,50<br>0,50 | 76 | 1,98 | 0,466 |
| 10 KI | Kingspan low pitch integral 40/77 (mit verdeckter Befestigung) | | 0,50<br>0,70 | 0,40<br>0,40 | 77 | 1,69 | 0,54 |

## Verzeichnis der Hersteller- und Lieferfirmen

| | Hersteller | Elementbezeichnung | Element-Querschnitt Maße in mm | Blechdicke Außenschale | Blechdicke Innenschale | Elementedicke | Wärmedurchlaßwiderstand $1/\Lambda$ | Wärmedurchgangskoeffizient $k$ |
|---|---|---|---|---|---|---|---|---|
| | | | | mm | mm | mm | $m^2K/W$ | $W/(m^2 \cdot K)$ |
| | 1 | 2 | 3 | 4 | 5 | 6 | 7 | 8 |
| 11 | DLW | delitherm® G4-St-40 G4-ALN-40 (Oberschale Alunatur) G4-ALB-40 (Oberschale Alubeschichtet) | | 0,60 | 0,45 | 78 | 1,65 | 0,55 |
| 12 | HSA | PROMISOL® 1001 TS 40 | | 0,63 0,63 0,75 | 0,50 0,63 0,63 | 79 | 1,63 | 0,56 |
| 13 | FI | Fischer ISO-THERM D 80 | | 0,63 0,75 | 0,55 0,55 | 80 | 1,68 | 0,54 |
| 14 | ROMA | D 82-St  D 82-Al (Oberschale Alu) | | 0,60 0,75 0,88  0,70 | 0,50 0,50 0,50  0,50 | 82 | 1,67 | 0,55 |
| 15 | KI | Kingspan Dachpaneel 1000 RW-S 50/85 | | 0,55 0,70 0,70 | 0,40 0,40 0,50 | 85 | 2,10 | 0,44 |
| 16 | PAB | Ondatherm 101/40 | (Schaumdicke 30 mm lieferbar) | 0,63 0,63 | 0,50 0,63 | 85 | 1,67 | 0,55 |

| | Hersteller | Elementbezeichnung | Element-Querschnitt Maße in mm | Blechdicke Außenschale | Blechdicke Innenschale | Elementedicke | Wärmedurchlaßwiderstand $1/\Lambda$ | Wärmedurchgangskoeffizient $k$ |
|---|---|---|---|---|---|---|---|---|
| | | | | mm | mm | mm | m²K/W | W/(m²·K) |
| | 1 | 2 | 3 | 4 | 5 | 6 | 7 | 8 |
| 17 | PAB | Ondatherm 201/50 | | 0,50<br>0,63<br>0,63 | 0,50<br>0,50<br>0,63 | 85 | 2,05 | 0,45 |
| 18 | KI | Kingspan low pitch integral 50/87 (mit verdeckter Befestigung) | | 0,50<br>0,70 | 0,40<br>0,40 | 87 | 2,10 | 0,44 |
| 19 | DLW | delitherm® G4-St-50 G4-ALN-50 (Oberschale Alu-natur) G4-ALB-50 (Oberschale Alu-beschichtet) | | 0,60 | 0,45 | 88 | 2,06 | 0,45 |
| 20 | HSA | PROMISOL® 1001 TS 50 | | 0,63<br>0,63<br>0,75 | 0,50<br>0,63<br>0,63 | 89 | 2,03 | 0,46 |
| 21 | TBS | Thyssen-Thermodach® VS 93 | | 0,63<br>0,75 | 0,50<br>0,50 | 93 | 2,69 | 0,35 |

| | Hersteller | Elementbezeichnung | Element-Querschnitt Maße in mm | Blechdicke Außenschale | Blechdicke Innenschale | Elementedicke | Wärmedurchlaßwiderstand $1/\Lambda$ | Wärmedurchgangskoeffizient $k$ |
|---|---|---|---|---|---|---|---|---|
| | | | | mm | mm | mm | m²K/W | W/(m²·K) |
| | 1 | 2 | 3 | 4 | 5 | 6 | 7 | 8 |
| 22 | HSW | Hoesch-isodach® TL 95 -n | | 0,63 0,75 0,88 | 0,55 0,55 0,55 | 95 | 2,55 | 0,37 |
| 23 | HSW | Hoesch-isodach® TL 95 i-n | | 0,63 0,75 0,88 | 0,55 0,55 0,55 | 95 | 2,55 | 0,37 |
| 24 | KI | Kingspan Dachpaneel 1000 RW-S 60/95 | | 0,55 0,70 0,70 | 0,40 0,40 0,50 | 95 | 2,50 | 0,37 |
| 25 | PAB | Ondatherm 101/50 | | 0,63 0,63 | 0,50 0,63 | 95 | 2,08 | 0,45 |
| 26 | PAB | Ondatherm 201/60 | | 0,50 0,63 0,63 | 0,50 0,50 0,63 | 95 | 2,45 | 0,38 |
| 27 | KI | Kingspan low pitch integral 60/97 (mit verdeckter Befestigung) | | 0,50 0,70 | 0,40 0,40 | 97 | 2,51 | 0,37 |

| | Hersteller | Elementbezeichnung | Element-Querschnitt Maße in mm | Blechdicke Außenschale | Blechdicke Innenschale | Elementedicke | Wärmedurchlaßwiderstand 1/Λ | Wärmedurchgangskoeffizient $k$ |
|---|---|---|---|---|---|---|---|---|
| | | | | mm | mm | mm | m²K/W | W/(m²·K) |
| 1 | 2 | 3 | | 4 | 5 | 6 | 7 | 8 |
| 28 | DLW | delitherm® G4-St-60 G4-ALN-60 (Oberschale Alunatur) G4-ALB-60 (Oberschale Alubeschichtet) | | 0,60 | 0,45 | 98 | 2,46 | 0,38 |
| 29 | HSA | PROMISOL® 1001 TS 60 | | 0,63 0,63 0,75 | 0,50 0,63 0,63 | 99 | 2,43 | 0,38 |
| 30 | FI | Fischer ISO-THERM D 100 | | 0,63 0,75 | 0,55 0,55 | 100 | 2,48 | 0,38 |
| 31 | ROMA | D 102-St  D 102-Al (Oberschale Alu) | | 0,60 0,75 0,88  0,70 | 0,50 0,50 0,50  0,50 | 102 | 2,48 | 0,38 |
| 32 | PAB | Ondatherm 101/60 | | 0,63 0,63 | 0,50 0,63 | 105 | 2,48 | 0,38 |
| 33 | PAB | Ondatherm 201/70 | | 0,50 0,63 0,63 | 0,50 0,50 0,63 | 105 | 2,86 | 0,33 |

# Verzeichnis der Hersteller- und Lieferfirmen

| | Hersteller | Elementbezeichnung | Element-Querschnitt Maße in mm | Blechdicke Außenschale | Blechdicke Innenschale | Elementedicke | Wärmedurchlaßwiderstand 1/Λ | Wärmedurchgangskoeffizient $k$ |
|---|---|---|---|---|---|---|---|---|
| | | | | mm | mm | mm | m²K/W | W/(m²·K) |
| | 1 | 2 | 3 | 4 | 5 | 6 | 7 | 8 |
| 34 | DLW | delitherm® G4-St-70 G4-ALN-70 (Oberschale Alu-natur) G4-ALB-70 (Oberschale Alu-beschichtet) | | 0,60 | 0,45 | 108 | 3,05 | 0,33 |
| 35 | HSW | Hoesch-isodach® integral (mit verdeckter Befestigung) | | 0,63 0,75 0,88 | 0,55 0,55 0,55 | 115 | 3,36 | 0,28 |
| 36 | KI | Kingspan Dach-paneel 1000 RW-S 80/115 | | 0,55 0,70 0,70 | 0,40 0,40 0,50 | 115 | 3,31 | 0,29 |
| 37 | PAB | Onda-therm 201/80 | | 0,50 0,63 0,63 | 0,50 0,50 0,63 | 115 | 3,26 | 0,29 |
| 38 | TBS | Thyssen-Thermo-dach® VS 115 | | 0,63 0,75 | 0,50 0,50 | 115 | 3,58 | 0,26 |

| | Hersteller | Elementbezeichnung | Element-Querschnitt Maße in mm | Blechdicke Außenschale | Blechdicke Innenschale | Elementedicke | Wärmedurchlaßwiderstand $1/\Lambda$ | Wärmedurchgangskoeffizient $k$ |
|---|---|---|---|---|---|---|---|---|
| | | | | mm | mm | mm | m²K/W | W/(m²·K) |
| | 1 | 2 | 3 | 4 | 5 | 6 | 7 | 8 |
| 39 | KI | Kingspan low pitch integral 80/117 (mit verdeckter Befestigung) | | 0,50 0,70 | 0,40 0,40 | 117 | 3,32 | 0,28 |
| 40 | DLW | delitherm® G4-St-80 G4-ALN-80 (Oberschale Alunatur) G4-ALB-80 (Oberschale Alubeschichtet | | 0,60 | 0,45 | 118 | 3,27 | 0,28 |
| 41 | HSA | PROMISOL® 1001 TS 80 | | 0,63 0,63 0,75 | 0,50 0,63 0,63 | 119 | 3,24 | 0,29 |
| 42 | FI | Fischer ISOTHERM D 120 | | 0,63 0,75 | 0,55 0,55 | 120 | 3,28 | 0,29 |
| 43 | ROMA | D 122-St D 122-Al (Oberschale Alu) | | 0,60 0,75 0,88 0,70 | 0,50 0,50 0,50 0,50 | 122 | 3,28 | 0,29 |

Verzeichnis der Hersteller- und Lieferfirmen 203

| | Hersteller | Elementbezeichnung | Element-Querschnitt Maße in mm | Blechdicke Außenschale | Blechdicke Innenschale | Elementedicke | Wärmedurchlaß-widerstand 1/Λ | Wärmedurchgangs-koeffizient $k$ |
|---|---|---|---|---|---|---|---|---|
| | | | | mm | mm | mm | m²K/W | W/(m²·K) |
| | 1 | 2 | 3 | 4 | 5 | 6 | 7 | 8 |
| 44 | PAB | Ondatherm 101/80 | | 0,63<br>0,63 | 0,50<br>0,63 | 125 | 3,29 | 0,29 |
| 45 | KI | Kingspan Dachpaneel 1000 RW-S 100/135 | | 0,55<br>0,70<br>0,70 | 0,40<br>0,40<br>0,50 | 135 | 4,11 | 0,23 |
| 46 | DLW | del-itherm® G4-St-100 G4-ALN-100 (Oberschale Alu-natur) G4-ALB-200 (Oberschale Alu-beschichtet | | 0,60 | 0,45 | 138 | 4,08 | 0,23 |
| 47 | HSA | PRO-MISOL® 1001 TS 100 | | 0,63<br>0,63<br>0,75 | 0,50<br>0,63<br>0,63 | 139 | 4,05 | 0,24 |
| 48 | ROMA | D 142-St<br><br>D 142-Al (Oberschale Alu) | | 0,60<br>0,75<br>0,88<br>0,70 | 0,50<br>0,50<br>0,50<br>0,50 | 142 | 4,09 | 0,24 |

| | Hersteller | Elementbezeichnung | Element-Querschnitt Maße in mm | Blechdicke Außenschale | Blechdicke Innenschale | Elementdicke | Wärmedurchlaßwiderstand $1/\Lambda$ | Wärmedurchgangskoeffizient $k$ |
|---|---|---|---|---|---|---|---|---|
| | | | | mm | mm | mm | m²K/W | W/(m²·K) |
| | 1 | 2 | 3 | 4 | 5 | 6 | 7 | 8 |
| 49 | PAB | Ondatherm 101/100 | | 0,63 0,63 | 0,50 0,63 | 145 | 4,09 | 0,23 |

## 10.2 Tafel für [ PE-Profile, parallelflanschig

Seit 1995 werden diese Profile von der Preussag-Stahl mit Profilhöhen von 80 bis 400 mm gefertigt.

Gegenüber den Profilen nach DIN 1026 : 10.63 sind die Flansche 5 mm breiter, die Stege von 1,5 mm bis 0,5 mm und die Flansche bis zu 1 mm dünner ausgeführt.

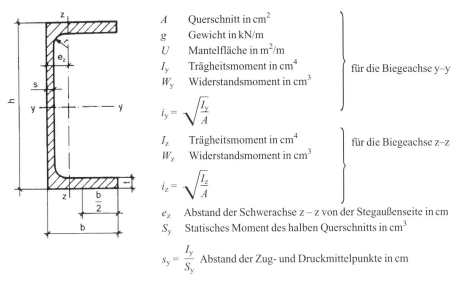

$A$    Querschnitt in cm$^2$
$g$    Gewicht in kN/m
$U$    Mantelfläche in m$^2$/m
$I_y$    Trägheitsmoment in cm$^4$   ⎫
$W_y$   Widerstandsmoment in cm$^3$   ⎬ für die Biegeachse y–y

$$i_y = \sqrt{\frac{I_y}{A}}$$

$I_z$    Trägheitsmoment in cm$^4$   ⎫
$W_z$   Widerstandsmoment in cm$^3$   ⎬ für die Biegeachse z–z

$$i_z = \sqrt{\frac{I_z}{A}}$$

$e_z$   Abstand der Schwerachse z – z von der Stegaußenseite in cm
$S_y$   Statisches Moment des halben Querschnitts in cm$^3$

$$s_y = \frac{I_y}{S_y} \quad \text{Abstand der Zug- und Druckmittelpunkte in cm}$$

Tab. 10.1 [ PE-Profilstahl mit parallelen Flanschflächen

| [ PE | $h$ mm | $b$ mm | $s$ mm | $t$ mm | $r$ mm | $A$ cm$^2$ | $g$ kN/m | $U$ m$^2$/m | $I_y$ cm$^4$ | $W_y$ cm$^3$ | $i_y$ cm | $I_z$ cm$^4$ | $W_z$ cm$^3$ | $i_z$ cm | $S_y$ cm$^3$ | $s_y$ cm | $e_z$ cm |
|---|---|---|---|---|---|---|---|---|---|---|---|---|---|---|---|---|---|
| 80 | 80 | 50 | 4,5 | 8,0 | 10 | 11,3 | 0,0888 | 0,342 | 118 | 29,4 | 3,23 | 28,3 | 8,94 | 1,58 | 17,3 | 6,78 | 1,83 |
| 100 | 100 | 55 | 5,0 | 8,5 | 10 | 13,9 | 0,109 | 0,401 | 227 | 45,3 | 4,03 | 42,3 | 11,8 | 1,74 | 26,5 | 8,54 | 1,93 |
| 120 | 120 | 60 | 5,5 | 9,0 | 10 | 16,8 | 0,132 | 0,460 | 392 | 65,4 | 4,83 | 60,7 | 15,3 | 1,90 | 38,2 | 10,3 | 2,02 |
| 140 | 140 | 65 | 6,0 | 9,5 | 10 | 20,0 | 0,157 | 0,519 | 630 | 90,0 | 5,61 | 84,3 | 19,2 | 2,05 | 52,5 | 12,0 | 2,12 |
| 160 | 160 | 70 | 6,5 | 10,0 | 12 | 23,7 | 0,186 | 0,577 | 965 | 121 | 6,38 | 114 | 23,8 | 2,19 | 70,5 | 13,7 | 2,20 |
| 180 | 180 | 75 | 7,0 | 10,5 | 12 | 27,5 | 0,216 | 0,636 | 1400 | 156 | 7,14 | 151 | 29,0 | 2,34 | 91,2 | 15,4 | 2,30 |
| 200 | 200 | 80 | 7,5 | 11,0 | 12 | 31,6 | 0,248 | 0,695 | 1970 | 197 | 7,90 | 196 | 34,9 | 2,49 | 116 | 17,1 | 2,39 |
| 220 | 220 | 85 | 8,0 | 12,0 | 12 | 36,7 | 0,288 | 0,754 | 2770 | 252 | 8,68 | 256 | 43,0 | 2,64 | 147 | 18,8 | 2,54 |
| 240 | 240 | 90 | 8,5 | 13,0 | 15 | 42,6 | 0,334 | 0,810 | 3820 | 318 | 9,47 | 331 | 52,3 | 2,79 | 186 | 20,5 | 2,66 |
| 270 | 270 | 95 | 9,0 | 14,0 | 15 | 49,3 | 0,387 | 0,889 | 5560 | 412 | 10,6 | 425 | 63,2 | 2,94 | 242 | 23,0 | 2,77 |
| 300 | 300 | 100 | 9,5 | 15,0 | 15 | 56,6 | 0,444 | 0,968 | 7820 | 522 | 11,8 | 538 | 75,4 | 3,08 | 307 | 25,5 | 2,89 |
| 330 | 330 | 105 | 11,0 | 16,0 | 18 | 67,8 | 0,532 | 1,04 | 11010 | 667 | 12,7 | 682 | 89,4 | 3,17 | 396 | 27,8 | 2,90 |
| 360 | 360 | 110 | 12,0 | 17,0 | 18 | 77,9 | 0,612 | 1,12 | 14830 | 824 | 13,8 | 844 | 105 | 3,29 | 491 | 30,2 | 2,97 |
| 400 | 400 | 115 | 13,5 | 18,0 | 18 | 91,9 | 0,722 | 1,22 | 20980 | 1050 | 15,1 | 1050 | 122 | 3,37 | 631 | 33,2 | 2,98 |

## 10.3 Verbindungselemente

Die für eine Auswahl von mechanischen Verbindungselementen in den nachfolgenden Tafeln aufgeführten zulässigen Beanspruchbarkeiten (für die Belastungsart Querkraft: zul $F_Q$, und für die Belastungsart Zugkraft: zul $F_Z$), entsprechen den gültigen Zulassungsbescheiden Nummer Z–14.1–4 des Deutschen Institutes für Bautechnik, Berlin.

Bauteil I  ist das dem Kopf des Verbindungselementes (bei Blindnieten dem Setzkopf) zunächst liegende Bauteil, im allgemeinen die Stahlprofiltafel.

Bauteil II  ist entweder die Unterkonstruktion oder die mit Bauteil I zu verbindende Stahlprofiltafel.

Die beigefügten Tabellen für Beanspruchbarkeiten von Verbindungselementen entsprechen den Anlagen zum Zulassungsbescheid Z–14.1–4 des DIBt Verbindungselemente zur Verwendung bei Konstruktionen mit „Kaltprofilen" aus Stahlblech, insbesondere mit Stahlprofiltafeln. Antragsteller der Zulassung ist der IFBS – Industrieverband zur Förderung des Bauens mit Stahlblech e. V., Max-Planck-Str. 4, 40237 Düsseldorf.

| | | |
|---|---|---|
| Niete | AVEX® – Blindniet ⌀ 4,8 | (Blatt 2.1) |
| | Gesipa – Edelstahl ⌀ 4,0 | (Blatt 2.3) |
| | SFS Presslaschenblindniet ⌀ 5,0 | (Blatt 2.9) |
| | POP-Blindniet ⌀ 4,8–8,1 | (Blatt 2.11) |
| | POP-Becher-Blindniet ⌀ 4,8 Cr Ni | (Blatt 2.14) |
| Schrauben | DRIL-KWICK-Bohrschrauben | (Blatt 3.5) |
| | SFS spedec SX 3 – S16–5,5 × $L$ | (Blatt 3.6) |
| | SFS spedec SL 2 – H15–6,3 × $L$ | (Blatt 3.10) |
| | DRIL-KWICK-Bohrschrauben Kn | (Blatt 3.11) |
| | MD 01 Z 4,2 | (Blatt 3.50) |
| | MD 51 Z 4,2 | (Blatt 3.51) |
| | SFS spedec SD 8 – E10–5,5 × $L$ | (Blatt 4.16) |
| | SFS spedec SD 8 – E10 – T 15- 5,5 × $L$ | (Blatt 4.18) |
| | MD 03 Z 6,3 | (Blatt 4.95) |
| | MD 53 Z 6,3 | (Blatt 4.96) |
| | MD 75 Z 5,5 | (Blatt 4.100) |
| | Karro – Inox Typ A | (Blatt 5.3) |
| | SFS topform TDA – S – S16 – 6,5 × $L$ | (Blatt 5.10) |
| | TF 2/ Ho – S1 | (Blatt 5.12) |
| | SFS topform TDB – S – S16 – 6,3 × $L$ | (Blatt 6.13) |
| Setzbolzen | ENP 3–21 D 12 | (Blatt 9.1) |
| | ENP 2–21 L 15 | (Blatt 9.3) |

# Verbindungselemente

| Niete | | AVEX® - Blindniet ⌀ 4,8 | Blatt 2.1<br>Anlage zum Zulassungsbescheid<br>vom 25.Juli 1990<br>Nr.: Z – 14.1 – 4 |
|---|---|---|---|

**Verbindungselement:** AVEX® - Blindniet Nr. 1691-0613 ⌀ 4,8

**Werkstoffe:**
Hülse - Al Mg 2,5; Werkstoff-Nr. 3.3523, DIN 1725
Dorn - Stahl verzinkt oder nichtrostender Stahl (im Auftragsfall angeben)

**Hersteller:** AVDEL VERBINDUNGSELEMENTE GmbH
Klusriede 24, 3012 Langenhagen
Tel.: 0511 / 77 19 20, Fax: 0511 / 77 19 269

**Vertrieb:** AVDEL VERBINDUNGSELEMENTE GmbH
dieser AVEX - Blindniet ⌀ 4,8 wird auch vertrieben als
1. „Zebra-Blindniet ⌀ 4,8 Art.-Nr. 9154864 " durch die Fa. Adolf Würth GmbH & Co. KG
Postfach 1261, 7118 Künzelsau und
2. „ SWG-Blindniet ⌀ 4,8 Art.-Nr. 9154864 " durch die Fa. Schraubenwerke Gaisbach,
Postfach 7118 Künzelsau

Abmessungen: ⌀ 2,8; 1,6 - 0,3; L* ± 0,5; ⌀ 4,8 $^{-0,05}_{-0,1}$; ⌀ 9,9 ± 0,3
*) L = abhängig vom Klemmbereich

**Bauteil II** S 235 xx (für $t_{II}$ ≤ 3 mm auch S 280 GD oder S 320 GD + xx)

| Blechdicke mm | 0,63 | 0,75 | 0,88 | 1,00 | 1,13 | 1,25 | 1,50 | Belastungsart |
|---|---|---|---|---|---|---|---|---|
| Bohrloch-⌀ mm | | | | 4,9 | | | | |
| 0,63 | 0,60 | 0,60 | 0,60 | 0,60 | 0,60 | 0,60 | 0,60 | |
| 0,75 | 0,60 | 0,65 | 0,65 | 0,65 | 0,65 | 0,65 | 0,65 | |
| 0,88 | 0,60 | 0,65 | 0,75 | 0,75 | 0,75 | 0,75 | 0,75 | |
| 1,00 | 0,60 | 0,65 | 0,75 | 0,80 | 0,80 | 0,80 | 0,80 | |
| 1,13 | 0,60 | 0,65 | 0,75 | 0,80 | 0,85 | 0,85 | 0,85 | |
| 1,25 | 0,60 | 0,65 | 0,75 | 0,80 | 0,85 | 0,95 | 0,95 | |
| 1,50 | 0,60 | 0,65 | 0,75 | 0,80 | 0,85 | 0,95 | 0,95 | |
| 1,75 | | | | | | | | Querkraft zul $F_Q$ kN |
| 2,00 | | | | | | | | |
| 0,63 | 0,30 | 0,35 | 0,40 | 0,45 | 0,45 | 0,45 | 0,45 | |
| 0,75 | 0,30 | 0,35 | 0,40 | 0,45 | 0,45 | 0,45 | 0,45 | |
| 0,88 | 0,30 | 0,35 | 0,40 | 0,45 | 0,45 | 0,45 | 0,50 | |
| 1,00 | 0,30 | 0,35 | 0,40 | 0,45 | 0,45 | 0,50 | 0,50 | |
| 1,13 | 0,30 | 0,35 | 0,40 | 0,45 | 0,55 | 0,55 | 0,55 | |
| 1,25 | 0,30 | 0,35 | 0,40 | 0,45 | 0,55 | 0,60 | 0,60 | |
| 1,50 | 0,30 | 0,35 | 0,40 | 0,45 | 0,55 | 0,60 | 0,65 | |
| 1,75 | | | | | | | | Zugkraft zul $F_Z$ kN |
| 2,00 | | | | | | | | |

**Bauteil I;** Blechdicke in mm feuerverzinktes Stahlblech S 280 GD + xx oder S 320 GD + xx

Bei Zwischenwerten der Bauteildicken I oder II ist jeweils die zulässige Quer- und Zugkraft der geringeren Bauteildicke zu wählen.

| Niete | | Gesipa – Edelstahl ⌀ 4,0 | Blatt 2.3<br>Anlage zum Zulassungsbescheid<br>vom 25.Juli 1990<br>Nr.: Z – 14.1 – 4 |
|---|---|---|---|

**Verbindungselement** Gesipa – Edelstahl – Blindniet ⌀ 4,0 mm

**Werkstoffe**
Hülse -
Nichtrostender Stahl,
Werkstoff-Nr. 1.4301, DIN 17 440

Dorn -
Nichtrostender Stahl
Werkstoff-Nr. 1.4541, DIN 17 440

**Hersteller** GESIPA – BLINDNIETTECHNIK GmbH
Nordendstraße 13 – 39
6082 Walldorf b. Frankfurt/Main
Tel.: 06105 / 40 02-0, Fax: 06105 / 40 02 87

**Vertrieb** GESIPA – BLINDNIETTECHNIK GmbH

Abmessungen: ⌀ 2,6 -0,05; 1,0 ±0,3; L* +0,5; ⌀ 4,0 +0,08/-0,15; 8,0 +0/-1,0
*) L = abhängig vom Klemmbereich

**Bauteil II** S 235 xx (für $t_{II}$ ≤ 3 mm auch S 280 GD oder S 320 GD + xx)

| Blechdicke mm | 0,63 | 0,75 | 0,88 | 1,00 | 1,13 | 1,25 | 1,50 | Belastungsart |
|---|---|---|---|---|---|---|---|---|
| Bohrloch-⌀ mm | | | | 4,1 | | | | |
| **Bauteil I**; Blechdicke in mm, feuerverzinktes Stahlblech S 280 GD + xx oder S 320 GD + xx | | | | | | | | |
| 0,63 | 0,65 | 0,65 | 0,70 | 0,75 | 0,75 | 0,75 | 0,80 | |
| 0,75 | 0,65 | 0,75 | 0,75 | 0,80 | 0,85 | 0,90 | 0,95 | |
| 0,88 | 0,65 | 0,75 | 0,95 | 0,95 | 1,00 | 1,05 | 1,10 | |
| 1,00 | 0,65 | 0,75 | 0,95 | 1,05 | 1,05 | 1,10 | 1,20 | Querkraft |
| 1,13 | 0,65 | 0,75 | 0,95 | 1,05 | 1,20 | 1,25 | 1,35 | zul $F_Q$ kN |
| 1,25 | 0,65 | 0,75 | 0,95 | 1,05 | 1,20 | 1,35 | 1,45 | |
| 1,50 | 0,65 | 0,75 | 0,95 | 1,05 | 1,20 | 1,35 | 1,65 | |
| 1,75 | | | | | | | | |
| 2,00 | | | | | | | | |
| 0,63 | 0,25 | 0,25 | 0,30 | 0,30 | 0,35 | 0,35 | 0,40 | |
| 0,75 | 0,25 | 0,35 | 0,35 | 0,40 | 0,40 | 0,45 | 0,50 | |
| 0,88 | 0,25 | 0,35 | 0,45 | 0,45 | 0,50 | 0,50 | 0,55 | |
| 1,00 | 0,25 | 0,35 | 0,45 | 0,60 | 0,60 | 0,65 | 0,70 | Zugkraft |
| 1,13 | 0,25 | 0,35 | 0,45 | 0,60 | 0,75 | 0,75 | 0,80 | zul $F_Z$ kN |
| 1,25 | 0,25 | 0,35 | 0,45 | 0,60 | 0,75 | 0,95 | 1,00 | |
| 1,50 | 0,25 | 0,35 | 0,45 | 0,60 | 0,75 | 0,95 | 1,30 | |
| 1,75 | | | | | | | | |
| 2,00 | | | | | | | | |

Bei Zwischenwerten der Bauteildicken I oder II ist jeweils die zulässige Quer- und Zugkraft der geringeren Bauteildicke zu wählen.

# Verbindungselemente

| Niete | Preßlaschenblindniet ⌀ 5,0 | Blatt 2.9<br>Anlage zum Zulassungsbescheid<br>vom 25.Juli 1990<br>Nr.: Z – 14.1 – 4 |
|---|---|---|

| | | |
|---|---|---|
| | **Verbindungs-element** | Olympic Bulb-tite<br>Preßlaschenblindniet ⌀ 5,0 |
| | **Werkstoffe** | Hülse -<br>Al Mg 5,<br>Werkstoff-Nr. 3.3555, DIN 1725<br><br>Dorn -<br>Al Cu Mg 1,<br>Werkstoff-Nr. 3.1325, DIN 1725 |
| | **Hersteller** | OLYMPIC Fastening Systems, Inc.<br>11445 Dolan Avenue<br>USA – Downey, CA. 90 241 |
| | **Vertrieb** | SFS STADLER GmbH u. Co. KG<br>Postfach 1860, D-6370 Oberursel<br>Tel.: 06171 / 70 02-0 Fax: 06171 / 7 93 85 |

Maße: ⌀ 4,57 ± 0,25; ⌀ 11,2 ± 0,3; 2,24 ± 0,127; ⌀ 8,0; max. ⌀ 5,21; Neopren-Dichtung; *L ± 0,5; *L = abhängig vom Klemmbereich

**Bauteil II** S 235 xx (für $t_{II}$ ≤ 3 mm auch S 280 GD oder S 320 GD + xx)

| Blechdicke mm | 0,63 | 0,75 | 0,88 | 1,00 | 1,13 | 1,25 | 1,50 | Belastungsart |
|---|---|---|---|---|---|---|---|---|
| Bohrloch-⌀ mm | | | | 5,4 | | | | |
| **Bauteil I: Blechdicke in mm** feuerverzinktes Stahlblech S 280 GD + xx oder S 320 GD + xx | | | | | | | | |
| 0,63 | 0,70 | 0,70 | 0,70 | 0,70 | 0,70 | 0,72 | 0,75 | |
| 0,75 | 0,70 | 0,75 | 0,75 | 0,80 | 0,80 | 0,80 | 0,85 | |
| 0,88 | 0,75 | 0,80 | 0,80 | 0,80 | 0,80 | 0,85 | 0,85 | |
| 1,00 | 0,75 | 0,80 | 0,85 | 0,85 | 0,85 | 0,90 | 0,90 | |
| 1,13 | 0,80 | 0,80 | 0,85 | 0,85 | 0,90 | 0,90 | 0,90 | |
| 1,25 | 0,80 | 0,80 | 0,85 | 0,85 | 0,90 | 0,90 | 0,90 | |
| 1,50 | 0,80 | 0,80 | 0,85 | 0,85 | 0,90 | 0,90 | 0,95 | |
| 1,75 | | | | | | | | Querkraft |
| 2,00 | | | | | | | | zul $F_Q$ kN |
| 0,63 | 0,55 | 0,60 | 0,65 | 0,65 | 0,70 | 0,70 | 0,75 | |
| 0,75 | 0,55 | 0,60 | 0,65 | 0,70 | 0,70 | 0,70 | 0,75 | |
| 0,88 | 0,55 | 0,60 | 0,65 | 0,75 | 0,75 | 0,75 | 0,75 | |
| 1,00 | 0,55 | 0,60 | 0,65 | 0,80 | 0,80 | 0,80 | 0,80 | |
| 1,13 | 0,55 | 0,60 | 0,65 | 0,80 | 0,80 | 0,80 | 0,80 | |
| 1,25 | 0,55 | 0,60 | 0,65 | 0,80 | 0,80 | 0,85 | 0,85 | |
| 1,50 | 0,55 | 0,60 | 0,65 | 0,80 | 0,80 | 0,85 | 0,90 | |
| 1,75 | | | | | | | | Zugkraft |
| 2,00 | | | | | | | | zul $F_Z$ kN |

Bei Zwischenwerten der Bauteildicken I oder II ist jeweils die zulässige Quer- und Zugkraft der geringeren Bauteildicke zu wählen.

| Niete | | POP-Blindniet ⌀ 4,8 – 8,1 | Blatt 2.11<br>Anlage zum Zulassungsbescheid<br>vom 25.Juli 1990<br>Nr.: Z – 14.1 – 4 |
|---|---|---|---|

⌀ 2,90
1,00 ± 0,30
L ≈ 83
⌀ 4,75 +0,13/−0,10
⌀ 8,10 ± 0,30
*L = abhängig vom Klemmbereich

| | **Verbindungs-element** | POP-Becher-Blindniet ⌀ 4,8 Ni Cu |
|---|---|---|
| | **Werkstoffe** | Hülse -<br>Monel,<br>Werkstoff-Nr. 2.4360, DIN 17 743<br><br>Dorn -<br>Stahl verzinkt oder nichtrostender Stahl<br>(im Auftragsfall angeben) |
| | **Hersteller** | Gesellschaft für Befestigungstechnik<br>GEBR TITGEMEYER GmbH u. Co. KG<br>Hannoversche Str. 97, 4500 Osnabrück<br>Tel.: 0541 / 58 22-0, Fax: 0541 / 58 64 44 |
| | **Vertrieb** | GEBR TITGEMEYER |

**Bauteil II** S 235 xx (für $t_{II}$ ≤ 3 mm auch S 280 GD oder S 320 GD + xx)

| Blechdicke mm | 0,63 | 0,75 | 0,88 | 1,00 | 1,13 | 1,25 | 1,50 | Belastungsart |
|---|---|---|---|---|---|---|---|---|
| Bohrloch-⌀ mm | | | | 4,9 | | | | |
| **Bauteil I:** Blechdicke in mm — feuerverzinktes Stahlblech S 280 GD + xx oder S 320 GD + xx | | | | | | | | |
| 0,63 | 0,75 | 0,75 | 0,75 | 0,75 | 0,75 | 0,75 | 0,75 | |
| 0,75 | 0,75 | 0,95 | 0,95 | 0,95 | 0,95 | 0,95 | 0,95 | |
| 0,88 | 0,75 | 0,95 | 1,25 | 1,25 | 1,25 | 1,25 | 1,25 | |
| 1,00 | 0,75 | 0,95 | 1,25 | 1,55 | 1,55 | 1,55 | 1,55 | |
| 1,13 | 0,75 | 0,95 | 1,25 | 1,55 | 2,05 | 2,05 | 2,05 | |
| 1,25 | 0,75 | 0,95 | 1,25 | 1,55 | 2,05 | 2,05 | 2,05 | |
| 1,50 | 0,75 | 0,95 | 1,25 | 1,55 | 2,05 | 2,05 | 2,05 | |
| 1,75 | | | | | | | | Querkraft |
| 2,00 | | | | | | | | zul $F_Q$ kN |
| 0,63 | 0,30 | 0,30 | 0,30 | 0,30 | 0,30 | 0,30 | 0,30 | |
| 0,75 | 0,30 | 0,40 | 0,40 | 0,40 | 0,40 | 0,40 | 0,40 | |
| 0,88 | 0,30 | 0,40 | 0,50 | 0,50 | 0,50 | 0,50 | 0,50 | |
| 1,00 | 0,30 | 0,40 | 0,50 | 0,65 | 0,65 | 0,65 | 0,65 | |
| 1,13 | 0,30 | 0,40 | 0,50 | 0,65 | 0,85 | 0,85 | 0,85 | |
| 1,25 | 0,30 | 0,40 | 0,50 | 0,65 | 0,85 | 1,05 | 1,05 | |
| 1,50 | 0,30 | 0,40 | 0,50 | 0,65 | 0,85 | 1,05 | 1,50 | |
| 1,75 | | | | | | | | Zugkraft |
| 2,00 | | | | | | | | zul $F_Z$ kN |

Bei Zwischenwerten der Bauteildicken I oder II ist jeweils die zulässige Quer- und Zugkraft der geringeren Bauteildicke zu wählen.

# Verbindungselemente

| Niete | POP-Becher-Blindniet ⌀ 4,8 Cr Ni | Blatt 2.14 Anlage zum Zulassungsbescheid vom 25.Juli 1990 Nr.: Z – 14.1 – 4 |
|---|---|---|

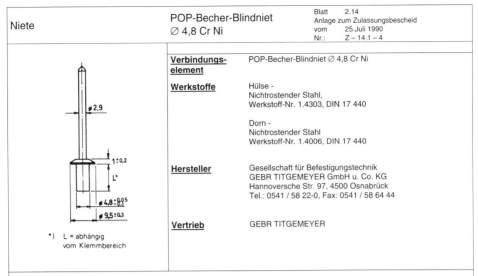

**Verbindungselement**: POP-Becher-Blindniet ⌀ 4,8 Cr Ni

**Werkstoffe**:
Hülse -
Nichtrostender Stahl,
Werkstoff-Nr. 1.4303, DIN 17 440

Dorn -
Nichtrostender Stahl
Werkstoff-Nr. 1.4006, DIN 17 440

**Hersteller**:
Gesellschaft für Befestigungstechnik
GEBR TITGEMEYER GmbH u. Co. KG
Hannoversche Str. 97, 4500 Osnabrück
Tel.: 0541 / 58 22-0, Fax: 0541 / 58 64 44

**Vertrieb**: GEBR TITGEMEYER

*) L = abhängig vom Klemmbereich

**Bauteil II** S 235 xx (für $t_{II} \leq 3$ mm auch S 280 GD oder S 320 GD + xx)

| Blechdicke mm | 0,63 | 0,75 | 0,88 | 1,00 | 1,13 | 1,25 | 1,50 | Belastungsart |
|---|---|---|---|---|---|---|---|---|
| Bohrloch-⌀ mm | | | | 4,9 | | | | |
| 0,63 | 0,70 | 0,80 | 0,90 | 1,00 | 1,00 | 1,00 | 1,05 | |
| 0,75 | 0,70 | 0,95 | 1,00 | 1,10 | 1,15 | 1,15 | 1,20 | |
| 0,88 | 0,70 | 0,95 | 1,15 | 1,20 | 1,25 | 1,30 | 1,35 | |
| 1,00 | 0,70 | 0,95 | 1,15 | 1,25 | 1,35 | 1,40 | 1,45 | |
| 1,13 | 0,70 | 0,95 | 1,15 | 1,25 | 1,45 | 1,50 | 1,55 | |
| 1,25 | 0,70 | 0,95 | 1,15 | 1,25 | 1,45 | 1,70 | 1,70 | |
| 1,50 | 0,70 | 0,95 | 1,15 | 1,25 | 1,45 | 1,70 | 1,85 | |
| 1,75 | | | | | | | | Querkraft zul $F_Q$ kN |
| 2,00 | | | | | | | | |
| 0,63 | 0,25 | 0,35 | 0,45 | 0,55 | 0,65 | 0,75 | 0,95 | |
| 0,75 | 0,25 | 0,35 | 0,45 | 0,55 | 0,65 | 0,75 | 0,95 | |
| 0,88 | 0,25 | 0,35 | 0,45 | 0,55 | 0,65 | 0,75 | 0,95 | |
| 1,00 | 0,25 | 0,35 | 0,45 | 0,55 | 0,65 | 0,75 | 0,95 | |
| 1,13 | 0,25 | 0,35 | 0,45 | 0,55 | 0,65 | 0,75 | 0,95 | |
| 1,25 | 0,25 | 0,35 | 0,45 | 0,55 | 0,65 | 0,75 | 0,95 | |
| 1,50 | 0,25 | 0,35 | 0,45 | 0,55 | 0,65 | 0,75 | 0,95 | |
| 1,75 | | | | | | | | Zugkraft zul $F_Z$ kN |
| 2,00 | | | | | | | | |

**Bauteil I**: Blechdicke in mm feuerverzinktes Stahlblech S 280 GD + xx oder S 320 GD + xx

Bei Zwischenwerten der Bauteildicken I oder II ist jeweils die zulässige Quer- und Zugkraft der geringeren Bauteildicke zu wählen.

# Schrauben
Bohrschrauben

# DRIL-KWICK-Bohrschrauben

Blatt 3.5
Anlage zum Zulassungsbescheid
vom 25.Juli 1990
Nr.: Z – 14.1 – 4

**Verbindungselement:** DRIL-KWICK-Bohrschrauben 4,2 und 4,8
DIN 7504 Form K bzw. N

**Werkstoffe:** Schraube - Stahl (SAE 1018), einsatzgehärtet verzinkt gal Zn 8 bk

**Hersteller:** ARNOLD KNIPPING GmbH
Postfach 10 05 53
5270 Gummersbach
Tel.: 0 22 61 / 320, Fax: 0 22 61 / 3 22 24

**Vertrieb:** ARNOLD KNIPPING GmbH

max. Durchdringung
$\Sigma (t_I + t_{II}) \leq 2{,}5$ mm (Ø 4,2)
$\leq 3{,}5$ mm (Ø 4,8)

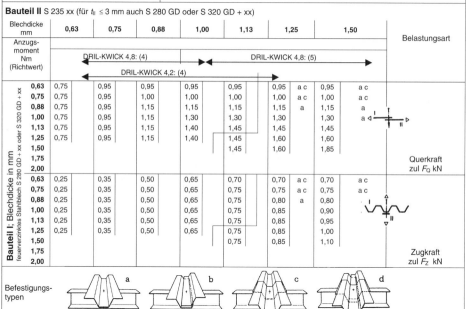

**Bauteil II** S 235 xx (für $t_{II} \leq 3$ mm auch S 280 GD oder S 320 GD + xx)

| Blechdicke mm | 0,63 | 0,75 | 0,88 | 1,00 | 1,13 | 1,25 | 1,50 | Belastungsart |
|---|---|---|---|---|---|---|---|---|
| Anzugsmoment Nm (Richtwert) | DRIL-KWICK 4,8: (4) | | | DRIL-KWICK 4,8: (5) | | | | |
| | DRIL-KWICK 4,2: (4) | | | | | | | |
| **Bauteil I:** Blechdicke in mm, feuerverzinktes Stahlblech S 280 GD + xx oder S 320 GD + xx | | | | | | | | |
| 0,63 | 0,75 | 0,95 | 0,95 | 0,95 | 0,95 | 0,95  a c | 0,95 | a c |
| 0,75 | 0,75 | 0,95 | 1,00 | 1,00 | 1,00 | 1,00  a c | 1,00 | a c |
| 0,88 | 0,75 | 0,95 | 1,15 | 1,15 | 1,15 | 1,15  a | 1,15 | a |
| 1,00 | 0,75 | 0,95 | 1,15 | 1,30 | 1,30 | 1,30 | 1,30 | a |
| 1,13 | 0,75 | 0,95 | 1,15 | 1,40 | 1,45 | 1,45 | 1,45 | |
| 1,25 | 0,75 | 0,95 | 1,15 | 1,40 | 1,45 | 1,60 | 1,60 | |
| 1,50 | | | | | 1,45 | 1,60 | 1,85 | |
| 1,75 | | | | | | | | Querkraft zul $F_Q$ kN |
| 2,00 | | | | | | | | |
| 0,63 | 0,25 | 0,35 | 0,50 | 0,65 | 0,70 | 0,70  a c | 0,70 | a c |
| 0,75 | 0,25 | 0,35 | 0,50 | 0,65 | 0,75 | 0,75  a c | 0,75 | a c |
| 0,88 | 0,25 | 0,35 | 0,50 | 0,65 | 0,75 | 0,80  a | 0,80 | |
| 1,00 | 0,25 | 0,35 | 0,50 | 0,65 | 0,75 | 0,85 | 0,90 | |
| 1,13 | 0,25 | 0,35 | 0,50 | 0,65 | 0,75 | 0,85 | 0,95 | |
| 1,25 | 0,25 | 0,35 | 0,50 | 0,65 | 0,75 | 0,85 | 1,00 | |
| 1,50 | | | | | 0,75 | 0,85 | 1,10 | |
| 1,75 | | | | | | | | Zugkraft zul $F_Z$ kN |
| 2,00 | | | | | | | | |

**Befestigungstypen:** a, b, c, d

Die bei Querbeanspruchung infolge Temperatur ohne rechnerischen Nachweis zulässigen Befestigungstypen sind jeweils neben den zulässigen Kräften in der Tabelle angegeben.

Bei Zwischenwerten der Bauteildicken 1 oder II ist jeweils die zulässige Quer- und Zugkraft der geringeren Bauteildicke zu wählen.

# Verbindungselemente

| Schrauben | SFS | | Blatt 3.6 |
|---|---|---|---|
| Bohrschrauben | | spedec SX3 – S16 – 5,5 x L | Anlage zum Zulassungsbescheid vom 25.Juli 1990 Nr.: Z – 14.1 – 4 |

| | |
|---|---|
| **Verbindungselement** | Bohrschraube spedec SX3 – S16 – 5,5 x L |
| **Werkstoffe** | Schraube - Nichtrostender Stahl, Werkstoff-Nr. 1.4301, DIN 17 440 |
| | Scheibe - Nichtrostender Stahl Werkstoff-Nr. 1.4301, „DIN 17 440 mit aufvulkanisierter Elastomer-Dichtung |
| **Hersteller** | SFS Stadler AG CH – 9435 Heerbrugg |
| **Vertrieb** | SFS Stadler GmbH + Co KG D – 6370 Oberursel, Postfach 1860 Tel. 06171/7002-0, Fax: 06171/79385 |

maximale Durchdringung $\Sigma (t_I + t_{II}) \leq 4$ mm

**Bauteil II** S 235 xx (für $t_{II} \leq 3$ mm auch S 280 GD oder S 320 GD + xx)

| Blechdicke mm | 2 x 0,63 | 2 x 0,75 | 2 x 0,88 | 2 x 1,0 | 2 x 1,13 | 2 x 1,25 | Belastungsart |
|---|---|---|---|---|---|---|---|
| Anzugsmoment Nm (Richtwert) | anschlagorientiert verschrauben | | | (7) | | | |
| **0,63** | 0,75 | 0,75 | 0,75 | 0,75 a | 0,75 a c | 0,75 a c | |
| **0,75** | 0,75 | 1,85 | 1,00 | 1,10 | 1,25 a c | 1,35 a c | |
| **0,88** | 0,75 | 1,85 | 1,15 | 1,35 | 1,70 | 1,70 | |
| **1,00** | 0,75 | 1,85 | 1,30 | 1,65 | 1,85 | 2,05 | |
| **1,13** | 0,75 | 1,85 | 1,30 | 1,65 | 2,00 | 2,10 | |
| **1,25** | 0,75 | 1,85 | 1,30 | 1,65 | 2,15 | 2,15 | |
| | | | | | | | Querkraft zul $F_Q$ kN |
| **0,63** | 0,65 | 1,05 | 1,30 | 1,45 a | 1,45 a c | 1,45 a c | |
| **0,75** | 0,65 | 1,05 | 1,30 | 1,50 | 1,75 a c | 1,75 a c | |
| **0,88** | 0,65 | 1,05 | 1,30 | 1,50 | 1,80 | 2,10 | |
| **1,00** | 0,65 | 1,05 | 1,30 | 1,50 | 1,80 | 2,10 | |
| **1,13** | 0,65 | 1,05 | 1,30 | 1,50 | 1,80 | 2,10 | |
| **1,25** | 0,65 | 1,05 | 1,30 | 1,50 | 1,80 | 2,10 | |
| | | | | | | | Zugkraft zul $F_Z$ kN |

**Bauteil I:** Blechdicke in mm feuerverzinktes Stahlblech S 280 GD + xx oder S 320 GD + xx

Befestigungstypen: 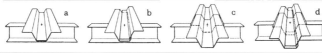  a   b   c   d

Die bei Querbeanspruchung infolge Temperatur ohne rechnerischen Nachweis zulässigen Befestigungstypen sind jeweils neben den zulässigen Kräften in der Tabelle angegeben.

Bei Zwischenwerten der Bauteildicken I oder II ist jeweils die zulässige Quer- und Zugkraft der geringeren Bauteildicke zu wählen.

| Schrauben | SFS | spedec SL2 – H15 – 6,3 x L | Blatt 3.10 |
| --- | --- | --- | --- |
| Bohrschrauben | | | Anlage zum Zulassungsbescheid vom 25.Juli 1990 |
| | | | Nr.: Z – 14.1 – 4 |

| | | |
| --- | --- | --- |
| | **Verbindungs-element** | Bohrschraube spedec SL2 – H15 – 6,3 x L |
| | **Werkstoffe** | Schraube - Kohlenstoffstahl einsatzgehärtet, verzinkt, gal Zn 8 bk |
| | **Hersteller** | SFS Stadler AG CH – 9435 Heerbrugg |
| maximale Durchdringung $\Sigma (t_I + t_{II}) \leq 2$ mm | **Vertrieb** | SFS Stadler GmbH + Co KG D – 6370 Oberursel, Postfach 1860 Tel. 06171/7002-0, Fax: 06171/79385 |

**Bauteil II** S 235 xx (für $t_{II} \leq 3$ mm auch S 280 GD oder S 320 GD + xx)

| Blechdicke mm | 0,63 | 0,75 | 0,88 | 1,0 | | 1,13 | | 1,25 | | Belastungsart |
| --- | --- | --- | --- | --- | --- | --- | --- | --- | --- | --- |
| Anzugs-moment Nm (Richtwert) | | | | (7) | | | | | | |
| 0,63 | 0,45 | 0,50 | 0,55 | 0,65 | a | 0,70 | a | 0,80 | a | |
| 0,75 | 0,45 | 1,35 | 1,35 | 1,35 | | 1,35 | | 1,35 | a | |
| 0,88 | 0,45 | 1,35 | 1,80 | 1,80 | | 1,80 | | 1,80 | | |
| 1,00 | 0,45 | 1,35 | 1,80 | 1,95 | | 2,05 | | 2,05 | | Querkraft |
| 1,13 | 0,45 | 1,35 | 1,80 | | | | | | | zul $F_Q$ kN |
| 1,25 | 0,45 | 1,35 | | | | | | | | |
| 0,63 | 0,40 | 0,55 | 0,70 | 0,80 | a | 0,90 | a | 0,90 | a | |
| 0,75 | 0,40 | 0,55 | 0,70 | 0,80 | | 0,90 | | 1,45 | a | |
| 0,88 | 0,40 | 0,55 | 0,70 | 0,80 | | 0,95 | | 0,95 | | |
| 1,00 | 0,40 | 0,55 | 0,70 | 0,80 | | 0,95 | | 0,95 | | Zugkraft |
| 1,13 | 0,40 | 0,55 | 0,70 | | | | | | | zul $F_Z$ kN |
| 1,25 | 0,40 | 0,55 | | | | | | | | |

Bauteil I: Blechdicke in mm feuerverzinktes Stahlblech S 280 GD + xx oder S 320 GD + xx

Befestigungstypen: a, b, c, d

Die bei Querbeanspruchung infolge Temperatur ohne rechnerischen Nachweis zulässigen Befestigungstypen sind jeweils neben den zulässigen Kräften in der Tabelle angegeben.

Bei Zwischenwerten der Bauteildicken I oder II ist jeweils die zulässige Quer- und Zugkraft der geringeren Bauteildicke zu wählen.

# Verbindungselemente

| Schrauben | DRIL-KWICK- | Blatt 3.11 |
| Bohrschrauben | Bohrschrauben Kn | Anlage zum Zulassungsbescheid vom 25.Juli 1990 Nr.: Z – 14.1 – 4 |

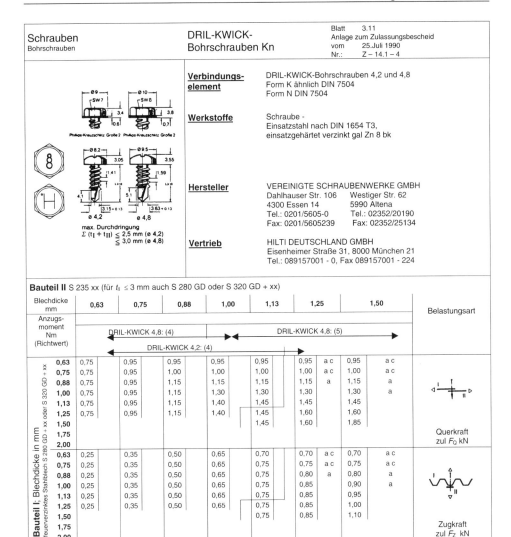

**Verbindungselement**: DRIL-KWICK-Bohrschrauben 4,2 und 4,8
Form K ähnlich DIN 7504
Form N DIN 7504

**Werkstoffe**: Schraube -
Einsatzstahl nach DIN 1654 T3,
einsatzgehärtet verzinkt gal Zn 8 bk

**Hersteller**: VEREINIGTE SCHRAUBENWERKE GMBH
Dahlhauser Str. 106 — Westiger Str. 62
4300 Essen 14 — 5990 Altena
Tel.: 0201/5605-0 — Tel.: 02352/20190
Fax: 0201/5605239 — Fax: 02352/25134

**Vertrieb**: HILTI DEUTSCHLAND GMBH
Eisenheimer Straße 31, 8000 München 21
Tel.: 089157001 - 0, Fax 089157001 - 224

**Bauteil II** S 235 xx (für $t_{II} \leq 3$ mm auch S 280 GD oder S 320 GD + xx)

| Blechdicke mm | 0,63 | 0,75 | 0,88 | 1,00 | 1,13 | 1,25 | 1,50 | Belastungsart |
|---|---|---|---|---|---|---|---|---|
| Anzugsmoment Nm (Richtwert) | DRIL-KWICK 4,8: (4) | | | | DRIL-KWICK 4,8: (5) | | | |
| | DRIL-KWICK 4,2: (4) | | | | | | | |
| **Bauteil I: Blechdicke in mm** feuerverzinktes Stahlblech S 280 GD + xx oder S 320 GD + xx | | | | | | | | |
| 0,63 | 0,75 | 0,95 | 0,95 | 0,95 | 0,95 | 0,95 a c | 0,95 a c | |
| 0,75 | 0,75 | 0,95 | 1,00 | 1,00 | 1,00 | 1,00 a c | 1,00 a c | |
| 0,88 | 0,75 | 0,95 | 1,15 | 1,15 | 1,15 | 1,15 a | 1,15 a | |
| 1,00 | 0,75 | 0,95 | 1,15 | 1,30 | 1,30 | 1,30 | 1,30 a | Querkraft zul $F_Q$ kN |
| 1,13 | 0,75 | 0,95 | 1,15 | 1,40 | 1,45 | 1,45 | 1,45 | |
| 1,25 | 0,75 | 0,95 | 1,15 | 1,40 | 1,45 | 1,60 | 1,60 | |
| 1,50 | | | | | 1,45 | 1,60 | 1,85 | |
| 1,75 | | | | | | | | |
| 2,00 | | | | | | | | |
| 0,63 | 0,25 | 0,35 | 0,50 | 0,65 | 0,70 | 0,70 a c | 0,70 a c | |
| 0,75 | 0,25 | 0,35 | 0,50 | 0,65 | 0,75 | 0,75 a c | 0,75 a c | |
| 0,88 | 0,25 | 0,35 | 0,50 | 0,65 | 0,75 | 0,80 a | 0,80 a | |
| 1,00 | 0,25 | 0,35 | 0,50 | 0,65 | 0,75 | 0,85 | 0,90 a | Zugkraft zul $F_Z$ kN |
| 1,13 | 0,25 | 0,35 | 0,50 | 0,65 | 0,75 | 0,85 | 0,95 | |
| 1,25 | 0,25 | 0,35 | 0,50 | 0,65 | 0,75 | 0,85 | 1,00 | |
| 1,50 | | | | | 0,75 | 0,85 | 1,10 | |
| 1,75 | | | | | | | | |
| 2,00 | | | | | | | | |

**Befestigungstypen**: a, b, c, d

Die bei Querbeanspruchung infolge Temperatur ohne rechnerischen Nachweis zulässigen Befestigungstypen sind jeweils neben den zulässigen Kräften in der Tabelle angegeben.

Bei Zwischenwerten der Bauteildicken 1 oder II ist jeweils die zulässige Quer- und Zugkraft der geringeren Bauteildicke zu wählen.

# Schrauben
Bohrschrauben

MD 01 Z  4,2

Blatt  3.50
Anlage zum Ergänzungsbescheid
vom  25. Juli 1990
Nr.:  Z – 14.1 – 4

| | |
|---|---|
| **Verbindungs-element** | Bohrschraube<br>TS - MD 01 Z  4,2 x L<br>Kopf ähnlich DIN 7504 Form K |
| **Werkstoffe** | Schraube<br>Stahl einsatzgehärtet<br>verzinkt gal Zn 8 bk |
| **Hersteller** | She Fung Screws Co. Ltd.<br>3 rd Floor, Cheng Teh Road<br>Sec. 7 Pe – Tou<br>Taipei, Taiwan |
| **Vertrieb** | HILTI DEUTSCHLAND GMBH<br>Eisenheimer Straße 31, 8000 München 21<br>Tel.: 089157001 - 0, Fax 089157001 - 224 |

maximale Durchdringung $\Sigma(t_I + t_{II}) \leq 2{,}50$ mm

**Bauteil II** S 235 xx (für $t_{II} \leq 3$ mm auch S 280 GD oder S 320 GD + xx)

| Blechdicke mm | 0,63 | 0,75 | 0,88 | 1,00 | 1,13 | | 1,25 | | 1,50 | | Belastungsart |
|---|---|---|---|---|---|---|---|---|---|---|---|
| anschlagorientiert verschrauben | Gesamtdicke ($t_I + t_{II}$) in mm | | | | bis 1,25 | | bis 2,50 | | | | |
| | Anzugsmoment in Nm (Richtwert) | | | | (2) | | (4) | | | | |
| **0,63** | 0,75 | 1,00 | 1,25 | 1,30 | 1,30 | a c | 1,30 | a c | 1,30 | a | |
| **0,75** | 0,85 | 1,05 | 1,30 | 1,50 | 1,80 | | 2,00 | | 2,00 | | |
| **0,88** | 0,90 | 1,10 | 1,40 | 1,65 | 2,00 | | 2,25 | | 2,25 | | |
| **1,00** | 0,95 | 1,20 | 1,50 | 1,80 | 2,15 | | 2,50 | | 2,50 | | Querkraft |
| **1,13** | 0,95 | 1,20 | 1,50 | 1,80 | 2,15 | | 2,50 | | | | zul $F_Q$ kN |
| **1,25** | 0,95 | 1,20 | 1,50 | 1,80 | 2,15 | | 2,50 | | | | |
| **1,50** | 0,95 | 1,20 | 1,50 | | | | | | | | |
| **2,00** | | | | | | | | | | | |
| **0,63** | 0,45 | 0,60 | 0,70 | 0,70 | 0,70 | a c | 0,70 | a c | 0,70 | a | |
| **0,75** | 0,45 | 0,60 | 0,70 | 0,85 | 0,95 | | 1,00 | | 1,00 | | |
| **0,88** | 0,45 | 0,60 | 0,70 | 0,85 | 0,95 | | 1,10 | | 1,35 | | |
| **1,00** | 0,45 | 0,60 | 0,70 | 0,85 | 0,95 | | 1,10 | | 1,40 | | Zugkraft |
| **1,13** | 0,45 | 0,60 | 0,70 | 0,85 | 0,95 | | 1,10 | | | | zul $F_Z$ kN |
| **1,25** | 0,45 | 0,60 | 0,70 | 0,85 | 0,95 | | 1,10 | | | | |
| **1,50** | 0,45 | 0,60 | 0,70 | 0,85 | | | | | | | |
| **2,00** | | | | | | | | | | | |

**Bauteil I**; Blechdicke in mm — feuerverzinktes Stahlblech S 280 GD + xx oder S 320 GD + xx

Befestigungstypen: a, b, c, d

Die bei Querbeanspruchung infolge Temperatur ohne rechnerischen Nachweis zulässigen Befestigungstypen sind jeweils neben den zulässigen Kräften in der Tabelle angegeben.

Bei Zwischenwerten der Bauteildicken I oder II ist jeweils die zulässige Quer- und Zugkraft der geringeren Bauteildicke zu wählen.

| Schrauben | | | MD 51 Z  4,2 | | Blatt  3.51 |
|---|---|---|---|---|---|
| Bohrschrauben | | | | | Anlage zum Ergänzungsbescheid |
| | | | | | vom  8. November 1996 |
| | | | | | Nr.:  Z – 14.1 – 4 |

| | **Verbindungs-element** | Bohrschraube TS - MD 51 Z  4,2 x L Kopf ähnlich DIN 7504 Form K |
|---|---|---|
| (Zeichnung: Ø16, Ø8,80 -0,60, SW 7, ≥3,20, ≥3,5, L ≥ 13, 1,40, Ø2,80, Ø4,20, ≥0,70, 4,0 — maximale Durchdringung Σ(t_I + t_II) ≤ 2,50mm) | **Werkstoffe** | Schraube Stahl einsatzgehärtet verzinkt gal Zn 8 bk |
| | | Scheibe Stahl St 02-Z-275 DIN EN 10 143 verzinkt nach DIN 267 Teil 9 ≥ 15 μm mit aufvulkanisierter Elastomer-Dichtung |
| | **Hersteller** | She Fung Screws Co. Ltd. 3 rd Floor, Cheng Teh Road Sec. 7 Pe – Tou Taipei, Taiwan |
| | **Vertrieb** | HILTI DEUTSCHLAND GMBH Eisenheimer Straße 31, 8000 München 21 Tel.: 089157001 - 0, Fax 089157001 - 224 |

**Bauteil II** S 235 xx (für $t_{II}$ ≤ 3 mm auch S 280 GD oder S 320 GD + xx)

| Blechdicke mm | | 0,63 | 0,75 | 0,88 | 1,00 | 1,13 | | 1,25 | | 1,50 | | Belastungsart |
|---|---|---|---|---|---|---|---|---|---|---|---|---|
| | anschlagorientiert verschrauben | Gesamtdicke ($t_I + t_{II}$) in mm | | | | bis 1,25 | | bis 2,50 | | | | |
| | | Anzugsmoment in Nm (Richtwert) | | | | (2) | | (4) | | | | |
| Bauteil I: Blechdicke in mm, feuerverzinktes Stahlblech S 280 GD + xx oder S 320 GD + xx | 0,63 | 0,70 | 0,90 | 1,20 | 1,50 | 1,55 | a c | 1,55 | a c | 1,55 | a | Querkraft zul $F_Q$ kN |
| | 0,75 | 0,70 | 0,90 | 1,20 | 1,50 | 1,80 | | 1,80 | a | 1,80 | a | |
| | 0,88 | 0,70 | 0,90 | 1,20 | 1,50 | 1,85 | | 2,00 | | 2,00 | | |
| | 1,00 | 0,70 | 0,90 | 1,20 | 1,50 | 1,85 | | 2,20 | | 2,20 | | |
| | 1,13 | 0,70 | 0,90 | 1,20 | 1,50 | 1,85 | | 2,20 | | | | |
| | 1,25 | 0,70 | 0,90 | 1,20 | 1,50 | 1,85 | | 2,20 | | | | |
| | 1,50 | 0,70 | 0,90 | 1,20 | 1,50 | | | | | | | |
| | 2,00 | | | | | | | | | | | |
| | 0,63 | 0,45 | 0,60 | 0,70 | 0,85 | 0,95 | a c | 1,10 | a c | 1,30 | a | Zugkraft zul $F_Z$ kN |
| | 0,75 | 0,45 | 0,60 | 0,70 | 0,85 | 0,95 | | 1,10 | a | 1,40 | a | |
| | 0,88 | 0,45 | 0,60 | 0,70 | 0,85 | 0,95 | | 1,10 | | 1,40 | | |
| | 1,00 | 0,45 | 0,60 | 0,70 | 0,85 | 0,95 | | 1,10 | | 1,40 | | |
| | 1,13 | 0,45 | 0,60 | 0,70 | 0,85 | 0,95 | | 1,10 | | | | |
| | 1,25 | 0,45 | 0,60 | 0,70 | 0,85 | 0,95 | | 1,10 | | | | |
| | 1,50 | 0,45 | 0,60 | 0,70 | 0,85 | | | | | | | |
| | 2,00 | | | | | | | | | | | |

| Befestigungstypen | a | b | c | d |
|---|---|---|---|---|

Die bei Querbeanspruchung infolge Temperatur ohne rechnerischen Nachweis zulässigen Befestigungstypen sind jeweils neben den zulässigen Kräften in der Tabelle angegeben.

Bei Zwischenwerten der Bauteildicken I oder II ist jeweils die zulässige Quer- und Zugkraft der geringeren Bauteildicke zu wählen.

| Schrauben | SFS | spedec SD8 – E10 – 5,5 x L | Blatt 4.16 |
|---|---|---|---|
| Bohrschrauben | | | Anlage zum Zulassungsbescheid vom 25. Juli 1990 |
| | | | Nr.: Z – 14.1 – 4 |

| | | |
|---|---|---|
| | **Verbindungselement** | Bohrschraube spedec SD8 – E10 – 5,5 x L |
| | **Werkstoffe** | Schraube - Stahl einsatzgehärtet verzinkt gal Zn 8 bk |
| maximale Durchdringung $\Sigma (t_I + t_{II}) \leq 8$ mm | **Hersteller** | SFS Stadler AG CH – 9435 Heerbrugg |
| | **Vertrieb** | SFS Stadler GmbH + Co KG D – 6370 Oberursel, Postfach 1860 Tel.: 06171/7002-0 Fax.: 06171/79385 |

**Bauteil II** S 235 xx (für $t_{II} \leq 3$ mm auch S 280 GD + xx oder S 320 GD + xx)

| Blechdicke mm | | | 1,50 | | 2,00 | | 3,00 | | 4,00 | | 5,00 | | 6,00 | | Belastungsart |
|---|---|---|---|---|---|---|---|---|---|---|---|---|---|---|---|
| | anschlagorientiert verschrauben | | Gesamtdicke $(t_I + t_{II})$ in mm | | | | | | 1,5 bis 3,0 | | 3,0 bis 6,0 | | 6,0 bis 8,0 | | |
| | | | Anzugsmoment in Nm (Richtwert) | | | | | | (6) | | (8) | | (12) | | |
| **Bauteil I:** Blechdicke in mm feuerverzinktes Stahlblech S 280 GD + xx oder S 320 GD + xx | 0,63 | 1,00 | a c | 1,20 | a c | 1,40 | a c | 1,40 | a c | 1,50 | a c | 1,50 | a c | |
| | 0,75 | 1,20 | a c | 1,40 | a c | 1,60 | a c | 1,70 | a c | 1,70 | a c | 1,80 | a c | |
| | 0,88 | 1,30 | | 1,60 | | 1,90 | a c | 2,00 | a c | 2,10 | a c | 2,10 | a c | |
| | 1,00 | 1,50 | | 1,90 | | 2,20 | | 2,30 | a c | 2,40 | a c | 2,40 | a c | |
| | 1,13 | 1,70 | | 2,10 | | 2,50 | | 2,60 | | 2,70 | | 2,80 | a | |
| | 1,25 | 1,90 | | 2,40 | | 2,80 | | 2,90 | | 3,00 | | 3,20 | | |
| | 1,50 | 2,30 | | 2,60 | | 2,90 | | 3,20 | | 3,50 | | 3,60 | | Querkraft zul $F_Q$ kN |
| | 1,75 | | | | | | | | | | | | | |
| | 2,00 | | | | | | | | | | | | | |
| | 0,63 | 0,90 | a c | 0,90 | a c | 0,90 | a c | 0,90 | a c | 0,90 | a c | 0,90 | a c | |
| | 0,75 | 1,10 | a c | 1,60 | a c | 1,60 | a c | 1,60 | a c | 1,60 | a c | 1,60 | a c | |
| | 0,88 | 1,10 | | 1,60 | | 2,00 | a c | 2,00 | a c | 2,00 | a c | 2,00 | a c | |
| | 1,00 | 1,10 | | 1,60 | | 2,40 | | 2,40 | a c | 2,40 | a c | 2,40 | a c | |
| | 1,13 | 1,10 | | 1,60 | | 2,60 | | 2,60 | | 2,60 | | 2,60 | a | |
| | 1,25 | 1,10 | | 1,60 | | 2,70 | | 2,80 | | 2,80 | | 2,80 | | |
| | 1,50 | 1,10 | | 1,60 | | 2,70 | | 2,90 | | 3,00 | | 3,00 | | Zugkraft zul $F_Z$ kN |
| | 1,75 | | | | | | | | | | | | | |
| | 2,00 | | | | | | | | | | | | | |

| Befestigungstypen | a | b | c | d |

Die bei Querbeanspruchung infolge Temperatur ohne rechnerischen Nachweis zulässigen Befestigungstypen sind jeweils neben den zulässigen Kräften in der Tabelle angegeben.

Bei Zwischenwerten der Bauteildicken I oder II ist jeweils die zulässige Quer- und Zugkraft der geringeren Bauteildicke zu wählen.

# Verbindungselemente

| | | |
|---|---|---|
| **Schrauben** SFS | spedec SD8 – E10 – T15 – 5,5 x L | Blatt 4.18 |
| Bohrschrauben | | Anlage zum Zulassungsbescheid |
| | | vom 25. Juli 1990 |
| | | Nr.: Z – 14.1 – 4 |

| | |
|---|---|
| **Verbindungselement** | Bohrschraube spedec SD8 – E10 – T15 – 5,5 x L |
| **Werkstoffe** | Schraube - Stahl einsatzgehärtet verzinkt gal Zn 8 bk |
| | Scheibe - Stahl verzinkt gal Zn 8 bk mit aufvulkanisierter Elastomer-Dichtung |
| **Hersteller** | SFS Stadler AG CH – 9435 Heerbrugg |
| **Vertrieb** | SFS Stadler GmbH + Co KG D – 6370 Oberursel, Postfach 1860 Tel.: 06171/7002-0 Fax.: 06171/79385 |

Maße: 75, 13±0,3, 15−0,05, 1,81, L ≥ 20, 12, 11, ⌀4,6, ⌀5,5, TORX®-E 10

maximale Durchdringung $\sum (t_I + t_{II}) \geq 8$ mm

**Bauteil II** S 235 xx (für $t_{II} \leq 3$ mm auch S 280 GD + xx oder S 320 GD + xx)

| Blechdicke mm | 1,50 | | 2,00 | | 3,00 | | 4,00 | | 5,00 | | 6,00 | | Belastungsart |
|---|---|---|---|---|---|---|---|---|---|---|---|---|---|
| anschlagorientiert verschrauben | Gesamtdicke $(t_I + t_{II})$ in mm | | | | | | 1,5 bis 3,0 | | 3,0 bis 6,0 | | 6,0 bis 8,0 | | |
| | Anzugsmoment in Nm (Richtwert) | | | | | | (6) | | (8) | | (12) | | |
| **Bauteil I**; Blechdicke in mm feuerverzinktes Stahlblech S 280 GD + xx oder S 320 GD + xx | | | | | | | | | | | | | |
| 0,63 | 0,90 | a c | 1,00 | a c | 1,00 | a c | 1,10 | abcd | 1,10 | abcd | 1,20 | abc | |
| 0,75 | 1,00 | a c | 1,20 | a c | 1,20 | a c | 1,30 | a c | 1,30 | a c | 1,40 | a c | |
| 0,88 | 1,20 | a c | 1,40 | a c | 1,50 | a c | 1,50 | a c | 1,50 | a c | 1,60 | a c | |
| 1,00 | 1,40 | a | 1,60 | a c | 1,70 | a c | 1,70 | a c | 1,80 | a c | 1,80 | a c | Querkraft zul $F_Q$ kN |
| 1,13 | 1,50 | | 1,80 | | 1,90 | a c | 1,90 | a c | 2,00 | a c | 2,10 | a | |
| 1,25 | 1,70 | | 2,00 | | 2,10 | | 2,10 | a | 2,20 | a | 2,30 | a | |
| 1,50 | 2,00 | | 2,40 | | 2,50 | | 2,60 | | 2,70 | | 2,80 | | |
| 1,75 | | | | | | | | | | | | | |
| 2,00 | | | | | | | | | | | | | |
| 0,63 | 1,10 | a c | 1,50 | a c | 1,50 | a c | 1,50 | abcd | 1,50 | abcd | 1,50 | abc | |
| 0,75 | 1,10 | a c | 1,60 | a c | 1,80 | a c | 1,80 | a c | 1,80 | a c | 1,80 | a c | |
| 0,88 | 1,10 | a c | 1,60 | a c | 2,20 | a c | 2,20 | a c | 2,20 | a c | 2,20 | a c | |
| 1,00 | 1,10 | a | 1,60 | a c | 2,50 | a c | 2,50 | a c | 2,50 | a c | 2,50 | a c | Zugkraft zul $F_Z$ kN |
| 1,13 | 1,10 | | 1,60 | | 2,70 | a c | 2,80 | a c | 2,80 | a c | 2,80 | a | |
| 1,25 | 1,10 | | 1,60 | | 2,70 | | 2,90 | | 3,10 | a | 3,10 | a | |
| 1,50 | 1,10 | | 1,60 | | 2,70 | | 2,90 | | 3,10 | | 3,40 | | |
| 1,75 | | | | | | | | | | | | | |
| 2,00 | | | | | | | | | | | | | |

Befestigungstypen: a, b, c, d

Die bei Querbeanspruchung infolge Temperatur ohne rechnerischen Nachweis zulässigen Befestigungstypen sind jeweils neben den zulässigen Kräften in der Tabelle angegeben.

Bei Zwischenwerten der Bauteildicken I oder II ist jeweils die zulässige Quer- und Zugkraft der geringeren Bauteildicke zu wählen.

# Schrauben
Bohrschrauben

MD 03 Z   6,3

Blatt 4.95
Anlage zum Ergänzungsbescheid
vom  8. November 1996
Nr.:  Z – 14.1 – 4

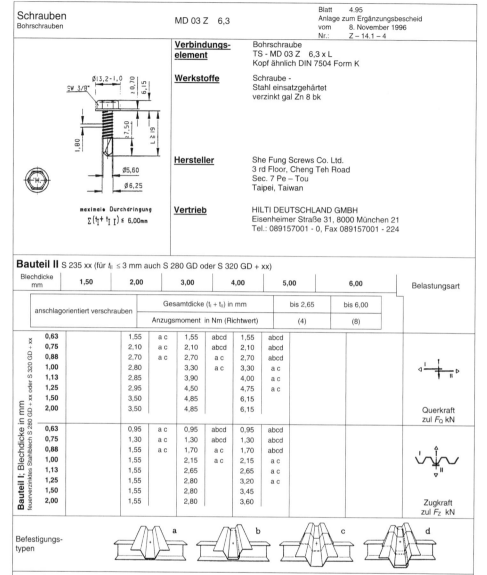

**Verbindungselement**: Bohrschraube TS - MD 03 Z  6,3 x L
Kopf ähnlich DIN 7504 Form K

**Werkstoffe**: Schraube -
Stahl einsatzgehärtet
verzinkt gal Zn 8 bk

**Hersteller**: She Fung Screws Co. Ltd.
3 rd Floor, Cheng Teh Road
Sec. 7 Pe – Tou
Taipei, Taiwan

**Vertrieb**: HILTI DEUTSCHLAND GMBH
Eisenheimer Straße 31, 8000 München 21
Tel.: 089157001 - 0, Fax 089157001 - 224

maximale Durchdringung $\Sigma(t_I + t_{II}) \leq 6{,}00\,mm$

**Bauteil II** S 235 xx (für $t_{II} \leq 3$ mm auch S 280 GD oder S 320 GD + xx)

| Blechdicke mm | 1,50 | 2,00 | | 3,00 | | 4,00 | | 5,00 | 6,00 | Belastungsart |
|---|---|---|---|---|---|---|---|---|---|---|
| anschlagorientiert verschrauben | | Gesamtdicke ($t_I + t_{II}$) in mm | | | | | | bis 2,65 | bis 6,00 | |
| | | Anzugsmoment in Nm (Richtwert) | | | | | | (4) | (8) | |
| Bauteil I: Blechdicke in mm, feuerverzinktes Stahlblech S 280 GD + xx oder S 320 GD + xx | 0,63 | | | 1,55 | a c | 1,55 | abcd | 1,55 | abcd | |
| | 0,75 | | | 2,10 | a c | 2,10 | abcd | 2,10 | abcd | |
| | 0,88 | | | 2,70 | a c | 2,70 | a c | 2,70 | abcd | |
| | 1,00 | | | 2,80 | | 3,30 | a c | 3,30 | a c | |
| | 1,13 | | | 2,85 | | 3,90 | | 4,00 | a c | |
| | 1,25 | | | 2,95 | | 4,50 | | 4,75 | a c | |
| | 1,50 | | | 3,50 | | 4,85 | | 6,15 | | |
| | 2,00 | | | 3,50 | | 4,85 | | 6,15 | | Querkraft zul $F_Q$ kN |
| | 0,63 | | | 0,95 | a c | 0,95 | abcd | 0,95 | abcd | |
| | 0,75 | | | 1,30 | a c | 1,30 | abcd | 1,30 | abcd | |
| | 0,88 | | | 1,55 | a c | 1,70 | a c | 1,70 | abcd | |
| | 1,00 | | | 1,55 | | 2,15 | a c | 2,15 | a c | |
| | 1,13 | | | 1,55 | | 2,65 | | 2,65 | a c | |
| | 1,25 | | | 1,55 | | 2,80 | | 3,20 | a c | |
| | 1,50 | | | 1,55 | | 2,80 | | 3,45 | | |
| | 2,00 | | | 1,55 | | 2,80 | | 3,60 | | Zugkraft zul $F_Z$ kN |

Befestigungstypen: a  b  c  d

Die bei Querbeanspruchung infolge Temperatur ohne rechnerischen Nachweis zulässigen Befestigungstypen sind jeweils neben den zulässigen Kräften in der Tabelle angegeben.

Bei Zwischenwerten der Bauteildicken I oder II ist jeweils die zulässige Quer- und Zugkraft der geringeren Bauteildicke zu wählen.

# Schrauben
Bohrschrauben

MD 53 Z  6,3

Blatt 4.96
Anlage zum Ergänzungsbescheid
vom 8. November 1996
Nr.: Z – 14.1 – 4

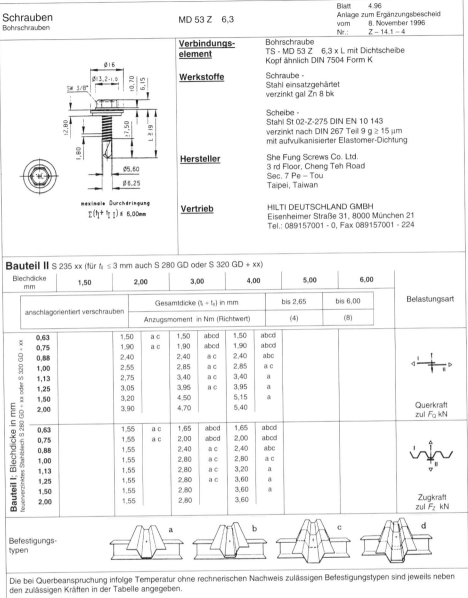

**Verbindungs-element:** Bohrschraube TS - MD 53 Z  6,3 x L mit Dichtscheibe Kopf ähnlich DIN 7504 Form K

**Werkstoffe:**
Schraube - Stahl einsatzgehärtet verzinkt gal Zn 8 bk

Scheibe - Stahl St 02-Z-275 DIN EN 10 143 verzinkt nach DIN 267 Teil 9 g ≥ 15 μm mit aufvulkanisierter Elastomer-Dichtung

**Hersteller:** She Fung Screws Co. Ltd. 3 rd Floor, Cheng Teh Road Sec. 7 Pe – Tou Taipei, Taiwan

**Vertrieb:** HILTI DEUTSCHLAND GMBH Eisenheimer Straße 31, 8000 München 21 Tel.: 089157001 - 0, Fax 089157001 - 224

**Bauteil II** S 235 xx (für $t_{II}$ ≤ 3 mm auch S 280 GD oder S 320 GD + xx)

| Blechdicke mm | 1,50 | 2,00 | 3,00 | 4,00 | 5,00 | 6,00 | Belastungsart |
|---|---|---|---|---|---|---|---|
| anschlagorientiert verschrauben | | Gesamtdicke $(t_I + t_{II})$ in mm | | | bis 2,65 | bis 6,00 | |
| | | Anzugsmoment in Nm (Richtwert) | | | (4) | (8) | |
| **Bauteil I:** Blechdicke in mm feuerverzinktes Stahlblech S 280 GD + xx oder S 320 GD + xx | | | | | | | |
| 0,63 | 1,50 a c | 1,50 abcd | 1,50 abcd | | | | |
| 0,75 | 1,90 a c | 1,90 abcd | 1,90 abcd | | | | |
| 0,88 | 2,40 | 2,40 a c | 2,40 abc | | | | |
| 1,00 | 2,55 | 2,85 a c | 2,85 a c | | | | |
| 1,13 | 2,75 | 3,40 a c | 3,40 a | | | | Querkraft |
| 1,25 | 3,05 | 3,95 a c | 3,95 a | | | | zul $F_Q$ kN |
| 1,50 | 3,20 | 4,50 | 5,15 a | | | | |
| 2,00 | 3,90 | 4,70 | 5,40 | | | | |
| 0,63 | 1,55 a c | 1,65 abcd | 1,65 abcd | | | | |
| 0,75 | 1,55 a c | 2,00 abcd | 2,00 abcd | | | | |
| 0,88 | 1,55 | 2,40 a c | 2,40 abc | | | | |
| 1,00 | 1,55 | 2,80 a c | 2,80 a c | | | | |
| 1,13 | 1,55 | 2,80 a c | 3,20 a | | | | |
| 1,25 | 1,55 | 2,80 a c | 3,60 a | | | | Zugkraft |
| 1,50 | 1,55 | 2,80 | 3,60 a | | | | zul $F_Z$ kN |
| 2,00 | 1,55 | 2,80 | 3,60 | | | | |

**Befestigungs-typen:** a  b  c  d

Die bei Querbeanspruchung infolge Temperatur ohne rechnerischen Nachweis zulässigen Befestigungstypen sind jeweils neben den zulässigen Kräften in der Tabelle angegeben.

Bei Zwischenwerten der Bauteildicken I oder II ist jeweils die zulässige Quer- und Zugkraft der geringeren Bauteildicke zu wählen.

## Schrauben
Bohrschrauben

**MD 75 Z  5,5**

Blatt 4.100  
Anlage zum Ergänzungsbescheid  
vom 8. November 1996  
Nr.: Z – 14.1 – 4

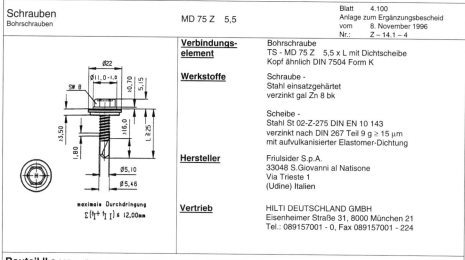

| | |
|---|---|
| **Verbindungselement** | Bohrschraube<br>TS - MD 75 Z  5,5 x L mit Dichtscheibe<br>Kopf ähnlich DIN 7504 Form K |
| **Werkstoffe** | Schraube -<br>Stahl einsatzgehärtet<br>verzinkt gal Zn 8 bk<br><br>Scheibe -<br>Stahl St 02-Z-275 DIN EN 10 143<br>verzinkt nach DIN 267 Teil 9 g $\geq$ 15 µm<br>mit aufvulkanisierter Elastomer-Dichtung |
| **Hersteller** | Friulsider S.p.A.<br>33048 S.Giovanni al Natisone<br>Via Trieste 1<br>(Udine) Italien |
| **Vertrieb** | HILTI DEUTSCHLAND GMBH<br>Eisenheimer Straße 31, 8000 München 21<br>Tel.: 089157001 - 0, Fax 089157001 - 224 |

**Bauteil II** S 235 xx (für $t_{II} \leq 3$ mm auch S 280 GD oder S 320 GD + xx)

| Blechdicke mm | 2,00 | 3,00 | 4,00 | | 5,00 | | 6,00 | | >6,00 | | Belastungsart |
|---|---|---|---|---|---|---|---|---|---|---|---|
| anschlagorientiert verschrauben | | | Gesamtdicke ($t_I + t_{II}$) in mm | | | | bis 4,65 | | bis 12,00 | | |
| | | | Anzugsmoment in Nm (Richtwert) | | | | (5) | | (8) | | |
| 0,63 | | | 1,70 | abcd | 1,70 | abcd | 1,70 | abcd | 1,70 | abcd | |
| 0,75 | | | 2,15 | a c | 2,15 | a c | 2,15 | abcd | 2,15 | abcd | |
| 0,88 | | | 2,70 | a c | 2,70 | a c | 2,70 | a c | 2,70 | a c | |
| 1,00 | | | 3,25 | a c | 3,25 | a c | 3,25 | a c | 3,25 | a c | |
| 1,13 | | | 3,30 | a c | 3,30 | a c | 3,75 | a c | 3,75 | a c | |
| 1,25 | | | 3,35 | | 3,80 | | 4,25 | | 4,25 | | |
| 1,50 | | | 3,60 | | 3,90 | | 4,25 | | 4,25 | | |
| 2,00 | | | 4,00 | | 4,00 | | 4,25 | | 4,25 | | Querkraft zul $F_Q$ kN |
| 0,63 | | | 1,50 | abcd | 1,50 | abcd | 1,50 | abcd | 1,50 | abcd | |
| 0,75 | | | 1,60 | a c | 1,60 | a c | 1,60 | abcd | 1,60 | abcd | |
| 0,88 | | | 1,75 | a c | 1,75 | a c | 1,75 | a c | 1,75 | a c | |
| 1,00 | | | 1,85 | a c | 1,85 | a c | 1,85 | a c | 1,85 | a c | |
| 1,13 | | | 1,95 | a c | 1,95 | a c | 1,95 | a c | 1,95 | a c | |
| 1,25 | | | 2,05 | | 2,05 | | 2,05 | | 2,05 | | |
| 1,50 | | | 2,25 | | 2,25 | | 2,25 | | 2,25 | | |
| 2,00 | | | 2,60 | | 2,60 | | 2,60 | | 2,60 | | Zugkraft zul $F_Z$ kN |

(Bauteil I: Blechdicke in mm, feuerverzinktes Stahlblech S 280 GD + xx oder S 320 GD + xx)

Befestigungstypen: a, b, c, d

Die bei Querbeanspruchung infolge Temperatur ohne rechnerischen Nachweis zulässigen Befestigungstypen sind jeweils neben den zulässigen Kräften in der Tabelle angegeben.

Bei Zwischenwerten der Bauteildicken I oder II ist jeweils die zulässige Quer- und Zugkraft der geringeren Bauteildicke zu wählen.

# Verbindungselemente

| Schrauben | | Karro – Inox Typ A | | Blatt 5.3 Anlage zum Zulassungsbescheid vom 25.Juli 1990 Nr.: Z – 14.1 – 4 |
|---|---|---|---|---|

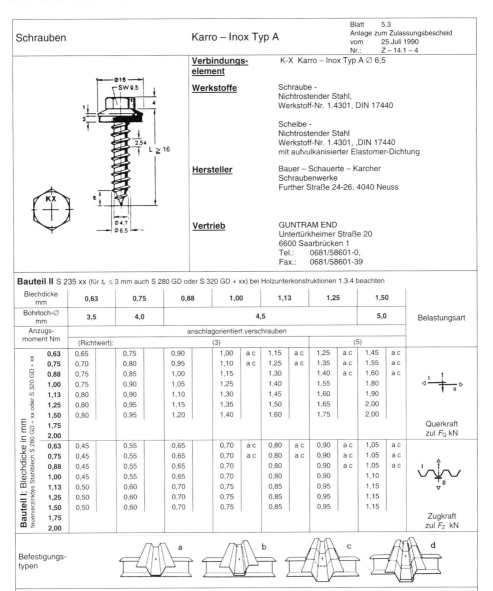

| | Verbindungselement | K-X Karro – Inox Typ A ⌀ 6,5 |
|---|---|---|
| | Werkstoffe | Schraube - Nichtrostender Stahl, Werkstoff-Nr. 1.4301, DIN 17440 |
| | | Scheibe - Nichtrostender Stahl Werkstoff-Nr. 1.4301, ,DIN 17440 mit aufvulkanisierter Elastomer-Dichtung |
| | Hersteller | Bauer – Schauerte – Karcher Schraubenwerke Further Straße 24-26, 4040 Neuss |
| | Vertrieb | GUNTRAM END Untertürkheimer Straße 20 6600 Saarbrücken 1 Tel.: 0681/58601-0, Fax.: 0681/58601-39 |

**Bauteil II** S 235 xx (für $t_{II}$ ≤ 3 mm auch S 280 GD oder S 320 GD + xx) bei Holzunterkonstruktionen 1.3.4 beachten

| | Blechdicke mm | 0,63 | | 0,75 | | 0,88 | | 1,00 | | 1,13 | | 1,25 | | 1,50 | | Belastungsart |
|---|---|---|---|---|---|---|---|---|---|---|---|---|---|---|---|---|
| | Bohrloch-⌀ mm | 3,5 | | 4,0 | | | | 4,5 | | | | | | 5,0 | | |
| | Anzugsmoment Nm | anschlagorientiert verschrauben | | | | | | | | | | | | | | |
| | | (Richtwert): | | | | (3) | | | | | | (5) | | | | |
| **Bauteil I:** Blechdicke in mm feuerverzinktes Stahlblech S 280 GD + xx oder S 320 GD + xx | 0,63 | 0,65 | | 0,75 | | 0,90 | | 1,00 | a c | 1,15 | a c | 1,25 | a c | 1,45 | a c | |
| | 0,75 | 0,70 | | 0,80 | | 0,95 | | 1,10 | a c | 1,25 | a c | 1,35 | a c | 1,55 | a c | |
| | 0,88 | 0,75 | | 0,85 | | 1,00 | | 1,15 | | 1,30 | | 1,40 | a c | 1,60 | a c | |
| | 1,00 | 0,75 | | 0,90 | | 1,05 | | 1,25 | | 1,40 | | 1,55 | | 1,80 | | |
| | 1,13 | 0,80 | | 0,90 | | 1,10 | | 1,30 | | 1,45 | | 1,60 | | 1,90 | | |
| | 1,25 | 0,80 | | 0,95 | | 1,15 | | 1,35 | | 1,50 | | 1,65 | | 2,00 | | |
| | 1,50 | 0,80 | | 0,95 | | 1,20 | | 1,40 | | 1,60 | | 1,75 | | 2,00 | | |
| | 1,75 | | | | | | | | | | | | | | | Querkraft zul $F_Q$ kN |
| | 2,00 | | | | | | | | | | | | | | | |
| | 0,63 | 0,45 | | 0,55 | | 0,65 | | 0,70 | a c | 0,80 | a c | 0,90 | a c | 1,05 | a c | |
| | 0,75 | 0,45 | | 0,55 | | 0,65 | | 0,70 | a c | 0,80 | a c | 0,90 | a c | 1,05 | a c | |
| | 0,88 | 0,45 | | 0,55 | | 0,65 | | 0,70 | | 0,80 | | 0,90 | a c | 1,05 | a c | |
| | 1,00 | 0,45 | | 0,55 | | 0,65 | | 0,70 | | 0,80 | | 0,90 | | 1,10 | | |
| | 1,13 | 0,50 | | 0,60 | | 0,70 | | 0,75 | | 0,85 | | 0,95 | | 1,15 | | |
| | 1,25 | 0,50 | | 0,60 | | 0,70 | | 0,75 | | 0,85 | | 0,95 | | 1,15 | | |
| | 1,50 | 0,50 | | 0,60 | | 0,70 | | 0,75 | | 0,85 | | 0,95 | | 1,15 | | |
| | 1,75 | | | | | | | | | | | | | | | Zugkraft zul $F_Z$ kN |
| | 2,00 | | | | | | | | | | | | | | | |

| Befestigungstypen | a b c d |
|---|---|

Die bei Querbeanspruchung infolge Temperatur ohne rechnerischen Nachweis zulässigen Befestigungstypen sind jeweils neben den zulässigen Kräften in der Tabelle angegeben.

Bei Zwischenwerten der Bauteildicken 1 oder II ist jeweils die zulässige Quer- und Zugkraft der geringeren Bauteildicke zu wählen.

| Schrauben | SFS | topform TDA – S – S16 – 6,5 x L | Blatt 5.10 Anlage zum Zulassungsbescheid vom 25.Juli 1990 Nr.: Z – 14.1 – 4 |
|---|---|---|---|

| | | |
|---|---|---|
| | **Verbindungselement** | topform TDA Typ A ⌀ 6,5<br>topform TDA – S – S16 – 6,5 x L |
| | **Werkstoffe** | Schraube -<br>Nichtrostender Stahl,<br>Werkstoff-Nr. 1.4301, DIN 17440<br><br>Scheibe -<br>Nichtrostender Stahl<br>Werkstoff-Nr. 1.4301, ,DIN 17440<br>mit aufvulkanisierter Elastomer-Dichtung |
| | **Hersteller** | SFS Stadler AG<br>CH – 9435 Heerbrugg |
| | **Vertrieb** | SFS Stadler GmbH + Co KG<br>D – 6370 Oberursel, Postfach 1860<br>Tel. 06171/7002-0, Fax: 06171/79385 |

**Bauteil II** S 235 xx (für $t_{II} \leq 3$ mm auch S 280 GD oder S 320 GD + xx), bei Holzunterkonstruktionen 1.3.4 beachten

| Blechdicke mm | 1,00 | | 1,13 | | 1,25 | | 1,50 | | 2,00 | | 3,00 | | Belastungsart |
|---|---|---|---|---|---|---|---|---|---|---|---|---|---|
| Bohrloch-⌀ mm | 4,5 | | | | | | 5,0 | | | | | | |
| Anzugsmoment Nm | anschlagorientiert verschrauben | | | | | | | | | | | | |
| (Richtwert): | | | | | | | (5) | | | | | | |
| 0,63 | 1,00 | a c | 1,15 | a c | 1,25 | a c | 1,45 | a c | 1,45 | a c | 1,45 | a c | |
| 0,75 | 1,10 | 1)a c | 1,25 | a c | 1,35 | a c | 1,55 | 2)a c | 1,70 | a c | 1,75 | a c | |
| 0,88 | 1,15 | 1) | 1,30 | | 1,40 | a c | 1,60 | 2)a c | 1,95 | a c | 2,00 | a c | |
| 1,00 | 1,25 | 1) | 1,40 | | 1,55 | | 1,80 | 2) | 2,20 | | 2,25 | a c | |
| 1,13 | 1,30 | 1) | 1,45 | | 1,60 | | 1,90 | 2) | 2,20 | | 2,50 | | |
| 1,25 | 1,35 | 1) | 1,50 | | 1,65 | | 2,00 | 2) | 2,35 | | 2,70 | | |
| 1,50 | 1,40 | 1) | 1,60 | | 1,75 | | 2,00 | 2) | 2,45 | | 2,85 | | |
| 1,75 | | | | | | | | | | | | | Querkraft |
| 2,00 | | | | | | | | | | | | | zul $F_Q$ kN |
| 0,63 | 0,70 | 1)a c | 0,80 | a c | 0,90 | a c | 1,05 | 2)a c | 1,35 | a c | 1,35 | a c | |
| 0,75 | 0,70 | 1)a c | 0,80 | a c | 0,90 | a c | 1,05 | 2)a c | 1,70 | a c | 1,70 | a c | |
| 0,88 | 0,70 | 1) | 0,80 | | 0,90 | a c | 1,05 | 2)a c | 1,85 | a c | 2,05 | a c | |
| 1,00 | 0,70 | 1) | 0,80 | | 0,90 | | 1,10 | 2) | 1,90 | | 2,40 | a c | |
| 1,13 | 0,70 | 1) | 0,85 | | 0,95 | | 1,15 | 2) | 1,90 | | 2,75 | | |
| 1,25 | 0,70 | 1) | 0,85 | | 0,95 | | 1,15 | 2) | 1,90 | | 2,80 | | |
| 1,50 | 0,70 | 1) | 0,85 | | 0,95 | | 1,15 | 2) | 1,90 | | 2,80 | | |
| 1,75 | | | | | | | | | | | | | Zugkraft |
| 2,00 | | | | | | | | | | | | | zul $F_Z$ kN |

**Bauteil I**: Blechdicke in mm feuerverzinktes Stahlblech S 280 GD + xx oder S 320 GD + xx

1) Bei Bohrlochdurchmesser 4,0 mm dürfen zul $F_Q$ u. zul $F_Z$ um 7 % erhöht werden
2) Bei Bohrlochdurchmesser 4,5 mm dürfen zul $F_Q$ um 10 % u. zul $F_Z$ um 15 % erhöht werden

Befestigungstypen: a, b, c, d

Die bei Querbeanspruchung infolge Temperatur ohne rechnerischen Nachweis zulässigen Befestigungstypen sind jeweils neben den zulässigen Kräften in der Tabelle angegeben.

Bei Zwischenwerten der Bauteildicken I oder II ist jeweils die zulässige Quer- und Zugkraft der geringeren Bauteildicke zu wählen.

# Verbindungselemente

| Schrauben | TF2 / Ho – S1 | Blatt 5.12 |
|---|---|---|
| | | Anlage zum Zulassungsbescheid |
| | | vom 25.Juli 1990 |
| | | Nr.: Z – 14.1 – 4 |

**Verbindungselement** LENNE – TF2 / Ho – S1 $\varnothing$ 6,3 x L

**Werkstoffe**
Schraube -
Nichtrostender Stahl,
Werkstoff-Nr. 1.4301, DIN 17440

Scheibe -
Nichtrostender Stahl
Werkstoff-Nr. 1.4301, ,DIN 17440
mit aufvulkanisierter Elastomer-Dichtung

**Hersteller**
VEREINIGTE SCHRAUBENWERKE GMBH
Dahlhauser Str. 106       Westiger Str. 62
4300 Essen 14             5990 Altena
Tel.: 0201/5605-0         Tel.: 02352/20190
Fax: 0201/5605239         Fax: 02352/25134

**Vertrieb**
HILTI DEUTSCHLAND GMBH
Eisenheimer Straße 31, 8000 München 21
Tel.: 089157001 - 0, Fax 089157001 - 224

**Bauteil II** S 235 xx (für $t_{\parallel}$ ≤ 3 mm auch S 280 GD oder S 320 GD + xx)

| Blechdicke mm | 0,63 | 0,75 | 0,88 | 1,00 | | 1,13 | | 1,25 | | 1,50 | | Belastungsart |
|---|---|---|---|---|---|---|---|---|---|---|---|---|
| Bohrloch-$\varnothing$ mm | 3,5 | 4,0 | | 4,5 | | | | | | 5,0 | | |
| Anzugsmoment Nm | | | | anschlagorientiert verschrauben | | | | | | | | |
| (Richtwert): | | | | (3) | | | | (5) | | | | |

| Bauteil I; Blechdicke in mm feuerverzinktes Stahlblech S 280 GD + xx oder S 320 GD + xx | | | | | | | | | | | | |
|---|---|---|---|---|---|---|---|---|---|---|---|---|
| 0,63 | 0,65 | 0,75 | 0,90 | 1,00 | a c | 1,15 | a c | 1,25 | a c | 1,35 | a c | |
| 0,75 | 0,70 | 0,80 | 0,95 | 1,10 | a c | 1,25 | a c | 1,30 | a c | 1,55 | a c | |
| 0,88 | 0,75 | 0,85 | 1,00 | 1,15 | | 1,30 | | 1,40 | a c | 1,60 | a c | |
| 1,00 | 0,75 | 0,90 | 1,05 | 1,25 | | 1,40 | | 1,60 | | 1,80 | | |
| 1,13 | 0,80 | 0,90 | 1,10 | 1,30 | | 1,45 | | 1,70 | | 2,00 | | |
| 1,25 | 0,80 | 0,95 | 1,15 | 1,35 | | 1,50 | | 1,80 | | 2,10 | | |
| 1,50 | 0,80 | 0,95 | 1,20 | 1,40 | | 1,60 | | 1,85 | | 2,20 | | Querkraft zul $F_Q$ kN |
| 1,75 | | | | | | | | | | | | |
| 2,00 | | | | | | | | | | | | |
| 0,63 | 0,45 | 0,55 | 0,65 | 0,70 | a c | 0,80 | a c | 0,90 | a c | 1,05 | a c | |
| 0,75 | 0,45 | 0,55 | 0,65 | 0,70 | a c | 0,80 | a c | 0,90 | a c | 1,20 | a c | |
| 0,88 | 0,45 | 0,55 | 0,65 | 0,70 | | 0,80 | | 0,90 | a c | 1,30 | a c | |
| 1,00 | 0,45 | 0,55 | 0,65 | 0,70 | | 0,80 | | 0,90 | | 1,35 | | |
| 1,13 | 0,50 | 0,60 | 0,70 | 0,75 | | 0,85 | | 0,95 | | 1,35 | | |
| 1,25 | 0,50 | 0,60 | 0,70 | 0,75 | | 0,85 | | 0,95 | | 1,35 | | |
| 1,50 | 0,50 | 0,60 | 0,70 | 0,75 | | 0,85 | | 0,95 | | 1,35 | | Zugkraft zul $F_Z$ kN |
| 1,75 | | | | | | | | | | | | |
| 2,00 | | | | | | | | | | | | |

**Befestigungstypen**: a, b, c, d

Die bei Querbeanspruchung infolge Temperatur ohne rechnerischen Nachweis zulässigen Befestigungstypen sind jeweils neben den zulässigen Kräften in der Tabelle angegeben.

Bei Zwischenwerten der Bauteildicken 1 oder II ist jeweils die zulässige Quer- und Zugkraft der geringeren Bauteildicke zu wählen.

# 226 Anhang

| Schrauben | SFS | topform TDB – S – S16 – 6,3 x L | Blatt 6.13 Anlage zum Zulassungsbescheid vom 25.Juli 1990 Nr.: Z – 14.1 – 4 |
|---|---|---|---|

| | | |
|---|---|---|
| | **Verbindungselement** | topform TDB Typ B $\varnothing$ 6,3<br>topform TDB – S – S16 – 6,3 x L |
| | **Werkstoffe** | Schraube -<br>Nichtrostender Stahl,<br>Werkstoff-Nr. 1.4301, DIN 17440<br><br>Scheibe -<br>Nichtrostender Stahl<br>Werkstoff-Nr. 1.4301, ,DIN 17440<br>mit aufvulkanisierter Elastomer-Dichtung |
| | **Hersteller** | SFS Stadler AG<br>CH – 9435 Heerbrugg |
| | **Vertrieb** | SFS Stadler GmbH + Co KG<br>D – 6370 Oberursel, Postfach 1860<br>Tel. 06171/7002-0, Fax: 06171/79385 |

**Bauteil II** S 235 xx (für $t_{II} \leq 3$ mm auch S 280 GD oder S 320 GD + xx)

| Blechdicke mm | 1,25 | | 1,5 | | 2,0 | | 3,0 | | 4,0 | | $\geq 6,0$ | | Belastungsart |
|---|---|---|---|---|---|---|---|---|---|---|---|---|---|
| Bohrloch-$\varnothing$ mm | 5,0 | | | | 5,3 | | | | 5,5<br>5,7 bei $\geq 7,0$ | | | | |
| Anzugs-moment Nm (Richtwert): | anschlagorientiert verschrauben (5) | | | | | | | | | | | | |

**Bauteil I:** Blechdicke in mm feuerverzinktes Stahlblech S 280 GD + xx oder S 320 GD + xx

| | 1,25 | | 1,5 | | 2,0 | | 3,0 | | 4,0 | | $\geq 6,0$ | | |
|---|---|---|---|---|---|---|---|---|---|---|---|---|---|
| 0,63 | 1,25 | a c | 1,35 | a c | 1,45 | abcd | 1,50 | abcd | 1,55 | abcd | 1,55 | abcd | |
| 0,75 | 1,30 | a c | 1,55 | a c | 1,65 | abcd | 1,80 | abcd | 1,85 | abcd | 1,85 | abcd | |
| 0,88 | 1,40 | a c | 1,60 | a c | 1,90 | a c | 2,05 | abcd | 2,15 | abcd | 2,20 | abcd | |
| 1,00 | 1,60 | a c | 1,80 | a c | 2,05 | a c | 2,40 | a c | 2,45 | a c | 2,55 | a c | |
| 1,13 | 1,70 | a c | 2,00 | a c | 2,30 | a c | 2,70 | a c | 2,80 | a c | 2,90 | a c | |
| 1,25 | 1,80 | a c | 2,10 | a c | 2,50 | a c | 3,05 | a c | 3,15 | a c | 3,25 | a c | |
| 1,50 | 1,85 | a c | 2,20 | a c | 2,85 | a c | 3,40 | a c | 3,55 | a c | 3,65 | a c | |
| 1,75 | 1,85 | a c | 2,35 | a c | 3,10 | a c | 3,80 | a c | 3,85 | a c | 4,05 | a c | Querkraft zul $F_Q$ kN |
| 2,00 | 2,50 | | 3,25 | | 4,40 | | 5,15 | | 5,30 | | 5,65 | | |
| 0,63 | 0,90 | a c | 1,25 | a c | 1,40 | abcd | 1,40 | abcd | 1,40 | abcd | 1,40 | abcd | |
| 0,75 | 1,00 | a c | 1,30 | a c | 1,55 | abcd | 1,80 | abcd | 1,80 | abcd | 1,80 | abcd | |
| 0,88 | 1,00 | a c | 1,35 | a c | 1,65 | a c | 1,90 | abcd | 1,90 | abcd | 1,90 | abcd | |
| 1,00 | 1,00 | a c | 1,35 | a c | 1,70 | a c | 2,00 | a c | 2,00 | a c | 2,00 | a c | |
| 1,13 | 1,00 | a c | 1,35 | a c | 1,80 | a c | 2,20 | a c | 2,20 | a c | 2,20 | a c | |
| 1,25 | 1,00 | a c | 1,35 | a c | 1,80 | a c | 2,40 | a c | 2,45 | a c | 2,45 | a c | |
| 1,50 | 1,00 | a c | 1,35 | a c | 1,80 | a c | 2,80 | a c | 2,95 | a c | 2,95 | a c | |
| 1,75 | 1,00 | a c | 1,35 | a c | 1,80 | a c | 2,90 | a c | 3,45 | a c | 3,55 | a c | Zugkraft zul $F_Z$ kN |
| 2,00 | 1,00 | | 1,35 | | 1,80 | | 3,00 | | 3,65 | | 3,80 | | |

Befestigungstypen: a  b  c  d

Die bei Querbeanspruchung infolge Temperatur ohne rechnerischen Nachweis zulässigen Befestigungstypen sind jeweils neben den zulässigen Kräften in der Tabelle angegeben.

Bei Zwischenwerten der Bauteildicken I oder II ist jeweils die zulässige Quer- und Zugkraft der geringeren Bauteildicke zu wählen.

Verbindungselemente 227

| Setzbolzen | ENP 3 – 21 D 12 | Blatt 9.1<br>Anlage zum Zulassungsbescheid<br>vom 25.Juli 1990<br>Nr.: Z – 14.1 – 4 |
|---|---|---|

| | | |
|---|---|---|
| **Verbindungs-<br>element** | Setzbolzen ENP 3 -21 D 12<br>Setzgerät : Hilti DX 600 (N)<br>Schubkolben : 6N/NP 3 | |
| **Werkstoffe** | Setzbolzen : Stahl verzinkt<br>Rondellen : Stahl verzinkt bzw. Kunststoff | |
| **Hersteller** | HILTI DEUTSCHLAND GMBH<br>Elsenheimer Straße 31<br>8000 München 21<br>Tel. 089/57001 – 0<br>Fax 089/57001 – 224 | |
| **Vertrieb** | HILTI DEUTSCHLAND GMBH | |

**Bauteil II** S 235 xx
(für $t_{II} \leq 3$ mm auch S 280 GD oder S 320 GD + xx)

**Bauteil I:** Blechdicke in mm feuerverzinktes Stahlblech S 280 GD + xx oder S 320 GD + xx

| Blechdicke mm | ≥ 6 | Belastungsart |
|---|---|---|
| 0,63 | 1,60 | a,b,c,d |
| 0,75 | 2,00 | a,b,c,d |
| 0,88 | 2,50 | a,b,c,d |
| 1,00 | 3,00 | a,b,c,d |
| 1,13 | 3,50 | a,c |
| 1,25 | 4,00 | a,c |
| 1,50 | 4,30 | a |
| 1,75 | 4,30 | a |
| 2,00 | 4,30 | a |

Querkraft zul $F_Q$ kN

| 0,63 | 0,80 | a,b,c,d |
| 0,75 | 0,95 | a,b,c,d |
| 0,88 | 1,10 | a,b,c,d |
| 1,00 | 1,30 | a,b,c,d |
| 1,13 | 1,40 | a,c |
| 1,25 | 1,60 | a,c |
| 1,50 | 1,90 | a |
| 1,75 | 2,20 | a |
| 2,00 | 3,00 | a |

Zugkraft zul $F_Z$ kN

**Anwendungsrichtlinien:**

Ladung:
- schwarz — stärkste
- rot — sehr starke
- gelb — mittlere

Kopfvorstand: 1 bis 4 Blechlagen

Kartuschenwahl / Anwendungsgrenzen

Bauteil II, Dicke in mm vs. Gesamtblechdicke (mm) Bauteil I
Bauteil II, Dicke in mm vs. Zugfestigkeit $R_m$ (N/mm²)
St 37 / St 52 — Obergrenzen der Zugfestigkeit gemäß DIN 17100

**Befestigungs-<br>typen**: a, b, c, d

Bei kombinierter Beanspruchung, d. h. gleichzeitiger Wirkung von Quer- und Zugkräften reduzieren sich die zulässigen Kräfte auf:

$$\text{zul } F_{Q,\text{red}} = \frac{\text{zul} F_Q}{\sqrt{1+\left(\frac{F_Z}{F_Q} \cdot \frac{\text{zul} F_Q}{\text{zul} F_Z}\right)^2}} \quad ; \quad \text{zul } F_{Q,\text{red}} = \frac{\text{zul} F_Z}{\sqrt{1+\left(\frac{F_Q}{F_Z} \cdot \frac{\text{zul} F_Z}{\text{zul} F_Q}\right)^2}}$$

$\frac{F_Q}{F_Z}$ bzw. $\frac{F_Z}{F_Q}$: Verhältnisse der wirkenden Quer- und Zugkräfte

| Setzbolzen | | ENP 2 - 21 L 15 | Blatt 9.3<br>Anlage zum Zulassungsbescheid<br>vom 25.Juli 1990<br>Nr.: Z – 14.1 – 4 |
|---|---|---|---|
| | | **Verbindungs-<br>element** | Setzbolzen ENP 2 -21 L 15<br>Setzgerät: Hilti DX 600 (N)<br>Schubkolben: 6N/NP 3 |
| | | **Werkstoffe** | Setzbolzen: Stahl verzinkt<br>Rondellen: Stahl tiefgezogen verzinkt |
| | | **Hersteller** | HILTI DEUTSCHLAND GMBH<br>Elsenheimer Straße 31<br>8000 München 21<br>Tel. 089/57001 – 0<br>Fax 089/57001 – 224 |
| | | **Vertrieb** | HILTI DEUTSCHLAND GMBH |

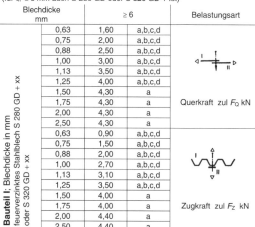

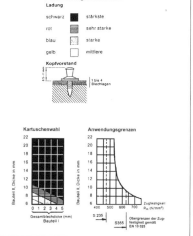

**Bauteil II** S 235 xx
(für $t_{II} \leq 3$ mm auch S 280 GD oder S 320 GD + xx)

| | Blechdicke mm | ≥ 6 | | Belastungsart |
|---|---|---|---|---|
| **Bauteil I:** Blechdicke in mm feuerverzinktes Stahlblech S 280 GD + xx oder S 320 GD + xx | 0,63 | 1,60 | a,b,c,d | Querkraft zul $F_Q$ kN |
| | 0,75 | 2,00 | a,b,c,d | |
| | 0,88 | 2,50 | a,b,c,d | |
| | 1,00 | 3,00 | a,b,c,d | |
| | 1,13 | 3,50 | a,b,c,d | |
| | 1,25 | 4,00 | a,b,c,d | |
| | 1,50 | 4,30 | a | |
| | 1,75 | 4,30 | a | |
| | 2,00 | 4,30 | a | |
| | 2,50 | 4,30 | a | |
| | 0,63 | 0,90 | a,b,c,d | Zugkraft zul $F_Z$ kN |
| | 0,75 | 1,50 | a,b,c,d | |
| | 0,88 | 2,00 | a,b,c,d | |
| | 1,00 | 2,70 | a,b,c,d | |
| | 1,13 | 3,10 | a,b,c,d | |
| | 1,25 | 3,50 | a,b,c,d | |
| | 1,50 | 4,00 | a | |
| | 1,75 | 4,00 | a | |
| | 2,00 | 4,40 | a | |
| | 2,50 | 4,40 | a | |

Befestigungs-
typen

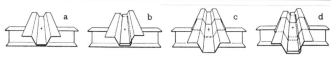

Bei kombinierter Beanspruchung, d. h. gleichzeitiger Wirkung von Quer- und Zugkräften reduzieren sich die zulässigen Kräfte auf:

$$\text{zul } F_{Q,red} = \frac{\text{zul} F_Q}{\sqrt{1+(\frac{F_Z}{F_Q} \cdot \frac{\text{zul} F_Q}{\text{zul} F_Z})^2}} \quad ; \quad \text{zul } F_{Q,red} = \frac{\text{zul} F_Z}{\sqrt{1+(\frac{F_Q}{F_Z} \cdot \frac{\text{zul} F_Q}{\text{zul} F_Z})^2}} \qquad \frac{F_Q}{F_Z} \text{bzw.} \frac{F_Z}{F_Q}: \quad \text{Verhältnisse der wirkenden Quer- und Zugkräfte}$$

## 10.4 Wortlaut der Anpassungsrichtlinie Stahlbau

Für die Anpassung der DIN 18 807-1 bis -3 : 06.87 Trapezprofile im Hochbau, Stahl-trapezprofile, an die Regelungen der DIN 18 800 ist in den „Mitteilungen" des DIBt 26. Jahrgang, Sonderheft 11/1, 2.Auflage, Anpassungsrichtlinien Stahlbau, Ausgabe Mai 1996, der Abschnitt 4.13 maßgebend:

### 4.13 DIN 18 807 Teil 1 bis 3 : 06.87 – Trapezprofile im Hochbau, Stahltrapezprofile

*Mit den 3 Teilen dieser Norm wurde ein größerer Zulassungsbereich beim DIBt abgelöst. In der Regel werden dessenungeachtet als Nachweis der Standsicherheit Versuche nach Teil 2 durchgeführt, wobei eine spezielle – nicht normative – Richtlinie für eine einheitliche Auswertung und Beurteilung durch die prüfende Instanz sorgt. [6]*

Bei Anwendung dieser Norm ist zu beachten:

1 DIN 18 800 Teil 1 enthält Teilsicherheitsbeiwerte $\gamma_F$, $\gamma_M$ (Element 305) und den Kombinationsbeiwert $\psi$ (Element 306), während in DIN 18 807 „Globalfaktoren" $\gamma$ verwendet werden. Dies ist sowohl bei den Beanspruchungen (in DIN 18 807 „$\gamma$-fache vorhandene Beanspruchungsgrößen" genannt) zu beachten (Element 307), die stets unter $\gamma_F$-fachen Einwirkungen zu ermitteln sind, als auch bei den Beanspruchbarkeiten zu berücksichtigen (Element 309), die aus den charakteristischen Werten der Beanspruchbarkeiten $R_k$ (in DIN 18 807 „Aufnehmbare Tragfähigkeitswerte" genannt) durch Dividieren durch den Teilsicherheitsbeiwert $\gamma_M$ zu berechnen sind. Die Formelzeichen der „aufnehmbaren Tragfähigkeitswerte" ($M_d$, $R_d$, $V_d$, $N_d$) sind gemäß DIN 18 800 mit dem Index „k" (statt „d") zu versehen.

2 Bei der Verwendung der Gleichungen in DIN 18 807 Teile 1 bis 3 ist für die Streckgrenze $\beta_S$ der charakteristische Wert $f_{y,k}$ einzusetzen.

3 Außerdem gelten die Festlegungen der nachfolgenden Zusammenstellung.

| Abschnitt | Regelungsinhalt | Festlegungen |
|---|---|---|
| **DIN 18 807 Teil 1** | | |
| 3.3 | Werkstoffe | DIN 17 162 Teil 2 wurde ersetzt durch DIN EN 10 147. Die Streckgrenze $f_{y,k}$ entspricht dem Wert $R_{eH}$. DIN 59 232 wurde ersetzt durch DIN EN 10 143. Es gelten die normalen Grenzabmaße nach Tabelle 2 dieser Norm. |
| 3.3.5 | Korrosionsschutz | Die im 2. Satz zitierte Norm ist DIN 55 928 Teil 8. Bei der geforderten Bandverzinkung der Zinkauflagegruppe 275 nach DIN 17 162 Teil 2 darf neben dem Werkstoff Zink auch die Zink-Aluminiumlegierung Zn-5Al-MM als Überzug verwendet werden. |

| Abschnitt | Regelungsinhalt | Festlegungen |
|---|---|---|
| 4 | Ermittlung der Bemessungswerte | Bei den in Abschnitt 4 genannten Tragfähigkeitswerten handelt es sich um die aus den charakteristischen Werten der Widerstandsgrößen ermittelten Beanspruchbarkeiten $R_k$ analog Element 724 und Element 304. |
| 4.2.2 | Gültigkeitsbereich | Der Abschnitt wird ergänzt durch: Streckgrenze $f_{y,k} \leq 350\,\text{N/mm}^2$ |
| 4.2.3 | Biegebeanspruchte Trapezprofile | Soweit in diesem Abschnitt Spannungen unter „Gebrauchslasten" vorkommen, sind Spannungen als „Beanspruchungen unter 1-fachen Einwirkungen" anzusetzen. |
| 4.2.8 | Trapezprofile unter axialem Druck | Der Abschnitt 4.2.8.1 ist zu ersetzen durch: Für die Berechnung des wirksamen Querschnitts darf von einem Randspannungsverhältnis $\psi = 1{,}0$ ausgegangen werden. Für die Berechnung der mitwirkenden Breiten in den Gurten gelten die Abschnitte 4.2.3.3 und 4.2.3.6. Zur Ermittlung der wirksamen Breite im Steg ist Abschnitt 4.2.3.3 sinngemäß anzuwenden. Zur Berechnung der kritischen Normalkraft für eine Stegsicke gilt Abschnitt 4.2.3.7, wobei die Werte $a_1$ und $a_2$ auf die 1,0-fache Länge der Stegabwicklung zu beziehen sind. Bei der Berechnung der kritischen Normalkraft der Aussteifungen sind die Koeffizienten $k_w = 1$ und $k_f = 1$ zu setzen. Außerdem ist bei gleichzeitigem Vorhandensein von Gurt- und Stegaussteifungen sinngemäß wie in Abschnitt 4.2.3.8 nach Baehre/Huck (s. u.) zu verfahren. |
| 4.2.9 | Trapezprofile unter gleichzeitiger Beanspruchung von Biegemomenten und Auflagerkräften | Die Interaktionsformel in Bild 13 darf alternativ geschrieben werden: $M/M_{B,d}^0 + 0{,}8\,(R/R_{B,d}^0)^2 = 1{,}0$ |
| 7.3.3.2 | Beurteilung der Prüfergebnisse | Der erste Satz wird ersetzt durch: Die in den Abschnitten 3.3.1 und 3.3.2 angegebenen Nennwerte sind Mindestwerte. |
| – | Zitierte Normen und andere Unterlagen | Die Änderungen gemäß Festlegungen zu Abschnitt 3.3 sind zu beachten. Die Literaturstellen werden ergänzt: [3] Baehre, R./Huck, G.: Zur Berechnung der aufnehmbaren Normalkraft von Stahltrapezprofilen nach DIN 18 807 Teile 1 und 3. Der Stahlbau 59 (1990), S. 225–232. |

| Abschnitt | Regelungsinhalt | Festlegungen | | |
|---|---|---|---|---|
| – | Druckfehler: | **Stelle:** Bild 2 d) Bild 9 Unterschrift 4.2.3.7, 6. Zeile Bild 13, Unterschrift 4.2.9, 2. Zeile | **falsch** Stegsicken 3.2.5.3 höchstens Einzellast Einzellast | **richtig** Stegsicken 4.2.3.3 wenigstens Linienlast Linienlast |

**DIN 18807 Teil 2**

| | | |
|---|---|---|
| 3.4.1 | Statisches System | Im Bild 5 ist die korrekte Bezeichnung der Breite der Lasteinleitungsplatte $b_B$ (anstatt $b_a$). |
| 7 | Auswertung der Versuchsergebnisse | Bei den gemäß Abschnitt 7 bestimmten Schnittgrößen bzw. „aufnehmbaren Schnittgrößen" oder „Traglast" handelt es sich um die durch Versuche ermittelten Beanspruchbarkeiten $R_k$ analog Element 724 und Element 304. |
| 7.4.2 | Interaktion zwischen Biegemoment und Zwischenauflagerkraft | Die Interaktionsformel in Bild 12 darf alternativ geschrieben werden: $M/M_{B,d}^0 + (R/R_{B,d}^0)^\varepsilon = 1{,}0$ |

**DIN 18807 Teil 3**

| | | |
|---|---|---|
| 3.2 | Maßgebende Querschnittswerte und aufnehmbare Tragfähigkeitswerte | Statt „aufnehmbare Tragfähigkeitswerte" ist der Begriff „charakteristische Werte der Beanspruchbarkeiten" einzusetzen. |
| 3.3.3.1 | Nachweis der Gebrauchs- und Tragsicherheit | Der Abschnitt wird ersetzt durch: Die Nachweise der Gebrauchstauglichkeit und Tragsicherheit sind nach DIN 18 800 Teil 1, Abschnitt 7, zu führen. Dabei ist nachzuweisen, daß die nach der Elastizitätstheorie aus den $\gamma_F$-fachen Einwirkungen ermittelten Beanspruchungen die Beanspruchbarkeiten, d. h. die $1/\gamma_M$-fachen „aufnehmbaren Tragfähigkeitswerte" nach DIN 18 807 Teil 1 oder Teil 2, nicht überschreiten. Der Nachweis der Tragsicherheit kann bei Durchlaufträgern auch unter Berücksichtigung der nach DIN 18 807 Teil 2, Abschnitt 7.4.3 ermittelten Restmomente über den Zwischenstützen erfolgen. |
| 3.3.3.2 | Sicherheitsbeiwerte | Der Abschnitt wird ersetzt durch: Zur Ermittlung der Bemessungswerte der Beanspruchungen $S_d$ gilt für den Nachweis der Trag- |

| Abschnitt | Regelungsinhalt | Festlegungen |
|---|---|---|
| | | sicherheit DIN 18 800 Teil 1 Abschnitt 7.2.2; für den Nachweis der Gebrauchstauglichkeit gemäß Element 715 gelten die Teilsicherheitsbeiwerte $\gamma_F = 1{,}0$ zur Verwendung bei ständigen Einwirkungen und $\gamma_F = 1{,}15$ zur Verwendung bei veränderlichen Einwirkungen. Zur Ermittlung der Bemessungswerte der Beanspruchbarkeiten $R_d$ aus den charakteristischen Werten der Beanspruchbarkeiten $R_k$ („aufnehmbare Tragfähigkeitswerte") gilt für die Nachweise der Tragsicherheit und Gebrauchstauglichkeit der Teilsicherheitsbeiwert $\gamma_M = 1{,}1$. |
| 3.3.3.6 | Nachweise beim Zusammenwirken von Belastungsgrößen | |
| 3.3.3.6.1 | Biegemoment und Normalkraft | In die Bedingungen sind einzusetzen für $N_Z$, $N_D$, $M$ die Schnittgrößen aus den $\gamma_F$-fachen Einwirkungen, $M_d$, $N_{dz}$, $N_{dD}$ die $1/\gamma_M$-fachen „aufnehmbaren Tragfähigkeitswerte". $N_D$ und $N_{dD}$ sind mit gleichem Vorzeichen einzusetzen. |
| 3.3.3.6.2 | Biegemoment und Auflagerkraft | In die Bedingungen sind einzusetzen für: $R_B$, $M_B$ die Schnittgrößen $R$, $M$ aus den $\gamma_F$-fachen Einwirkungen, für $M_d^0$, max $M_B$ die $1/\gamma_M$-fachen „aufnehmbaren Tragfähigkeitswerte", für $C$ der 1-fache Rechenwert für die Interaktionsbeziehung bei $\varepsilon = 1$ bzw. der $1/\sqrt{\gamma_M}$-fachen Für die beiden Ungleichungen darf alternativ geschrieben werden: $M/\max M_{B,d} \leq 1$ $R/\max R_{B,d} \leq 1$ $M/M_{B,d}^0 + (R/R_{B,d}^0)^\varepsilon \leq 1$ |
| 3.3.3.6.3 | Biege- und Querkraftbeanspruchung | In die Interaktionsbeziehung sind einzusetzen für: $M$, $V$ die Schnittgrößen aus den $\gamma_F$-fachen Einwirkungen, $M_d$, $V_d$ die $1/\gamma_M$-fachen „aufnehmbaren Tragfähigkeitswerte". |
| 3.6.2 | Erforderliche Nachweise | Das Nachweisverfahren ist weiterhin gültig. Im Sinne von DIN 18 800 gelten für die Beanspruchungen und Beanspruchbarkeiten die Teilsicherheitsbeiwerte $\gamma_F = 1{,}0$ und $\gamma_M = 1{,}0$. |

## Literatur zur Anpassungsrichtlinie:

[1] Eggert, H., Fristablauf Dezember 1995 für zulässige Spannungen im Stahlbau, „Mitteilungen" Heft Nr. 2/1995 S. 41/42

[2] Rudnitzky, J., Ende des zul $\sigma$-Bemessungskonzeptes im Stahlbau absehbar, Stahlbau-Nachrichten 1/95 S. 24–26, Deutscher Stahlbau-Verband DSTV Köln

[3] Neues aus dem Normenwerk, NABauwesen (NABau), DIN-Mitt. 74.1995 Nr. 5, S. 360

[4] Lindner, J./Scheer, J./Schmidt, H., Stahlbauten, Erläuterungen zu DIN 18 800 Teil 1 bis Teil 4, Beuth, Ernst & Sohn, 2. Auflage 1994

[5] Saal, H., Erläuterungen zur Anpassungsrichtlinie zu DIN 4119, „Mitteilungen" Heft Nr. 4/1994, S. 121–125

[6] Grundsätze für den Nachweis der Standsicherheit von Trapezprofilen, „Mitteilungen" Heft Nr. 5/1990, Seite 169 ff.

### 10.4.1 Hinweise zum Text der Anpassungsrichtlinie

Leider entsprechen die Formulierungen der Anpassungsrichtlinie nicht der DIN 18 800-1. Für die betroffenen Punkte müßte kosequent wie folgt formuliert werden:

Zu Punkt 1 der DIN 18 807-1 Anwendungsbereich

..... Dies ist bei den Beanspruchungen $S_d$ (in DIN 18 807 $\gamma$-fache vorhandene Beanspruchungsgrößen genannt) zu beachten (Element 307), die von den Bemessungswerten der Einwirkungen $F_d$ verursachte Zustandsgrößen sind und nach Element 707 mit einem Teilsicherheitsbeiwert $\gamma_F$ und gegebenenfalls mit einem Kombinationsbeiwert $\psi$ aus den charakteristischen Werten der Einwirkungen berechnet werden. Die Beanspruchbarkeiten $R_d$ (Element 309) sind Zustandsgrößen von Grenzzuständen des Tragwerks (Grenzgrößen). Ihre Berechnung oder Bestimmung durch Versuche erfolgt aus den Bemessungswerten der Widerstandsgrößen $M_d$ im Allgemeinen mit den charakteristischen Größen $M_k$ der Widerstandsgrößen (in DIN 18 807 „aufnehmbare Tragfähigkeitswerte" genannt) durch Dividieren durch den Teilsicherheitsbeiwert $\gamma_M$ (Element 717 und 724). Die Formelz. . . . .

Zu Punkt 4 der DIN 18 807-1 Ermittlung der Bemessungswerte

Bei den in Abschnitt 4 genannten „Tragfähigkeitswerten" handelt es sich um die charakteristischen Werte von Widerstandsgrößen $M_k$. Analog Element 304, 717 und 724 sind die Bemessungswerte der Widerstandsgrößen $M_d = M_k/\gamma_M$ und daraus die Beanspruchbarkeiten $R_d$ zu ermitteln.

Zu Punkt 7 der DIN18 807-2 Auswertung der Versuchsergebnisse

Bei den gemäß Abschnitt 7 bestimmten Schnittgrößen, hier „aufnehmbare Schnittgrößen" oder „Traglast" genannt, handelt es sich um die durch Versuche ermittelten charakteristischen Werte von Widerstandsgrößen $M_k$ analog Element 304 und 717 der DIN 18800-1.

Zu Punkt 3.2 der DIN 18 807 Teil-3 Maßgebende Querschnittswerte und aufnehmbare Tragfähigkeitswerte

Statt „aufnehmbare Tragfähigkeitswerte" ist der Begriff charakteristische Werte der Widerstandsgrößen einzusetzen.

Zu Punkt 3.3.3.1 der DIN 18 807-3 Nachweis der Gebrauchs- und Tragsicherheit

Die Nachweise der Gebrauchstauglichkeit und der Tragsicherheit sind, nach DIN 18 800-1, Abschnitt 7 zu führen. Dabei ist nachzuweisen, dass die nach der Elastizitätstheorie aus den Bemessungswerten der Einwirkungen $F_d = \psi \cdot \gamma_F \cdot F_k$ ermittelten Beanspruchungen $S_d$, die aus den Bemessungswerten der Widerstandsgrößen $M_d = M_k/\gamma_M$ berechneten Beanspruchbarkeiten $R_d$, d. h. die durch $\gamma_M$ geteilten „aufnehmbaren Tragfähigkeitswerte" nach DIN 18 807-1 oder „aufnehmbare Schnittgrößen" bzw. „Traglast" nach DIN 18 807-2, nicht überschreiten:

$S_d \leq R_d$    oder    $S_d/R_d \leq 1$

Der Nachweis der...

Zu Punkt 3.3.3.2 der DIN 18 807-3 Sicherheitsbeiwerte

Zur Ermittlung der Beanspruchungen $S_d$ gilt für den Nachweis der Tragsicherheit DIN 18 800-1, Abschnitt 7.2.2. Für den Nachweis der Gebrauchstauglichkeit gemäß Element 715 der Norm ist $\gamma_F = 1,0$ für ständige Einwirkungen und $\gamma_F = 1,15$ für veränderliche Einwirkungen vereinbart. Zur Ermittlung der Beanspruchbarkeiten $R_d$ aus den Bemessungswerten der Widerstandsgrößen $M_d = M_k/\gamma_M$ sind die Nachweise der Tragsicherheit und der Gebrauchstauglichkeit mit dem Teilsicherheitsbeiwert $\gamma_M = 1,1$ zu berechnen. Die durch $\gamma_M$ geteilten „aufnehmbaren Tragfähigkeitswerte" stehen den Bemessungswerten der Widerstandsgrößen gleich.

## 10.5 Typenblätter (Auswahl)

In der Tabelle 3.2 des Abschnittes 3.3, Auswirkungen des neuen Bemessungskonzeptes, sind die Bezeichnungen für die Widerstandsgrößen nach DIN 18 807 den nach der Anpassungsrichtlinie geänderten Formelzeichen für Widerstandsgrößen gegenübergestellt. Die bezeichneten Größen sind nach DIN 18 800 charakteristische Werte. Sie sind mit dem Index k versehen.

In den Spalten der Tabelle 10.2 sind die neuen Formelzeichen für die betroffenen Werte der Typenblätter eingesetzt. Die erforderlichen Beschreibungen enthält die Legende zur Tabelle.

Tab. 10.1 Formelzeichen für Widerstandsgrößen, die nach der Anpassungsrichtlinie geändert werden müssen

| DIN 18 807 Text | DIN 18 807 Typenblätter | Anpassungs-richtlinie | Widerstandsgrößen |
|---|---|---|---|
| $M_{dF}$ | $M_{dF}$ | $M_{F,k}$ | Feldmoment |
| $R_A$ | $R_{A,T}$ | $R_{A,T,k}$ | Endauflagerkraft (Tragsicherheit) |
| $R_A$ | $R_{A,G}$ | $R_{A,G,k}$ | Endauflagerkraft (Gebrauchstauglichkeit) |
| $M_d, M_d^o$ | $M_d^o$ | $M_{B,k}^o$ | querkraftfreies Stützmoment |
| $R_{dB}, R_B^o$ | – | $R_{B,k}^o$ | momentenfreie Zwischenauflagerkraft |
| $C$ | $C$ | $C_k$ | Interaktionsparameter |
| $\max M_B$ | $\max M_B$ | $\max M_{B,k}$ | maximales Stützmoment |
| $\max R_B$ | $\max R_B$ | $\max R_{B,k}$ | maximale Zwischenauflagerkraft |
| $M_R$ | $M_R$ | $M_{R,k}$ | Reststützmoment |
| $\max M_R$ | $\max M_R$ | $\max M_{R,k}$ | maximales Reststützmoment |
| $V_d$ | – | $V_k$ | Querkraft |
| $N_{dD}$ | – | $N_{D,k}$ | Druckkraft |
| $N_{dZ}$ | – | $N_{z,k}$ | Zugkraft |

Legende zur Tab.10.2 Querschnitts- und Widerstandsgrößen

| Sp. | | Beschreibung | | |
|---|---|---|---|---|
| 1 | | Herstellerkurzzeichen | | |
| 2 | | Typenbezeichnung | | |
| 3 | | Profil in Positivlage | | |
| 4 | | Streckgrenze des Stahles: $f_{y,k} = 320\,\text{kN/mm}^2$ | | |
| 5 | | Nennblechdicke | | |
| 6 | | Eigenlast | | |
| 7 | | effektive Flächenmomente 2. Grades $\quad$ + Lastrichtung nach unten | | |
| 8 | | $\quad$ − Lastrichtung nach oben | | |
| 9 | Maßgebende Querschnitts- werte | Querschnittsfläche | nichtreduzierter Querschnitt | für Normalkraftbean- spruchbarkeit |
| 10 | | Trägheitsradius | | |
| 11 | | Schwerpunktabstand | | |
| 12 | | Querschnittsfläche | mitwirkender Quer- schnitt für konstante Druckspannung $\sigma = f_{y,k}$ | |
| 13 | | Trägheitsradius | | |
| 14 | | Schwerpunktabstand | | |
| 15 | | Einfeldträger | Grenz-Stützweiten | maximale Stützweiten, bis zu denen das Trapez- profil als tragendes Bau- teil von Dach- und Deckensystemen ver- wendet werden darf |
| 16 | | Mehrfeldträger | | |
| 17 | Schubfeld- wert | Schubfeldlänge | für $L_S <$ min $L_S$ müssen die zulässigen Schubflüsse reduziert werden (s. Schwarze/Kech „Stahlbau" 60 (1991) S. 65 bis 67 | |
| 18 | | Schubflüsse | von der Befestigungsart abhängig | |
| 19 | | | | |
| 20 | | Schubfeldlänge | für $L_S > L_G$ ist zul $T_3$ nicht maßgebend | |
| 21 | | Konstanten für Schub- flussermittlung | $\text{zul}\,T_3 = \dfrac{10^4}{750} \cdot \dfrac{1}{K_1 + K_2/L_s}$ | |
| 22 | | | | |
| 23 | | Konstante zur Bestim- mung der Endauf- lagerkontaktkraft | $R_{A,S,d} = K_3 \cdot \gamma_F \cdot T$ ($T$ ist der vorhandene Schubfluss aus einfachen Ein- wirkungen in kN/m) | |
| 24 | | Einleitungslängen $a$ für zulässige Einzellast zul $F_t$ gemäß DIN 18807, Teil 3, Abschnitt 3.6.1.5 | | |
| 25 | | | | |

| Sp. | Beschreibung | | |
|---|---|---|---|
| 5 | | Nennblechdicke | |
| 26 | Charakteristische Werte der Widerstandsgrößen für nach unten gerichtete und andrückende Flächenbelastung. An den Stellen von Linienlasten quer zur Spannrichtung und von Einzellasten ist der Nachweis nicht mit dem Feldmoment $M_{F,k}$, sondern mit dem Stützmoment $M_{B,k}$ für die entgegengesetzte Lastrichtung zu führen. | Feldmoment | der Tragfähigkeit |
| 27 | | Endauflagerkräfte | der Gebrauchstauglichkeit |
| 28 | | | |
| 29 | | Querkraftfreies Stützenmoment | Zwischenauflager, Nachweis Elastisch-Elastisch: Interaktion Biegemoment/Auflagerkraft $$\max M_{B,k} \leq M_{B,k}^o - \left(\frac{R_{B,S,k}}{C_k}\right)^\varepsilon$$ Sind keine Werte für $M_{B,k}^o$ und $C_k$ angegeben, ist $M_{B,k} = \max M_{B,k}$ zu setzen |
| 30 | | Interaktionsparameter | |
| 31 | | Maximales Stützenmoment | |
| 32 | | Maximale Zwischenauflagerkraft | |
| 33 | | Minimale Stützweite | Zwischenauflager, Nachweis Plastisch-Plastisch: $L$ ist die kleinere der benachbarten Stützweiten. Sind keine Werte für Reststützmomente angegeben, ist beim Tragsicherheitsnachweis $M_{R,k} = 0$ zu setzen. |
| 34 | | Maximale Stützweite | |
| 35 | | Maximales Reststützmoment | |
| 5 | | Nennblechdicke | |
| 26 | Charakteristische Werte der Widerstandsgrößen für nach oben gerichtete und abhebende Flächenbelastung. Einschränkungen wie für andrückende Belastung. | Befestigung in jedem anliegenden Gurt. | Feldmoment Endauflagerkraft Querkraftfreies Stützenmoment Interaktionsparameter Maximales Stützenmoment Maximale Zwischenauflagerkraft |
| 36 | | | |
| 29 | | | |
| 30 | | | |
| 31 | | | |
| 32 | | | |
| 36 | | Befestigung in jedem zweiten anliegenden Gurt. | Endauflagerkraft Querkraftfreies Stützenmoment Interaktionsparameter Maximales Stützenmoment Maximale Zwischenauflagerkraft |
| 29 | | | |
| 30 | | | |
| 31 | | | |
| 32 | | | |

$b_A + \ddot{u}$ = Endauflagerbreite + Profilabstand.
Für kleinere Zwischenauflagerbreiten $b_B$ als angegeben müssen die aufnehmbaren Tragfähigkeitswerte linear im entsprechenden Verhältnis reduziert werden. Für $b_B < 10$ mm, z. B. bei Rohren, dürfen die Werte für $b_B = 10$ mm eingesetzt werden.
Bei Auflagerbreiten, die zwischen den aufgeführten Auflagerbreiten liegen, dürfen die aufnehmbaren Tragfähigkeitswerte jeweils linear interpoliert werden.

Tabelle 10.2.1 Querschnitts- und Widerstandsgrößen nach DIN 18807 und nach der Anpassungsrichtlinie Stahlbau, DIBt „Mitteilungen" Sonderheft 11/1, Mai 1996

| 1 und 2 | 5 | 6 | 7 | 8 | 9 | 10 | 11 | 12 | 13 | 14 | 15 | 16 | 17 | 18 | 19 |
|---|---|---|---|---|---|---|---|---|---|---|---|---|---|---|---|
| Hersteller Typ | $t_N$ | $g$ | $l^+_{ef}$ | $l^-_{ef}$ | $A_g$ | $i_g$ | $z_g$ | $A_{el}$ | $i_{ef}$ | $z_{ef}$ | $L_{gr}$ Eft | $L_{gr}$ Mft | min $L_S$ | zul $T_1$ | zul $T_2$ |
| | mm | kN/m² | cm⁴/m | cm⁴/m | cm²/m | cm | cm | cm²/m | cm | cm | m | m | m | kN/m | kN/m |
| FI<br>FI 40/183 | | | | | | | | | | | | | Ausführung | | |
| | 0,75 | 0,082 | 21,6 | 21,6 | 9,41 | 1,63 | 1,35 | 4,80 | 1,72 | 1,92 | 1,20 | 1,50 | 1,898 | 2,047 | 2,848 |
| | 0,88 | 0,0962 | 27,7 | 27,7 | 11,13 | 1,63 | 1,35 | 6,49 | 1,69 | 1,90 | 2,70 | 3,37 | 1,745 | 2,634 | 4,337 |
| | 1,00 | 0,109 | 33,8 | 33,8 | 12,72 | 1,63 | 1,35 | 8,19 | 1,67 | 1,89 | 3,90 | 4,87 | 1,632 | 3,218 | 6,056 |
| | 1,13 | 0,1235 | 38,4 | 38,4 | 14,45 | 1,63 | 1,35 | 10,15 | 1,66 | 1,87 | 4,50 | 5,63 | 1,532 | 3,894 | 8,319 |
| | 1,25 | 0,1366 | 42,6 | 42,6 | 16,04 | 1,63 | 1,35 | 11,86 | 1,65 | 1,82 | 5,10 | 6,37 | 1,454 | 4,554 | 10,801 |
| | 1,50 | 0,1639 | 51,4 | 51,4 | 19,35 | 1,63 | 1,35 | 15,08 | 1,66 | 1,73 | 6,20 | 7,75 | 1,324 | 6,037 | 17,275 |
| | | | | | | | | | | | | | Ausführung | | |
| | 0,75 | | | | | | | | | | | | 1,898 | 2,839 | 2,707 |
| | 0,88 | | | | | | | | | | | | 1,745 | 3,653 | 4,122 |
| | 1,00 | | | | | | | | | | | | 1,632 | 4,464 | 5,756 |
| | 1,13 | | | | | | | | | | | | 1,532 | 5,400 | 7,907 |
| | 1,25 | | | | | | | | | | | | 1,454 | 6,316 | 10,267 |
| | 1,50 | | | | | | | | | | | | 1,324 | 8,372 | 16,419 |
| EKO<br>EKO 40 | | | | | | | | | | | | | Ausführung | | |
| | 0,75 | 0,0820 | 21,6 | 21,6 | 9,41 | 1,63 | 2,69 | 4,53 | 1,73 | 2,08 | 1,20 | 1,50 | 1,90 | 2,04 | 2,86 |
| | 0,88 | 0,0962 | 27,7 | 27,7 | 11,1 | 1,63 | 2,69 | 6,13 | 1,70 | 2,09 | 2,70 | 3,38 | 1,70 | 2,62 | 4,35 |
| | 1,00 | 0,109 | 35,2 | 35,2 | 12,7 | 1,63 | 2,69 | 7,75 | 1,68 | 2,11 | 3,90 | 4,88 | 1,60 | 3,21 | 6,07 |
| | 1,13 | 0,123 | 39,8 | 39,8 | 14,5 | 1,63 | 2,69 | 9,63 | 1,67 | 2,13 | 4,50 | 5,63 | 1,50 | 3,88 | 8,34 |
| | 1,25 | 0,137 | 44,1 | 44,1 | 16,0 | 1,63 | 2,69 | 11,5 | 1,66 | 2,15 | 5,10 | 6,38 | 1,50 | 4,54 | 10,8 |
| | 1,50 | 0,164 | 52,9 | 52,9 | 19,4 | 1,63 | 2,69 | 14,8 | 1,66 | 2,23 | 6,20 | 7,75 | 1,30 | 6,01 | 17,3 |
| | | | | | | | | | | | | | Ausführung | | |
| | 0,75 | | | | | | | | | | | | 1,90 | 2,86 | 2,71 |
| | 0,88 | | | | | | | | | | | | 1,70 | 3,68 | 4,13 |
| | 1,00 | | | | | | | | | | | | 1,60 | 4,50 | 5,77 |
| | 1,13 | | | | | | | | | | | | 1,50 | 5,44 | 7,93 |
| | 1,25 | | | | | | | | | | | | 1,50 | 6,36 | 10,3 |
| | 1,50 | | | | | | | | | | | | 1,30 | 8,43 | 16,5 |
| HSW<br>E 98 | | | | | | | | | | | | | Ausführung | | |
| | 0,75 | 0,0871 | 140 | 136 | 10,3 | 3,77 | 5,93 | 4,60 | 4,03 | 5,53 | 4,64 | 5,80 | 3,8 | 1,70 | 2,03 |
| | 0,88 | 0,102 | 167 | 160 | 12,2 | 3,77 | 5,93 | 5,97 | 4,02 | 5,57 | 7,06 | 8,83 | 3,5 | 2,19 | 3,09 |
| | 1,00 | 0,116 | 192 | 183 | 13,9 | 3,77 | 5,93 | 7,35 | 4,01 | 5,61 | 8,07 | 10,1 | 3,3 | 2,68 | 4,31 |
| | 1,25 | 0,145 | 239 | 234 | 17,6 | 3,77 | 5,93 | 10,5 | 3,98 | 5,69 | 10,2 | 12,7 | 2,9 | 3,79 | 7,69 |
| | 1,50 | 0,174 | 286 | 286 | 21,2 | 3,77 | 5,93 | 13,7 | 3,94 | 5,85 | 12,3 | 15,3 | 2,7 | 5,03 | 12,3 |
| | | | | | | | | | | | | | Ausführung | | |
| | 0,75 | | | | | | | | | | | | 4,0 | 3,62 | 1,95 |
| | 0,88 | | | | | | | | | | | | 3,7 | 4,66 | 2,96 |
| | 1,00 | | | | | | | | | | | | 3,4 | 5,69 | 4,14 |
| | 1,25 | | | | | | | | | | | | 3,0 | 8,05 | 7,38 |
| | 1,50 | | | | | | | | | | | | 2,8 | 10,7 | 11,8 |

| 20 | 21 | 22 | 23 | 24 | 25 | 26 | 27 | 28 | 29 | 30 | 31 | 32 | 33 | 34 | 35 |
|---|---|---|---|---|---|---|---|---|---|---|---|---|---|---|---|
| $L_G$ | $K_1$ | $K_2$ | $K_3$ | zul $F_t$ für | | $M_{F,k}$ | $R_{A,T,k}$ | $R_{A,G,k}$ | $M_{B,k}^o$ | $C_k$ | max $M_{B,k}$ | max $R_{B,k}$ | min $l$ | max $l$ | max $M_{R,k}$ |
| | | | | ≥ 130 mm | ≥ 200 mm | | | | | | | | | | |
| m | m/kN | m²/kN | – | kN | kN | kNm/m | kN/m | kN/m | kNm/m | kN^{1/2}/m | kN/m | kN/m | m | m] | kNm/m |
| nach DIN 18807-3, Bild 6 | | | | | | $b_A+ü=40$ mm | | | Zwischenauflagerbreite $b_B=60$ mm; $\varepsilon=1$ [$C$] =m$^{-1}$ | | | | | | |
| 1,626 | 0,2332 | 10,210 | 0,17 | 6,50 | 10,0 | 2,57 | 8,50 | 6,50 | 3,32 | 11,20 | 2,70 | 15,27 | | | |
| 1,378 | 0,1971 | 6,706 | 0,18 | 7,70 | 11,8 | 3,31 | 15,98 | 12,22 | 4,32 | 12,40 | 3,63 | 26,58 | | | |
| 1,209 | 0,1725 | 4,802 | 0,19 | 8,80 | 13,5 | 4,04 | 23,12 | 17,68 | 5,24 | 13,50 | 4,50 | 37,02 | | | |
| 1,068 | 0,1519 | 3,496 | 0,21 | 10,00 | 15,3 | 4,78 | 30,77 | 23,53 | 6,24 | 14,70 | 5,35 | 48,33 | | | |
| 0,965 | 0,1368 | 2,692 | 0,22 | 11,10 | 17,0 | 5,51 | 37,57 | 28,73 | 7,16 | 15,90 | 6,12 | 58,77 | | | |
| 0,803 | 0,1134 | 1,683 | 0,24 | 13,40 | 20,6 | 6,98 | 52,36 | 40,04 | 9,08 | 18,30 | 7,74 | 80,52 | | | |
| nach DIN 18807-3, Bild 7 | | | | | | | | | | | | | | | |
| 2,068 | 0,2332 | 9,700 | 0,23 | 6,50 | 10,0 | | | | | | | | | | |
| 1,845 | 0,1971 | 6,371 | 0,23 | 7,70 | 11,8 | | | | | | | | | | |
| 1,621 | 0,1725 | 4,563 | 0,23 | 8,80 | 13,5 | | | | | | | | | | |
| 1,433 | 0,1519 | 3,321 | 0,23 | 10,00 | 15,3 | | | | | | | | | | |
| 1,296 | 0,1368 | 2,558 | 0,23 | 11,10 | 17,0 | | | | | | | | | | |
| 1,081 | 0,1134 | 1,599 | 0,23 | 13,40 | 20,6 | | | | | | | | | | |
| nach DIN 18807-3, Bild 6 | | | | | | $b_A+ü=40$ mm | | | Zwischenauflagerbreite $b_B=60$ mm; $\varepsilon=1$ [$C$] =1/m | | | | | | |
| 1,90 | 0,234 | 10,2 | 0,170 | 6,50 | 10,0 | 2,57 | 8,50 | 6,50 | 3,32 | 11,2 | 2,70 | 15,3 | | | |
| 1,70 | 0,198 | 6,71 | 0,180 | 7,70 | 11,8 | 3,31 | 16,0 | 12,2 | 4,32 | 12,4 | 3,63 | 26,5 | | | |
| 1,60 | 0,173 | 4,80 | 0,190 | 8,80 | 13,5 | 4,04 | 23,1 | 17,7 | 5,24 | 13,5 | 4,50 | 37,0 | | | |
| 1,50 | 0,153 | 3,50 | 0,210 | 10,0 | 15,4 | 4,78 | 30,8 | 23,5 | 6,24 | 14,7 | 5,34 | 48,3 | | | |
| 1,50 | 0,137 | 2,69 | 0,220 | 11,1 | 17,0 | 5,51 | 37,7 | 28,9 | 7,16 | 15,9 | 6,12 | 58,8 | | | |
| 1,30 | 0,114 | 1,69 | 0,240 | 13,4 | 20,6 | 6,98 | 52,4 | 40,0 | 9,07 | 18,3 | 7,74 | 80,6 | | | |
| nach DIN 18807-3, Bild 7 | | | | | | | | | | | | | | | |
| 2,10 | 0,234 | 9,71 | 0,230 | 6,50 | 10,0 | | | | | | | | | | |
| 1,90 | 0,198 | 6,38 | 0,230 | 7,70 | 11,8 | | | | | | | | | | |
| 1,60 | 0,173 | 4,57 | 0,230 | 8,80 | 13,5 | | | | | | | | | | |
| 1,50 | 0,153 | 3,32 | 0,230 | 10,0 | 15,4 | | | | | | | | | | |
| 1,50 | 0,137 | 2,56 | 0,230 | 11,1 | 17,0 | | | | | | | | | | |
| 1,30 | 0,114 | 1,60 | 0,230 | 13,4 | 20,6 | | | | | | | | | | |
| nach DIN 18807-3, Bild 6 | | | | | | $b_A+ü=40$ mm | | | Zwischenauflagerbreite $b_B=60$ mm; $\varepsilon=1$ [$C$] =1/m | | | | | | |
| 4,1 | 0,244 | 31,0 | 0,41 | 9,00 | 12,0 | 6,57 | 10,5 | 10,5 | 8,26 | 3,10 | 6,21 | 18,0 | 3,37 | 4,33 | 2,82 |
| 3,5 | 0,207 | 20,4 | 0,45 | 10,7 | 14,2 | 9,25 | 14,6 | 14,6 | 10,3 | 3,97 | 8,13 | 24,8 | 3,35 | 4,31 | 3,99 |
| 3,0 | 0,181 | 14,6 | 0,48 | 12,2 | 16,2 | 11,7 | 18,4 | 18,4 | 12,2 | 4,52 | 9,90 | 31,1 | 3,34 | 4,30 | 5,07 |
| 2,4 | 0,143 | 8,18 | 0,54 | 15,4 | 20,4 | 16,7 | 29,5 | 29,5 | 17,0 | 5,87 | 14,4 | 50,8 | 3,02 | 4,01 | 7,91 |
| 2,0 | 0,119 | 5,11 | 0,59 | 18,5 | 24,8 | 21,6 | 40,6 | 40,6 | 21,7 | 6,63 | 18,8 | 70,5 | 2,88 | 3,88 | 10,7 |
| nach DIN 18807-3, Bild 7 | | | | | | | | | Zwischenauflagerbreite $b_B ≥ 160$ mm; $\varepsilon=1$, [$C$] = 1/m | | | | | | |
| 3,7 | 0,244 | 24,4 | 0,59 | 9,00 | 12,0 | | | | 9,49 | 3,53 | 7,35 | 23,2 | 3,01 | 4,00 | 3,13 |
| 3,7 | 0,207 | 16,0 | 0,59 | 10,7 | 14,2 | | | | 12,8 | 3,59 | 9,62 | 32,2 | 3,30 | 4,26 | 4,05 |
| 3,8 | 0,181 | 11,5 | 0,59 | 12,2 | 16,2 | | | | 14,9 | 3,85 | 11,7 | 40,5 | 3,47 | 4,42 | 4,90 |
| 3,9 | 0,143 | 6,4 | 0,59 | 15,4 | 20,4 | | | | 18,5 | 6,42 | 15,7 | 59,1 | 2,86 | 3,86 | 8,32 |
| 3,6 | 0,119 | 4,0 | 0,59 | 18,5 | 24,8 | | | | 22,2 | 8,15 | 19,7 | 77,6 | 2,61 | 3,63 | 11,7 |

| 1 und 2 | 3 | 4 |
|---|---|---|
| Hersteller Typ | Profilabmessung<br>Maße in mm | $f_{y,k}$<br>N/mm² |
| FI<br>FI 40/183 | | 320 |
| EKO<br>EKO 40 | | 320 |
| HSW<br>E 98 | | 320 |

| 1 und 2 | 5 | 26 | 36 | 29 | 30 | 31 | 32 | 36 | 29 | 30 | 31 | 32 |
|---|---|---|---|---|---|---|---|---|---|---|---|---|
| Hersteller Typ | $t_N$ | $M_{F,k}$ | $R_{A,k}$ | $M_{B,K}^\alpha$ | $C_k$ | max $M_{B,k}$ | max $R_{B,k}$ | $R_{A,k}$ | $M_{B,K}^\alpha$ | $C_k$ | max $M_{B,k}$ | max $R_{B,k}$ |
| | mm | kNm/m | kN/m | kNm/m | $kN^{1/2}/m$ | kNm/m | kN/m | kN/m | kNm/m | $kN^{1/2}/m$ | kNm/m | kN/m |
| FI | 0,75 | 2,48 | 8,50 | | | 3,06 | 13,97 | 4,25 | | | 1,53 | 6,99 |
| | 0,88 | 3,35 | 15,47 | | | 3,69 | 15,47 | 7,74 | | | 1,85 | 7,74 |
| | 1,00 | 4,14 | 17,12 | | | 4,59 | 17,12 | 8,56 | | | 2,30 | 8,56 |
| | 1,13 | 4,91 | 18,75 | | | 5,53 | 18,75 | 9,38 | | | 2,77 | 9,38 |
| | 1,25 | 5,62 | 20,23 | | | 6,38 | 20,23 | 10,12 | | | 3,19 | 10,12 |
| | 1,50 | 7,11 | 22,95 | | | 8,25 | 22,95 | 11,48 | | | 4,13 | 11,48 |
| FI 40/183 | 0,75 | | | | | | | | | | | |
| | 0,88 | | | | | | | | | | | |
| | 1,00 | | | | | | | | | | | |
| | 1,13 | | | | | | | | | | | |
| | 1,25 | | | | | | | | | | | |
| | 1,50 | | | | | | | | | | | |
| EKO | 0,75 | 2,48 | 8,50 | | | 3,06 | 14,0 | 4,25 | | | 1,53 | 6,99 |
| | 0,88 | 3,35 | 15,5 | | | 3,69 | 15,5 | 7,73 | | | 1,85 | 7,73 |
| | 1,00 | 4,14 | 17,2 | | | 4,59 | 17,2 | 8,57 | | | 2,30 | 8,57 |
| | 1,13 | 4,91 | 18,7 | | | 5,52 | 18,7 | 9,38 | | | 2,77 | 9,38 |
| | 1,25 | 5,62 | 20,2 | | | 6,38 | 20,2 | 10,1 | | | 3,20 | 10,1 |
| | 1,50 | 7,11 | 23,0 | | | 8,25 | 23,0 | 11,5 | | | 4,13 | 11,5 |
| EKO 40 | 0,75 | | | | | | | | | | | |
| | 0,88 | | | | | | | | | | | |
| | 1,00 | | | | | | | | | | | |
| | 1,13 | | | | | | | | | | | |
| | 1,25 | | | | | | | | | | | |
| | 1,50 | | | | | | | | | | | |
| HSW | 0,75 | 7,62 | 10,5 | 6,76 | 9,56 | 6,30 | 18,1 | 5,25 | 3,38 | 6,76 | 3,15 | 9,05 |
| | 0,88 | 9,55 | 14,6 | 8,75 | 12,4 | 8,27 | 25,5 | 7,30 | 4,38 | 8,75 | 4,14 | 12,8 |
| | 1,00 | 11,3 | 18,4 | 10,6 | 14,6 | 10,1 | 32,4 | 9,20 | 5,30 | 10,3 | 5,04 | 16,2 |
| | 1,25 | 15,6 | 29,5 | 14,7 | 19,6 | 14,1 | 49,5 | 14,8 | 7,33 | 13,9 | 7,05 | 24,8 |
| | 1,50 | 20,0 | 40,6 | 18,7 | 23,7 | 18,1 | 66,7 | 20,3 | 9,36 | 16,8 | 9,05 | 33,3 |
| E 98 | 0,75 | | | | | | | | | | | |
| | 0,88 | | | | | | | | | | | |
| | 1,00 | | | | | | | | | | | |
| | 1,25 | | | | | | | | | | | |
| | 1,50 | | | | | | | | | | | |

Tabelle 10.2.2 Querschnitts- und Widerstandsgrößen nach DIN 18807 und nach der Anpassungsrichtlinie Stahlbau, DIBt „Mitteilungen" Sonderheft 11/1, Mai 1996

| 1 und 2 | 5 | 6 | 7 | 8 | 9 | 10 | 11 | 12 | 13 | 14 | 15 | 16 | 17 | 18 | 19 |
|---|---|---|---|---|---|---|---|---|---|---|---|---|---|---|---|
| Hersteller Typ | $t_N$ | $g$ | $I'_{ef}$ | $I_{ef}$ | $A_g$ | $i_g$ | $z_g$ | $A_{el}$ | $i_{ef}$ | $z_{ef}$ | $L_{gr}$ Eft | $L_{gr}$ Mft | min $L_S$ | zul $T_1$ | zul $T_2$ |
| | mm | kN/m² | cm⁴/m | cm⁴/m | cm²/m | cm | cm | cm²/m | cm | cm | m | m | m | kN/m | kN/m |
| EKO EKO 100 | | | | | | | | | | | | | | | Ausführung |
| | 0,75 | 0,0910 | 159 | 159 | 10,3 | 3,87 | 6,15 | 4,83 | 4,14 | 5,73 | 5,30 | 6,63 | 3,90 | 1,69 | 1,87 |
| | 0,88 | 0,107 | 178 | 178 | 12,7 | 3,87 | 6,15 | 6,27 | 4,13 | 5,77 | 7,45 | 9,31 | 3,60 | 2,17 | 2,84 |
| | 1,00 | 0,121 | 195 | 195 | 14,6 | 3,87 | 6,15 | 7,72 | 4,12 | 5,81 | 8,51 | 10,6 | 3,40 | 2,66 | 3,97 |
| | 1,13 | 0,137 | 223 | 223 | 16,5 | 3,87 | 6,15 | 9,38 | 4,11 | 5,85 | 9,67 | 12,1 | 3,20 | 3,21 | 5,45 |
| | 1,25 | 0,152 | 249 | 249 | 18,3 | 3,87 | 6,15 | 10,9 | 4,10 | 5,89 | 10,7 | 13,4 | 3,00 | 3,76 | 7,08 |
| | 1,50 | 0,182 | 302 | 302 | 22,1 | 3,87 | 6,15 | 14,4 | 4,06 | 6,05 | 12,9 | 16,2 | 2,70 | 4,98 | 11,3 |
| | | | | | | | | | | | | | | | Ausführung |
| | 0,75 | | | | | | | | | | | | 4,00 | 3,46 | 1,78 |
| | 0,88 | | | | | | | | | | | | 3,70 | 4,46 | 2,71 |
| | 1,00 | | | | | | | | | | | | 3,50 | 5,44 | 3,78 |
| | 1,13 | | | | | | | | | | | | 3,30 | 6,59 | 5,19 |
| | 1,25 | | | | | | | | | | | | 3,10 | 7,70 | 6,74 |
| | 1,50 | | | | | | | | | | | | 2,80 | 10,2 | 10,8 |
| FI FI 135/310 | | | | | | | | | | | | | | | Ausführung |
| | 0,75 | 0,097 | 273 | 263 | 11,28 | 4,90 | 5,23 | 4,27 | 5,75 | 5,68 | 5,80 | 7,25 | 5,0 | 1,55 | 1,65 |
| | 0,88 | 0,114 | 323 | 296 | 13,35 | 4,90 | 5,23 | 5,64 | 5,72 | 5,67 | 7,80 | 9,75 | 4,6 | 2,00 | 2,52 |
| | 1,00 | 0,129 | 369 | 327 | 15,25 | 4,90 | 5,23 | 6,91 | 5,69 | 5,65 | 8,51 | 10,64 | 4,3 | 2,44 | 3,52 |
| | 1,13 | 0,146 | 419 | 373 | 17,32 | 4,90 | 5,23 | 8,38 | 5,66 | 5,64 | 9,20 | 11,50 | 4,0 | 2,95 | 4,83 |
| | 1,25 | 0,161 | 465 | 415 | 19,23 | 4,90 | 5,23 | 9,74 | 5,63 | 5,68 | 9,83 | 12,29 | 3,8 | 3,45 | 6,27 |
| | 1,50 | 0,194 | 561 | 501 | 23,20 | 4,90 | 5,23 | 12,58 | 5,62 | 5,64 | 11,86 | 14,82 | 3,5 | 4,58 | 10,03 |
| | | | | | | | | | | | | | | | Ausführung |
| | 0,75 | | | | | | | | | | | | 5,2 | 3,37 | 1,59 |
| | 0,88 | | | | | | | | | | | | 4,8 | 4,34 | 2,42 |
| | 1,00 | | | | | | | | | | | | 4,5 | 5,30 | 3,38 |
| | 1,13 | | | | | | | | | | | | 4,2 | 6,41 | 4,64 |
| | 1,25 | | | | | | | | | | | | 4,0 | 7,60 | 6,02 |
| | 1,50 | | | | | | | | | | | | 3,6 | 9,94 | 9,63 |
| EKO EKO 135 | | | | | | | | | | | | | | | Ausführung |
| | 0,75 | 0,0974 | 297 | 297 | 11,5 | 5,14 | 8,07 | 4,01 | 5,96 | 7,86 | 5,18 | 6,48 | 5,10 | 1,53 | 1,66 |
| | 0,88 | 0,114 | 344 | 344 | 13,6 | 5,14 | 8,07 | 5,22 | 5,94 | 7,90 | 10,0 | 12,5 | 4,70 | 1,97 | 2,52 |
| | 1,00 | 0,130 | 387 | 387 | 15,6 | 5,14 | 8,07 | 6,42 | 5,91 | 7,92 | 11,4 | 14,3 | 4,40 | 2,41 | 3,52 |
| | 1,13 | 0,147 | 441 | 441 | 17,7 | 5,14 | 8,07 | 7,83 | 5,88 | 7,93 | 13,0 | 16,2 | 4,10 | 2,92 | 4,84 |
| | 1,25 | 0,162 | 491 | 491 | 19,7 | 5,14 | 8,07 | 9,20 | 5,85 | 7,94 | 14,4 | 18,0 | 3,90 | 3,41 | 6,28 |
| | 1,50 | 0,195 | 594 | 594 | 23,7 | 5,14 | 8,07 | 12,0 | 5,76 | 7,93 | 17,4 | 21,7 | 3,60 | 4,52 | 10,0 |
| | | | | | | | | | | | | | | | Ausführung |
| | 0,75 | | | | | | | | | | | | 5,30 | 3,44 | 1,58 |
| | 0,88 | | | | | | | | | | | | 4,90 | 4,43 | 2,41 |
| | 1,00 | | | | | | | | | | | | 4,60 | 5,41 | 3,37 |
| | 1,13 | | | | | | | | | | | | 4,30 | 6,22 | 4,62 |
| | 1,25 | | | | | | | | | | | | 4,10 | 7,66 | 6,00 |
| | 1,50 | | | | | | | | | | | | 3,70 | 10,2 | 9,60 |

| 20 | 21 | 22 | 23 | 24 | 25 | 26 | 27 | 28 | 29 | 30 | 31 | 32 | 33 | 34 | 35 |
|---|---|---|---|---|---|---|---|---|---|---|---|---|---|---|---|
| $L_G$ | $K_1$ | $K_2$ | $K_3$ | zul $F_1$ für | | $M_{F,k}$ | $R_{A,T,k}$ | $R_{A,G,k}$ | $M_{B,k}$ | $C_k$ | max $M_{B,k}$ | max $R_{B,k}$ | min $l$ | max $l$ | max $M_{R,k}$ |
| | | | | ≥ 130 mm | ≥ 200 mm | | | | | | | | | | |
| m | m/kN | m²/kN | – | kN | kN | kNm/m | kN/m | kN/m | kNm/m | kN$^{1/2}$/m | kN/m | kN/m | m | m] | kNm/m |
| nach DIN 18807-3, Bild 6 | | | | | | $b_A+ü=40$ mm | | | Zwischenauflagerbreite $b_B=60$ mm; $\varepsilon=2$ [C] =kN$^{1/2}$/m | | | | | | |
| 4,60 | 0,254 | 35,3 | 0,410 | 9,00 | 12,0 | 7,00 | 8,86 | 6,77 | 8,07 | 8,62 | 7,14 | 19,4 | 3,82 | 4,75 | 2,64 |
| 3,90 | 0,215 | 23,2 | 0,440 | 10,6 | 14,2 | 9,83 | 12,4 | 9,45 | 10,3 | 11,3 | 9,41 | 27,0 | 5,36 | 6,22 | 2,65 |
| 3,40 | 0,188 | 16,6 | 0,470 | 12,2 | 16,2 | 12,5 | 15,6 | 11,9 | 12,3 | 13,3 | 11,5 | 34,0 | 6,81 | 7,64 | 2,66 |
| 3,20 | 0,166 | 12,1 | 0,500 | 13,8 | 18,4 | 14,6 | 20,4 | 15,6 | 14,8 | 16,0 | 13,9 | 42,9 | 4,47 | 5,36 | 4,77 |
| 3,00 | 0,149 | 9,30 | 0,530 | 15,3 | 20,5 | 16,5 | 24,8 | 19,0 | 17,0 | 18,2 | 16,1 | 50,8 | 3,58 | 4,52 | 6,61 |
| 2,70 | 0,124 | 5,82 | 0,580 | 18,5 | 24,7 | 20,6 | 34,0 | 26,0 | 21,6 | 22,3 | 20,7 | 67,7 | 2,73 | 3,74 | 10,6 |
| nach DIN 18807-3, Bild 7 | | | | | | | | | Zwischenauflagerbreite $b_B \geq 160$ mm; $\varepsilon=2$ [C] =kN$^{1/2}$/m | | | | | | |
| 4,00 | 0,254 | 28,6 | 0,600 | 9,00 | 12,0 | | | | 8,78 | 12,6 | 8,22 | 25,8 | 3,91 | 4,84 | 2,58 |
| 4,00 | 0,215 | 18,8 | 0,600 | 10,6 | 14,2 | | | | 11,1 | 15,7 | 10,5 | 34,5 | 4,68 | 5,56 | 3,04 |
| 4,00 | 0,188 | 13,5 | 0,600 | 12,2 | 16,2 | | | | 13,3 | 18,1 | 12,6 | 42,5 | 5,22 | 6,09 | 3,47 |
| 4,10 | 0,166 | 9,81 | 0,600 | 13,8 | 18,4 | | | | 15,8 | 22,9 | 15,0 | 54,6 | 3,83 | 4,75 | 5,46 |
| 4,10 | 0,149 | 7,55 | 0,600 | 15,3 | 20,5 | | | | 18,0 | 26,9 | 17,3 | 65,7 | 3,22 | 4,19 | 7,29 |
| 4,00 | 0,124 | 4,72 | 0,600 | 18,5 | 24,7 | | | | 22,6 | 34,0 | 22,1 | 89,0 | 2,59 | 3,62 | 11,1 |
| nach DIN 18807-3, Bild 6 | | | | | | $b_A+ü=40$ mm | | | Zwischenauflagerbreite $b_B=60$ mm; $\varepsilon=2$ [C] =1/m | | | | | | |
| 6,3 | 0,270 | 52,279 | 0,52 | 9,0 | 12,0 | 9,41 | 7,26 | 5,55 | 9,38 | 5,85 | 7,67 | 15,53 | 6,17 | 6,88 | 1,89 |
| 5,3 | 0,228 | 34,338 | 0,56 | 10,6 | 14,2 | 11,86 | 9,87 | 7,48 | 12,12 | 7,70 | 10,29 | 22,70 | 5,38 | 6,10 | 2,73 |
| 4,7 | 0,200 | 24,592 | 0,60 | 12,2 | 16,2 | 14,12 | 12,09 | 9,24 | 14,66 | 9,15 | 12,72 | 29,31 | 4,99 | 5,72 | 3,51 |
| 4,1 | 0,176 | 17,902 | 0,64 | 13,8 | 18,4 | 17,11 | 18,82 | 14,39 | 17,99 | 10,83 | 15,83 | 37,92 | 4,67 | 5,41 | 4,58 |
| 3,8 | 0,159 | 13,788 | 0,67 | 15,3 | 20,5 | 19,89 | 25,02 | 19,14 | 21,05 | 12,19 | 18,69 | 45,86 | 4,47 | 5,22 | 5,58 |
| 3,5 | 0,131 | 8,622 | 0,74 | 18,5 | 24,7 | 24,00 | 30,19 | 23,09 | 25,40 | 13,39 | 22,55 | 55,34 | 4,47 | 5,22 | 6,73 |
| nach DIN 18807-3, Bild 7 | | | | | | | | | Zwischenauflagerbreite $b_B \geq 160$ mm; $\varepsilon=2$ [C] =kN$^{1/2}$/m | | | | | | |
| 5,2 | 0,270 | 39,472 | 0,77 | 9,0 | 12,0 | | | | 9,38 | 8,43 | 8,39 | 21,02 | 5,82 | 6,53 | 2,00 |
| 4,9 | 0,228 | 25,926 | 0,77 | 10,6 | 14,2 | | | | 12,12 | 11,75 | 11,18 | 31,70 | 4,38 | 5,13 | 3,38 |
| 5,0 | 0,200 | 18,567 | 0,77 | 12,2 | 16,2 | | | | 14,66 | 14,32 | 13,74 | 41,57 | 4,36 | 5,25 | 4,66 |
| 5,0 | 0,176 | 13,516 | 0,77 | 13,8 | 18,4 | | | | 17,99 | 17,99 | 17,07 | 55,67 | 3,66 | 4,44 | 5,81 |
| 5,1 | 0,159 | 10,410 | 0,77 | 15,3 | 20,5 | | | | 21,05 | 20,96 | 20,13 | 68,69 | 3,61 | 4,38 | 6,89 |
| 5,2 | 0,131 | 6,510 | 0,77 | 18,5 | 24,7 | | | | 25,40 | 23,01 | 24,29 | 82,88 | 3,60 | 4,38 | 8,32 |
| nach DIN 18807-3, Bild 6 | | | | | | $b_A+ü=40$ mm | | | Zwischenauflagerbreite $b_B=60$ mm; $\varepsilon=2$ [C] =kN$^{1/2}$/m | | | | | | |
| 6,70 | 0,275 | 56,0 | 0,510 | 9,0 | 12,0 | 10,2 | 7,16 | 5,47 | 9,44 | 6,64 | 7,86 | 16,6 | 6,62 | 7,46 | 2,24 |
| 5,60 | 0,232 | 36,8 | 0,550 | 10,6 | 14,2 | 12,6 | 10,4 | 7,92 | 12,3 | 8,29 | 10,5 | 24,3 | 5,08 | 5,95 | 3,59 |
| 4,90 | 0,203 | 26,3 | 0,590 | 12,2 | 16,2 | 14,8 | 13,3 | 10,2 | 14,9 | 9,58 | 12,9 | 31,2 | 4,43 | 5,33 | 4,82 |
| 4,40 | 0,179 | 19,2 | 0,630 | 13,8 | 18,4 | 17,9 | 19,2 | 14,7 | 18,1 | 12,2 | 16,2 | 41,3 | 4,18 | 5,09 | 6,16 |
| 3,90 | 0,161 | 14,8 | 0,660 | 15,3 | 20,5 | 20,6 | 24,6 | 18,9 | 21,3 | 14,3 | 19,2 | 50,7 | 4,00 | 4,92 | 7,42 |
| 3,60 | 0,134 | 9,24 | 0,730 | 18,5 | 24,7 | 26,5 | 36,2 | 27,7 | 27,8 | 18,0 | 25,4 | 70,1 | 3,82 | 4,75 | 10,0 |
| nach DIN 18807-3, Bild 7 | | | | | | | | | Zwischenauflagerbreite $b_B \geq 160$ mm; $\varepsilon=2$ [C] =kN$^{1/2}$/m | | | | | | |
| 5,30 | 0,275 | 40,5 | 0,790 | 9,0 | 12,0 | | | | 10,8 | 8,88 | 9,56 | 22,8 | 8,02 | 8,83 | 1,84 |
| 5,00 | 0,232 | 26,6 | 0,790 | 10,6 | 14,2 | | | | 14,3 | 10,4 | 12,7 | 30,2 | 6,00 | 6,85 | 3,04 |
| 5,10 | 0,203 | 19,0 | 0,790 | 12,2 | 16,2 | | | | 17,4 | 11,5 | 15,6 | 37,0 | 5,18 | 6,05 | 4,14 |
| 5,10 | 0,179 | 13,9 | 0,790 | 13,8 | 18,4 | | | | 20,9 | 14,5 | 18,9 | 49,1 | 4,52 | 5,42 | 5,70 |
| 5,20 | 0,161 | 10,7 | 0,790 | 15,3 | 20,5 | | | | 24,0 | 16,9 | 21,9 | 60,2 | 4,14 | 5,05 | 7,16 |
| 5,30 | 0,134 | 6,60 | 0,790 | 18,5 | 24,7 | | | | 30,6 | 21,2 | 28,4 | 83,1 | 3,75 | 4,68 | 10,2 |

| 1 und 2 | 3 | 4 |
|---|---|---|
| Hersteller Typ | Profilabmessung<br>Maße in mm | $f_{y,k}$<br>N/mm² |
| EKO<br>EKO 100 | | 320 |
| FI<br>Fl 135/310 | | 320 |
| EKO<br>EKO 135 | | 320 |

| 1 und 2 | 5 | 26 | 36 | 29 | 30 | 31 | 32 | 36 | 29 | 30 | 31 | 32 |
|---|---|---|---|---|---|---|---|---|---|---|---|---|
| Hersteller Typ | $t_N$ | $M_{F,k}$ | $R_{A,k}$ | $M_{B,K}^o$ | $C_k$ | max $M_{B,k}$ | max $R_{B,k}$ | $R_{A,k}$ | $M_{B,K}^o$ | $C_k$ | max $M_{B,k}$ | max $R_{B,k}$ |
| | mm | kNm/m | kN/m | kNm/m | kN$^{1/2}$/m | kNm/m | kN/m | kN/m | kNm/m | kN$^{1/2}$/m | kNm/m | kN/m |
| | 0,75 | 7,96 | 8,86 | | | 7,72 | 15,3 | 4,44 | | | 3,86 | 7,65 |
| | 0,88 | 10,2 | 12,4 | | | 10,1 | 21,4 | 6,19 | | | 5,05 | 10,7 |
| | 1,00 | 12,4 | 15,6 | | | 12,7 | 27,4 | 7,80 | | | 6,32 | 13,7 |
| | 1,13 | 14,5 | 20,4 | | | 15,9 | 35,4 | 10,2 | | | 7,94 | 17,7 |
| | 1,25 | 16,5 | 24,8 | | | 19,4 | 44,0 | 12,4 | | | 9,67 | 22,1 |
| EKO | 1,50 | 20,8 | 34,0 | | | 23,3 | 53,2 | 17,0 | | | 11,7 | 26,5 |
| EKO 100 | 0,75 | | | | | | | | | | | |
| | 0,88 | | | | | | | | | | | |
| | 1,00 | | | | | | | | | | | |
| | 1,13 | | | | | | | | | | | |
| | 1,25 | | | | | | | | | | | |
| | 1,50 | | | | | | | | | | | |
| | 0,75 | 8,62 | 6,44 | | | 10,08 | 29,00 | 3,22 | 12,38 | 2,45 | 8,77 | 15,96 |
| | 0,88 | 11,14 | 9,44 | | | 11,31 | 36,35 | 4,72 | 18,02 | 2,05 | 11,83 | 21,35 |
| | 1,00 | 13,47 | 12,21 | | | 14,77 | 43,13 | 6,10 | 23,24 | 1,85 | 14,67 | 26,33 |
| | 1,13 | 16,52 | 18,04 | | | 19,16 | 58,31 | 9,02 | 47,50 | 0,83 | 18,28 | 28,80 |
| | 1,25 | 19,35 | 23,43 | | | 23,21 | 72,34 | 11,71 | 69,90 | 0,52 | 21,61 | 31,08 |
| FI | 1,50 | 23,36 | 28,27 | | | 28,00 | 87,28 | 14,13 | 84,35 | 0,52 | 26,08 | 37,50 |
| FI 135/310 | 0,75 | | | | | | | | | | | |
| | 0,88 | | | | | | | | | | | |
| | 1,00 | | | | | | | | | | | |
| | 1,13 | | | | | | | | | | | |
| | 1,25 | | | | | | | | | | | |
| | 1,50 | | | | | | | | | | | |
| | 0,75 | 9,83 | 7,16 | | | 10,1 | 29,1 | 3,57 | 12,4 | 2,45 | 8,77 | 16,0 |
| | 0,88 | 12,8 | 10,4 | | | 12,5 | 36,4 | 5,17 | 18,0 | 2,05 | 11,8 | 21,4 |
| | 1,00 | 15,5 | 13,3 | | | 14,8 | 43,2 | 6,65 | 23,3 | 1,85 | 14,7 | 26,3 |
| | 1,13 | 18,6 | 19,2 | | | 19,2 | 58,3 | 9,62 | 47,4 | 0,830 | 18,2 | 28,7 |
| | 1,25 | 21,3 | 24,6 | | | 23,1 | 72,3 | 12,4 | 69,9 | 0,520 | 21,6 | 31,1 |
| EKO | 1,50 | 27,2 | 32,2 | | | 28,1 | 87,2 | 18,0 | 84,3 | 0,520 | 26,0 | 37,6 |
| EKO 135 | 0,75 | | | | | | | | | | | |
| | 0,88 | | | | | | | | | | | |
| | 1,00 | | | | | | | | | | | |
| | 1,13 | | | | | | | | | | | |
| | 1,25 | | | | | | | | | | | |
| | 1,50 | | | | | | | | | | | |

## 10.6 Verzeichnisse

### 10.6.1 Normen und Richtlinien

DIN 18 800, Stahlbauten
   Teil 1 Bemessung und Konstruktion (11/90);
   Teil 2 Stabilitätsfälle, Knicken von Stäben und Stabwerken (11/90);
DIN 18 807, Trapezprofile im Hochbau
   Teil 1 bis 3 (06/87); Stahltrapezprofile,
   Teil 6 bis 8 (09/95); Teil 9 Ausgabe (07/98) Aluminiumtrapezprofile
   und ihre Verbindungen,
DIN 1055, Lastannahmen für Bauten
   Teil 1 Eigenlasten von Bauteilen und Baustoffen (07/78)
   Teil 3 Verkehrslasten (06/71)
   Teil 4 Windlasten (08/86)
   Teil 5 Schneelasten (06/75); Teil 5 A1 Schneelastzonen (04/94)
DIN 59 231 Wellbleche – Pfannenbleche (04/53)
DIN 18 339, VOB Verdingungsordnung für Bauleistungen
   Teil C: Allgemeine technische Vertragsbedingungen für Bauleistungen (ATV), Klempnerarbeiten
DAST-Richtlinie 008 Richtlinie zur Anwendung des Traglastverfahrens im Stahlbau
   Stahlbau-Verlagsgesellschaft mbH, Köln 1973
DAST-Richtlinie 016 Bemessung und Konstruktive Gestaltung von Tragwerken aus dünnwandigen, kaltgeformten Bauteilen,
   Stahlbau-Verlagsgesellschaft mbH, Köln 1988
DIN-Mitteilung 74 Neues aus dem Normenwerk, NA Bauwesen (NA Bau)
   Heft 5(1995) S. 360
Stahl-Informations-Zentrum Düsseldorf, Merkblatt 190 Stehfalzdeckung
   1. Auflage 1996
Stahl-Informations-Zentrum Düsseldorf Merkblatt 267 Verbundträger im Hochbau
   4. Auflage 1991, Nachdruck 1997
DIBt-Veröffentlichung Grundlagen zur Beurteilung von Baustoffen, Bauteilen und Bauarten
   im Prüfzeichen- und Zulassungsverfahren, Fassung vom Mai 1986
DIBt-Veröffentlichung Grundsätze für den Nachweis der Standsicherheit von Trapezprofilen,
   Mitteilungen Heft 5 (1990) S. 169 ff.
DIBt-Veröffentlichung Saal, H., Erläuterungen zur Anpassungsrichtlinie zu DIN 4119,
   Mitteilungen Heft 4 (1994) S. 121 bis 125
DIBt-Veröffentlichung Anpassungsrichtlinie Stahlbau/Herstellungsrichtlinie Stahlbau,
   Mitteilungen Sonderheft 11/2, 3. Auflage 1998, Verlag Ernst & Sohn, Berlin
Berechnung von Bauteilen aus kaltgeformtem, dünnwandigem Stahlblech (deutsche Fassung)
   Light Gage Cold Formed Steel Design Manual.
   Verlag Stahl und Eisen, Düsseldorf 1976/77
European Convention for Constructional Steelwork (ECCS) – TC 7 – WG 7.4:
   Preliminary European Reccomendations for Sandwich Panels
Europäische Empfehlungen für die Ausbildung und Berechnung von Stahlprofilblech-Verbunddecken, Europäische Konvention für Stahlbau (EKS)
   EKS Rotterdam, Februar 1976
Verbundträgerrichtlinie (03/81)
   Erste ergänzende Bestimmungen zu den Verbundträger-Richtlinien (03/84):
   Dübelfestigkeit und Kopfbolzendübel bei Verbundträgern mit Stahltrapezprofilen.

Zweite ergänzende Bestimmungen (06/91):
Neufassung des Abschnitts 9 „Rißbreitenbegrenzung"

## 10.6.2 Zulassungen (Auswahl)

| | |
|---|---|
| Z-14.1-4 | Zulassungsbescheid Verbindungselemente zur Verwendung bei Konstruktionen mit „Kaltprofilen" aus Stahlblech – insbesondere mit Stahlprofiltafeln, DIBt Berlin (1981) 25. 07. 1990, laufend ergänzt und geändert, letzte Änderung 19. 03. 1998, Antragsteller: IFBS, Max-Planck-Str. 4, Düsseldorf |
| Z-14.1-137 | Hoesch Siegerlandwerke, Dachsystem, 2000 DIBt Berlin 06. 11. 98 |
| Z-10.4-150 | THYSSEN-thermodach®, THYSSEN-thermowand®, PUR-Sandwichelement für Dach und Wand, DIBt Berlin 04. 06. 1998 |
| Z-10.4-151 | Romanowski GmbH & Co, PUR-Sandwichelemente für Dach und Wand, DIBt Berlin 20. 04. 1998 Buttenwiesen-Thürheim |
| Z-10.4-152 | Hoesch-isowand, Hoesch-isodach, PUR-Sandwichelemente für Dach und Wand, DIBt Berlin 04. 02. 1997 |
| Z-10.4-166 | PAB GmbH, PUR-Sandwichelemente für Dach und Wand, DIBt Berlin 20. 02. 1998 Kreuztal-Eichen |
| Z-10.4-169 | DLW – Metecno GmbH, PUR-Sandwichelemente für Dach und Wand, DIBt Berlin 24. 03. 1998 Bietigheim-Bissingen |
| Z-10.4-170 | Haironville Profilbetrieb GmbH, PUR-Sandwichelemente für Dach und Wand, DIBt Berlin 15. 02. 1998 Straßburg |
| Z-10.4-179 | Fischer-Profil GmbH, PUR-Sandwichelemente für Dach und Wand DIBt Berlin 19. 06. 1998 Nepthen-Deuz |
| Z-14.1-355 | THYSSEN, Stahlkassettenprofiltafel-Konstruktion, DIBt Berlin (12/95) Änderung: 31. 07. 1998 |
| Z-14.1-381 | Haironville Profilbetrieb GmbH, Stahlkassettenprofiltafel-Konstruktionen, DIBt Berlin 31. 12. 1993 Straßburg |
| Z-14.1-386 | EKO Bauteile GmbH, Stahlkassettenprofiltafel-Konstruktionen, DIBt Berlin 13. 02. 96 Eisenhüttenstadt |
| Z-14.1-390 | Georg Wurzer Bauartikel, Stahlkassettenprofiltafel-Konstruktionen, DIBt Berlin 24. 08. 95 Affing |
| Z-14.1-392 | Fischer-Profil GmbH, Stahlkassettenprofiltafel-Konstruktionen, DIBt Berlin 11. 07. 95 |
| Z-14.1-394 | Hoesch, Stahlkassettenprofiltafel-Konstruktion, DIBt Berlin 16. 11. 1995 |
| Z-14.1-415 | Salzgitter AG, Stahlkassettenprofiltafel-Konstruktionen, DIBt Berlin 16. 02. 1998 |
| Z-26.1-4 | Holorib, Verbunddecke, DIBt Berlin (1996) |
| Z-26.1-20 | Hoesch, Verbunddecke, DIBt Berlin (11/92) |
| Z-26.1-32 | Hoesch, Verbunddecke, DIBt Berlin (01/93) |
| Z-9.1-262 | Nail Web, Nail-Web-Holzbauträger, DIBt Berlin 06. 08. 1991 |

## 10.6.3 IFBS-Veröffentlichungen und technische Informationen

IFBS (Institut zur Förderung des Bauens mit Bauelementen aus Stahlblech e. V., 40237 Düsseldorf, Max-Planck-Str. 4)

| | |
|---|---|
| IFBS | Richtlinie für die Prüfung von mechanischen Verbindungsmitteln für Stahlprofilblechkonstruktionen Teil A I, Ausgabe (11/72) |

| | |
|---|---|
| IFBS – INFO | IFBS-Verbindungsmittelkatalog (04/74) und nachfolgende Änderungen und Ergänzungen |
| IFBS – INFO | Lösungen mit Profil – Schallschutz, Wärmeschutz, Bauwerksanierung, Gestaltung – Besprechung zum Symposium des IFBS auf der Bau 80 München; Stahlbau 50 (1981) Seite 154–156 |
| IFBS – INFO | Stahltrapezprofil im Hochbau, Herausgeber Institut zur Förderung des Bauens mit Bauelementen aus Stahlblech e. V., Karl Krämer Verlag, Stuttgart 1980 |
| IFBS – INFO | Federolf, S., Konstruktiver Brandschutz von Dach und Wand bei der Verwendung von Stahltrapezprofilen und Sandwichelementen |
| IFBS – INFO | Brandverhalten von Stahl-Polyurethan-Sandwichelementen |
| IFBS – INFO 1.01 | Fryn, W., Stahltrapezprofiltafeln als tragende Konstruktion für einschalige Flachdächer |
| IFBS – INFO 1.03 | Richtlinie für die Planung und Ausführung zweischaliger, wärmegedämmter, nichtbelüfteter Metalldächer |
| IFBS – INFO 1.04 | Musterausschreibungstexte für Leistungsverzeichnisse – Dachdeckung (06/97) |
| IFBS – INFO 1.05 | Musterausschreibungstexte für Leistungsverzeichnisse – Dachschale Stahltrapezprofile |
| IFBS – INFO 1.08 | Musterausschreibungstexte für Leistungsverzeichnisse – Stahlbau-PUR-Sandwichdach |
| IFBS – INFO 3.01 | Stahlkassettenprofile für Dach und Wand |
| IFBS – INFO 3.02 | Stahltrapezprofile für Dach, Wand und Decke |
| IFBS – INFO 3.03 | Stahl-PUR-Sandwichelemente für Dach und Wand |
| IFBS – INFO 3.04 | Stahl-Sonderprofile für Dach, Wand und Decke |
| IFBS – INFO 3.07 | Stahltrapezprofile für Dach, Wand und Decke nach DIN 18 807, Grundlagen und Beispiele zur Bemessung |
| | Schwarze, K.; Kech., J., Bemessung von Stahltrapezprofilen nach DIN 18 807, Biege- und Normalkraftbeanspruchung |
| | Schwarze, K.; Kech, J., Bemessung von Stahltrapezprofilen nach DIN 18 807, Schubfeldbeanspruchung |
| IFBS – INFO 4.01 | Wärmeschutz und Dampfdiffusion beim Stahldach |
| IFBS – INFO 4.03 | Cziesielski, E., Stahlkassettenprofile, Bauphysikalisches Verhalten in Stahl-Wandsystemen |
| IFBS – INFO 4.04 | Lubinski, F., Dach- und Wandsysteme aus Stahl im Vergleich, bewertetes Schalldämmmaß $R'_w$ und mittlerer Wärmedurchgangskoeffizient $K_m$ |
| IFBS – INFO 6.02 | Brandschutz, Prüfungszeugnis F 30, Stahltrapezprofilwand |
| IFBS – INFO 6.03 | Brandschutz, Prüfungszeugnis F 90, Stahltrapezprofilwand |
| IFBS – INFO 6.04 | Brandschutz, Brandschutz W 90, Stahlkassettenprofilwand |
| IFBS – INFO 6.05 | Brandverhalten von Stahl-Polyurethan-Sandwichelementen |
| IFBS – INFO 6.06 | Jagdfeld, P., Verhalten von Stahl-PUR-Sandwichelementen im Naturbrandversuch |
| IFBS – INFO 6.07 | Konstruktiver Brandschutz von Dach und Wand bei der Verwendung von Stahltrapezprofilen und Sandwichelementen |
| IFBS – INFO 7.01 | Zulassungsbescheid Verbindungselemente zur Verwendung bei Konstruktionen mit Kaltprofilen aus Stahlblech, insbesondere mit Stahlprofiltafeln |
| IFBS – INFO 8.01 | Richtlinien für die Montage von Stahlprofiltafeln für Dach-, Wand- und Deckenkonstruktionen (07/97) |
| IFBS – INFO 9.01 | Verzeichnis der Hersteller-, Liefer- und Montagefirmen für Stahltrapezprofile, Stahlkassettenprofile, Stahlsandwichelemente (06/97) |

Katalog THYSSEN-Bausysteme GmbH, Dinslaken (01/88)

Katalog der Hoesch-Siegerlandwerke, Siegen (02/98)

Katalog Fischer-Profil GmbH, Netphen-Deuz (04/98)

Katalog EJOT-Baubefestigungen GmbH, Bad Laasphe (05/98)

## 10.6.4 Zeitschriften-Artikel: Anwendung , Konstruktion

Baehre, R.
   Profilbleche und Kaltprofile als Basis für mehrfunktionale Bausysteme
   Deutscher Stahlbautag 1980 , Fachsitzung V
Baehre, R.
   Raumabschließende Bauelemente
   Stahlbauhandbuch Bd.1 , Seite 867–905; Stahlbau-Verlag, Köln1982
Baehre, R.
   Entwicklungstendenzen und neue Anwendungsbereiche für dünnwandige Bauteile,
   Anwendung dünnwandiger, kaltgeformter Bauteile im Stahlbau, S. 89–113:
   Verlag Stahleisen, Düsseldorf 1984
Bode, H.
   Profilbleche für Geschoßdecken im Verbund mit Beton
   Deutscher Stahlbautag 1980, Fachsitzung V
Bornscheuer, E.
   Außenwand-Systeme mit großflächigen Elementen aus kunststoffbeschichtetem Stahlblech
   F + I Bau Heft 4/1976
Bryan, E. R.
   Wand-, Dach- und Deckenscheiben im Stahlhochbau
   Bauingenieur 50 (1975) S. 341–346
Eggert, H. und Kanning, W.
   Feinbleche aus Stahl für ebene Dächer
   Bauingenieur 54 (1979) S. 165–175
Holz, R.; Kniese, A.
   Stahltrapezprofile mit Obergurtbefestigung
   Bauingenieur 57 (1988) S. 71–79
   Als Literatur sind 10 unveröffentlichte Gutachten und Versuchsberichte der Universität
   Karlsruhe angegeben.
Jungbluth, O.; Berner, K.
   Sandwichbauteile für Dach und Wand (auch mit Stahltrapezprofilen)
   Deutscher Stahlbautag 1980, Fachsitzung V
Jungbluth, O.
   Optimierte Verbundbauteile
   Stahlbauhandbuch Band 1, Seite 907–942; Stahlbauverlag Köln 1982
Klippstein, K. H.; Wallin, L.; Reinitzhuber, F.
   Andere Länder – andere Sitten, Bauen mit Stahlprofilblechen im Vergleich USA – Schweden
   – Deutschland
   Symposium des IFBS auf der Constructa, Hannover 1978
Kniese, A.
   Wandelemente aus Stahlblech
   Zentralblatt für Industriebau Heft 3/1975; Curt Vincentz-Verlag Hannover
Kniese, A.; Holz, R.
   Stahltrapezprofile,
   Industriebau 3/1992, S. 214–227

Kohl, F. W.
  Die Verwendung von feuerverzinktem Feinblech für Dach, Decke und Wand
  Stahlbau 42 (1973), S. 299–309
Koppenhöfer, A.
  Elementiertes Bauen in Stahl, Möglichkeiten und Herausforderung – Gedanken zur Anwendung
  Deutscher Stahlbautag 1980, Fachsitzung V
Kurz, W.
  Flachdecken und Anschlußtechniken im Verbundbau
  Der Prüfingenieur 1997
Ross, A.,
  Leichtdeckenkonzeption mit großen, freien Stützweiten in der Betonierphase im Stahlverbundbau
Seghezzi, H.-D.; Beck, F.; Thurner, E.
  Profilblechbefestigung mit Setzbolzen – Grundlagen und Anwendung
  Stahlbau 47 (1978) S. 225–233
Spengart, E.
  Bauen mit dünnwandigen Elementen
  Deutscher Stahlbautag 1980, Fachsitzung V
Stamm, K.
  Sandwichelemente mit metallischen Deckschichten als Wandbauplatten im Bauwesen
  Stahlbau 53 (1984) S. 135–141
Stamm, K.
  Sandwichelemente mit metallischen Deckschichten als Dachbautafeln im Bauwesen
  Stahlbau 53 (1984) S. 231–236
Touchard, R.
  Wellbleche, moderne Bauelemente mit genormter Tragfähigkeit
  Deutscher Verzinkerei Verband e. V. Düsseldorf (12/88)

## 10.6.5 Zeitschriften-Artikel: Forschung, Entwicklung

Baehre, R.; Berggren, L.
  Hopfogning av tunnväggiga stalkonstruktioner
  1. Rapport fran Byggforskningen 4; Svensk Byggtjänst, Stockholm 1969
Baehre, R.; Berggren, L.
  Hopfogning av tunnväggiga stalochaluminiumkonstruktioner,
  2. Rapport fran Byggforskningen R 30; Svensk Byggtjänst, Stockholm 1971
Baehre, R.; Berggren, L.
  Tunnplatsförband,
  Byggforskningen informationsblad B 14; Svensk Byggtjänst, Stockholm 1971
Baehre, R.
  Scheibenwirkung von trapezprofiliertem Blech, Publikation über das Forschungsvorhaben der KTH, Stockholm 1974
Bryan, E. R.; Jackson, P.
  The Shear Behavior of corrugated Steel Sheeting,
  Symposium: Thin Walled Steel Structures, Swansea 1967
Gong, F.
  Beitrag zur Beurteilung der Begehbarkeit von dünnwandigen Stahltrapezprofiltafeln
  Dissertation, Karlsruhe 1995
Klee, S. ; Seeger, T.
  Schwingfestigkeitsuntersuchung an Profilblechbefestigungen mit Setzbolzen
  Stahlbau 42 (1973) S. 309–318

Klöppel, K.; Reinsch, W.
   Grundlagenversuche an Robertsontrapezblechen
   Bericht 13/67 des Instituts für Statik und Stahlbau der TH Darmstadt 1967
Klöppel, K.; Reinsch, W.
   Schraubenverbindungen mit Gewindeschneidschrauben AM $8 \times 25$ DIN 7513
   Bericht 3/68 des Instituts für Statik und Stahlbau der TH Darmstadt 1968
Klöppel, K.; Reinsch, W.
   Punktschweißverbindungen auf gestrichenen Trägern
   Bericht 2/69 des Instituts für Statik und Stahlbau der TH Darmstadt 1969
Klöppel, K.; Reinsch, W.
   Versuche an pfannenförmigen Stahlelementen
   Bericht 2/70 des Instituts für Statik und Stahlbau der TH Darmstadt 1970
Klöppel, K.; Reinsch, W.
   Automatisch hergestellte Punktschmelzschweißverbindungen
   Bericht 9/70 des Instituts für Statik und Stahlbau der TH Darmstadt 1970
Klöppel, K.; Reinsch, W.
   Befestigungsmittel für Trapezbleche aus Aluminium
   Bericht 9/70 des Instituts für Statik und Stahlbau der TH Darmstadt 1970
Lehmann, R.; Schmidt. H.
   Stahlprofildecken mit Aufbeton – Brandverhalten ohne zusätzliche Brandschutzmaßnahmen
   Abschlußbericht zum Projekt P 86 der Studiengesellschaft für Anwendungstechnik von Eisen und Stahl BMFT, Förderkennziffer BAV 6004/ Akt. 2.7 Stuttgart FMPA Baden Württemberg 1984
Lindner, J.
   Drehbettungswerte für Dacheindeckungen mit unterlegter Wärmedämmung, laufendes Forschungsvorhaben P 134, Studiengesellschaft für Anwendungstechnik von Eisen und Stahl e. V., Düsseldorf 1987
Lindner, J.; Gergull, T.
   Drehbettungswerte für Dachdeckungen mit untergelegter Wärmedämmung, Abschlußbericht P 134 Studiengesellschaft für Anwendungstechnik, Düsseldorf 1988
   Stahlbau 58 (1989) S. 173–179
Lindner, J.
   Stabilisierung von Trägern durch Trapezbleche
   Stahlbau 56 (1987) S. 9–15
Lindner, J.
   Stabilisierung durch Drehbettung – eine Klarstellung
   Stahlbau 56 (1987) S. 365–373
Lindner, J.; Groeschel, F.
   Drehbettungswerte für die Profilbefestigung mit Setzbolzen bei unterschiedlich großen Auflasten
   Stahlbau 65 (1996) S. 218–224
Lindner, J.; Kurth, W.
   Drehbettungswerte bei Unterwind
   Bauingenieur 55 (1980) S. 365–369
Rockey, K. C.; Evans, H. R.
   The Behaviour of corrugated Flooring Systems
   Symposium: Thin Walled Steel Structures, Swansea 1967
Rubin, H.
   Beul-Knick-Problem eines Stabes unter Druck und Biegung
   Stahlbau 55 (1986) S. 79–86

Schardt, R.; Strehl, C.
   Theoretische Grundlagen für die Bestimmung der Schubsteifigkeit von Trapezblechscheiben – Vergleich mit anderen Berechnungsansätzen und Versuchsergebnissen
   Stahlbau 45 (1976) S. 97–108 und S. 256
Schwarze, K.; Berner, K.
   Temperaturbedingte Zwängungskräfte in Verbindungen bei Konstruktionen mit Stahltrapezprofilen
   Stahlbau 57 (1988) Seite 103–114
Seeger, T.
   Querzugversuche an Blechbefestigungen mit Hilti-Profilblechnägeln auf Stahlunterlage, Bericht 10/72 des Instituts für Statik und Stahlbau der TH Darmstadt 1972
Seeger, T.
   Auszugsversuche an Blechbefestigungen mit Hilti-Profilblechnägeln auf Stahlunterlage, Bericht 11/72 des Instituts für Statik und Stahlbau der TH Darmstadt 1972
Seeger, T.
   Überzugsversuche an Blechbefestigungen mit Hilti-Profilblechnägeln auf Stahlunterlage, Bericht 12/72 des Instituts für Statik und Stahlbau der TH Darmstadt 1972
Seeger, T.; Klee, S.
   Schwingfestigkeitsversuche an Profilblechbefestigungen mit Hilti-Profilblechnägeln
   Bericht 13/73 des Instituts für Statik und Stahlbau der TH Darmstadt 1973
Seeger, T.; Klee, S.
   Schwingfestigkeitsversuche an Profilblechbefestigungen mit Hilti-Profilblechnägeln unter Querzug- und kombinierten Längszug-/Querzugbelastungen
   Bericht 1/74 des Instituts für Statik und Stahlbau der TH Darmstadt 1974
Unger, B.
   Ein Beitrag zur Ermittlung der Traglast von querbelasteten Durchlaufträgern mit dünnwandigem Querschnitt, insbesondere von durchlaufenden Trapezblechen für Dach und Geschoßdecke
   Stahlbau 42 (1973) S. 20–24

### 10.6.6 Zeitschriften-Artikel: Nachweisführung

Baehre, R.
   Zur Schubfeldwirkung und -bemessung von Kassettenkonstruktionen
   Stahlbau 56 (1987) S. 197–202
Baehre, R.; Bucà, J.
   Die wirksame Breite des Zuggurtes von biegebeanspruchten Kassetten
   Stahlbau 55 (1986) S. 276–285
Baehre, R.; Bucà, J.
   Ein Berechnungsverfahren zur Beurteilung der Begehbarkeit von Trapezprofilen, Stahlbau 58 (1989) S. 17–21
Baehre, R.; Bucà, J.
   Der Einfluß der Schubsteifigkeit der Außenschale auf das Tragverhalten von zweischaligen Dünnblech-Fassadenkonstruktionen
   Bauingenieur 68 (1993) S. 27–34
Baehre, R.; Bucà, J.; Egner, R.
   Empfehlungen zur Bemessung von Kassettenprofilen
   Festschrift Prof. Dr.-Ing. R. Schardt zum 60. Geburtstag
   Bd. 51 der TH Darmstadt – Schriftenreihe Wissenschaft und Technik (1990)

Baehre, R.; Fick, F.
   Berechnung und Bemessung von Trapezprofilen – mit Erläuterungen zur DIN 18 807
   Berichte der Versuchsanstalt für Stahl, Holz und Steine Universität Karlsruhe
   4. Folge; H. 7/1982
Baehre, R.; Huck, G.
   Zur Berechnung der aufnehmbaren Normalkraft von Stahltrapezprofilen nach
   DIN 18 807 Teil 1 bis 3
   Stahlbau 59 (1990) S. 225–232
Baehre, R.; Wolfram, R.
   Zur Schubfeldberechnung von Trapezprofilen
   Stahlbau 55 (1986) S. 175–179
Eggert, H.
   Anmerkung zur Neufassung der Anpassungsrichtlinie Stahlbau
   Stahlbau 68 (1999) Heft 2
Federolf, S.; Schwarze, K.
   Trapezbleche als Durchlaufträger, Allgemeine Traglastberechnung, unveröffentlichte
   Arbeit für die Einführung des Traglastverfahrens in die Zulassung (1980)
Federolf, S.
   Stahltrapezprofile für Dach, Wand, Decke – Einige Grundlagen und Beispiele zur
   Dimensionierung
   Stahlbau 51 (1981), S. 321–327 und S. 363–372
Gerold, W.
   Zur Frage der Beanspruchung von stabilisierenden Verbänden und Trägern
   Stahlbau 32 (1963) S. 278–281
Heil, W.
   Stabilisierung von biegedrillknickgefährdeten Trägern durch Trapezblechscheiben
   Stahlbau 63 (1994) S. 169–178
Großberndt, H.; Kniese, A.
   Untersuchung über Querkraft- und Zugkraftbeanspruchungen sowie Folgerungen über
   kombinierte Beanspruchungen von Schraubenverbindungen bei Stahlprofilblechkon-
   struktionen.
   Stahlbau 44 (1975), S. 289–300 und S. 344–351
Lindner, J.
   Stabilisierung durch Drehbettung – eine Klarstellung
   Stahlbau 56 (1987) S. 365–373
Lindner, J.; Groeschel, F.
   Drehbettungswerte für die Profilbefestigung mit Setzbolzen bei unterschiedlich großen
   Auflasten
   Stahlbau 65 (1996) S. 218–224
Lindner, J.; Kurth, W.
   Drehbettungswerte bei Unterwind, Versuchsbericht VR 2021 des Institutes für Baukon-
   struktionen und Festigkeit der TU Berlin, Berlin 1979
   Bauingenieur 55 (1980) S. 365–369
Lindner, J.
   Stabilisierung von Trägern durch Trapezbleche
   Stahlbau 56 (1987) S. 9–15
Klee, S.; Seeger, T.
   Vorschlag zur vereinfachten Ermittlung von zulässigen Kräften für Befestigungen von
   Stahltrapezblechen
   Veröffentlichung des Instituts für Statik und Stahlbau der TH Darmstadt, H. 33,
   Darmstadt 1979

Oxfort, J.
  Zur Kippstabilisierung stählerner I-Dachpfetten mit Imperfektionen in geneigten Dächern bis zum Erreichen der plastischen Grenzlast durch die Biege- und Schubsteifigkeit der Dacheindeckung
  Stahlbau 45 (1976) S. 307–311 und S. 365–371
Schardt, R.
  Berechnungsgrundlagen für dünnwandige Bauteile,
  Stahlbauhandbuch Band 1, S. 715–738, Stahlbau-Verlag, Köln 1982
Schardt, R.
  Besonderheiten des Tragverhaltens dünnwandiger Querschnitte, Berechnungsgrundlagen, Anwendung dünnwandiger kaltgeformter Bauteile im Stahlbau, S. 40–68
  Verlag Stahleisen, Düsseldorf 1984
Schardt, R.; Schrade, W.
  Bemessung von Dachplatten und Wandriegeln aus Kaltprofilen
  Forschungsberichte des Ministers für Landes- und Stadtentwicklung des Landes Nordrhein-Westfalen, TH Darmstadt 1981
Schardt, R.; Strehl, C.
  Stand der Theorie zur Bemessung von Trapezblechscheiben
  Stahlbau 49 (1980) S. 325–334
Schmidt, H.
  Stahltrapezprofildecken – Bemessung und Brandschutz
  Stahlbau 53 (1984) S. 295–299
Schwarze, K.
  Numerische Methoden zur Berechnung von Sandwichelementen
  Stahlbau 53 (1984) S. 363–370
Schwarze, K.
  Bemessung von Stahltrapezprofilen nach DIN 18 807 unter Beachtung der Anpassungsrichtlinie Stahlbau
  Bauingenieur 73 (1998) S. 347–356
Schwarze, K.; Kech, J.
  Bemessung von Stahltrapezprofilen nach DIN 18 807, Biege- und Normalkraftbeanspruchung
  Stahlbau 59 (1990) S. 257–267 und IFBS – INFO 3.07
Schwarze, K.; Kech, J.
  Bemessung von Stahltrapezprofilen nach DIN 18 807, Schubfeldbeanspruchung
  Stahlbau 60 (1991) S. 65–76 und IFBS – INFO 3.07
Steinhardt, O.; Einsfeld, U.
  Trapezblechscheiben im Stahlhochbau, Wirkungsweise und Berechnung
  Bautechnik 47 (1970) S. 331–335
Tschersich, M.
  Stahltrapezprofile unter Biegebeanspruchung, Berechnungsschemata und Anwendungsbeispiele
  Diplomarbeit im FB Stahlbau der HTWK Leipzig (FH) 1998 (unveröffentlicht)

## 10.6.7 Monographien

Bode, H.
  Verbundbau
  Werner Verlag, Düsseldorf 1987
Bode, H.
  Euro-Verbundbau, Konstruktion und Berechnung
  2. Auflage, Werner Verlag, Düsseldorf 1998

Hünersen, G.; Fritzsche, E.
    Stahlbau in Beispielen, Berechnungspraxis nach DIN 18 800 Teil1 bis Teil 3
    4. Auflage, Werner Verlag, Düsseldorf 1998
Jungbluth, O.
    Verbund- und Sandwichtragwerke
    Springer Verlag, Berlin/Heidelberg/New York/Tokio 1986
Kahlmeyer, E.
    Stahlbau nach DIN 18 800 (11.90), Bemessung und Konstruktion; Träger, Stützen, Verbindungen,
    1. Auflage, Werner Verlag, Düsseldorf 1993
Krüger, U.
    Stahlbau, Teil 2 – Stabilitätslehre, Stahlhochbau und Industriebau
    Ernst & Sohn, Köln/Berlin 1998
Lindner, J; Scheer. J.; Schmidt, H.
    Stahlbauten, Erläuterungen zu DIN 18 800 Teil 1 bis Teil 4
    2. Auflage, Beuth/Ernst & Sohn, Köln/Berlin 1994
Petersen, C.
    Statik und Stabilität der Baukonstruktionen
    2. Auflage, Verlag Vieweg & Sohn, Braunschweig/Wiesbaden 1982
Petersen, C.
    Stahlbau – Grundlagen der Berechnung und baulichen Ausbildung von Stahlbauten
    2., verbesserte Auflage, Verlag Viehweg & Sohn, Braunschweig/Wiesbaden 1990
Roik, K.; Carl, J.; Lindner, J.
    Biegetorsionsprobleme gerader, dünnwandiger Stäbe
Schwarze, K.; Lohmann, F.A.
    Konstruktion und Bemessung von Dach und Wandflächen aus Stahl
    Stahlbaukalender 1999, Kapitel 4, Verlag Ernst & Sohn, Berlin 1999
Stamm, K.; Witte, H.
    Sandwichkonstruktionen
    Springer Verlag, Wien/New York 1974
Zenkert, D.
    The Handbook of Sandwich Construction EMAS, Cradley Heath 1997

# Stichwortverzeichnis

Abdeckblech 107
Abladen 157
Abnahme 163
Abscherbeanspruchung 113
Abstände der Verbindungselemente 104, 168
Anforderungen an die Unterkonstruktion 101
Angaben für Verlegung 159
Anpassarbeiten 162
Anpassungsrichtlinie 50, 58, 66, 229, 233
Anschlußsteifigkeit 78
Arbeitsschutz s. Sicherheitsregeln
Attika 120, 123, 126, 132, 135
Auffangnetze 164
Auflagerbreiten 101, 158
Auflagerung 101
Ausgangsmaterial 2
Auskleidungen 162
Ausknöpfen 114
Auskragende Trapezprofile 106
Auswechselungen 65, 132

Bandbelastung $q_R$ 45
Bandbeschichtung 4, 48
Bandbeschichtungssysteme 48
Bandverzinkungsanlage 2, 3
Bauausführung (Hinweise) 157
Baulicher Brandschutz 34
– bei Decken 42
– bei Dächern 36
– bei Sandwichkonstruktionen 45
– bei Wänden 44
– Einordnung nach DIN 4102 Teil 4   36
– Form der Dächer 169
– Forderungen der Bauaufsicht 34
– Konstruktion der Dächer 172
Bauphysikalische Grundlagen 17
Baustoffklasse 34
Bauteil I u. Bauteil II 97, 100
Beanspruchbarkeiten, $R_d$ 52, 57
Beanspruchung auf Biegung 67
Beanspruchung auf Biegung mit Normalkraft 67
Beanspruchungen, $S_d$ 52, 57
Befestigung 131, 162
Begehbarkeit 159, 162
Begriffe 9, 50
Belüftung 127
Belüftungsraum 25
Bemessungsgrundlagen 50

Bemessungshilfsmittel 96
Bemessungskonzept 2, 56
Bemessungsprogramm 96
Bemessungswerte 50, 56
Berufsgenossenschaft 159
Berührungsflächen 132
Beschichtung 5
Betonauflage 11
Betonfüllung 145
bewertetes Schalldämmaß 32
Bezeichnungen 9
Biegedrillknickmoment 81
Blindniete 13, 98, 99, 115, 207
Blindnietwerkzeug 116
Blitzschutz 46
Bogendächer aus Stahltrapezprofilen 8, 169
Bogenlänge 169, 171
Bohrmaschine 115
Bohrschrauben 13, 98, 100, 115, 212
Bohrspäne 163
Bolzenschußwerkzeug 116
Brandausbreitung 34
Brandschutzbekleidung 41, 44
Brandschutzplatten 36, 42
Brandverhalten 34

Charakteristische Werte 51, 56, 78, 233, 237
Coil Coating Anlage 4, 48

Dachgully 123
Dachabdichtung 121
Dachentwässerung 25
Dachkonstruktionen 118
Dachneigung 127
Dachöffnungen 132
Dampfdiffusion 27
Dampfsperre 9, 21, 29, 121
Deckenkonstruktionen mit Stahlblech-
   profiltafeln an der Unterseite 143
Dehnfuge 60, 159
Diffusionswiderstand 24
Distanzkonstruktionen 10
Distanzprofil 27, 120, 127, 131
Doppelfalzsystem 175
Drehachse 75, 77, 80
Drehbettung 75
Drehbettungsanteil 79
Drehbettungsbeiwert $k_\vartheta$ 80
Dünnbeschichtung 49

Dübel 159
Duplex-System 5, 48
Durchbiegungsbegrenzung 64
Durchbrüche 60
Durchstanzen 114

effektives Trägheitsmoment 63
Eigenlasten 61, 145
Einbrennlackierung 4
Einfassungen von großen Dachöffnungen 132, 140
Einsatzbereiche der Verbindungsmittel 99
Einwirkungen 50, 59, 62
Einzellastverteilung 69, 162
Elektroschrauber 115
Endauflager 58, 158, 237
Endauflagerbreite 101, 133
Endauflagerkraft 58, 235
Endverankerung 12, 147
entflammbar 44, 46
Entlüftung 127
erhöhte Windsoglasten 63
Erzeugnisherstellung 1
Etikett 157

Fallrohr 25
Feldmoment 58, 235
Feuchteschutz 20, 24
feuerhemmend 44
Feuerwiderstandsdauer 35
Feuerwiderstandsklasse 34, 35
Firmen 176
First 119, 124, 125, 135
Firstoberlicht 126
Forderungen der Bauaufsicht 34, 35
Formelzeichen 50, 52, 56

Gebäudehülle 117
Gebrauchstauglichkeit 66, 234, 237
Geschichtliches 1
Gestaltungsmerkmale 118
Gesundheitsschutz 163
gewindefurchende Schraube 98, 100, 116
Gewindeschneidschraube 98
Grenzstützweiten 66
Grenzzustände 52, 66
Grundmaterial 5

Haftverbund 12
Herstellängen 7
Hersteller 176, 195

Herstellung 6
Hinterlüftung 25, 127
hinterschnittene Profile 145
Holorib 147, 156
Holorib-Elemente 146, 155
Holzbauträger mit Stahlsteg (Nail-Web-Träger) 165
– Anwendung der Träger 167
– Berechnung von Holzträgern mit Stahlkern 168
– Form der Träger 165
– Herstellung der Träger 166
Holzschrauben 116
Hoesch-isodach 138
Hoesch-isorock 136

IFBS-Veröffentlichungen 241
Imperfektionen 59
Industrieverband zur Förderung des Bauens mit Stahlblech (IFBS) 1, 96, 164, 176
Instandhaltung 164
Interaktion 66
Interaktion am Auflager 231
Interaktionsformel 230
Interaktionsnachweis für Verbindungsmittel 112
Interaktionsparameter 58, 237

Jahrestemperaturen 23

Kaltdach – einschalig, ungedämmt 119
Kaminwirkung 46
Kantenschutzwinkel 157
Karman'sche Formel 59
Kataloge 249
Kehlrinnenausbildung 174
Klappergeräusche 132
Kombinationsbeiwerte 51
kombinierte Beanspruchung 110
Kondensatbildung 27
Kontianlage für SPS-Elemente 9
konstruktive Besonderheiten 132
konstruktive Gestaltung 117
Kontakt 132
Kontrollen 158
Korrosionsschutz 2, 5, 22, 47, 169
Korrosionsschutzklassen 47
Korrosionsschutzsysteme 48
Körperschall 29
Körperschalldämmung 29
Kunststoffauflage 5

Kunststoffbeschichtung 4, 169

Längsbeanspruchung, Zug 110
Längsrand 60, 104
Längsüberdeckung 129
Lagern 157
Lagesicherheit 56
Lasteinleitung 87
Lastverteilung 69
Lichtbänder 173
Lichtkuppel 119, 122, 126, 159, 173
Lieferfirmen 176
Lieferlänge 140, 159
Lochrandfließen 112
Lüftung 28
Luftfeuchtigkeitsdiagramm 26
Luftschalldämmung 28

mechanischer Verbund 12, 147
Metalldachdeckung 174
Mindestauflagerarbeiten 158
Mineralfaserdämmung 28
Montage 159
Montageablauf der Falzung 175
Montagerichtung 159
Monographien 254

Nachgiebigkeit 168
Nachweise 54
Nachweisführung für Verbindungselemente 109
Nachweisschema – Beanspruchung auf Biegung 67
Nachweisschema – Beanspruchung auf Biegung mit Normalkraft 67
Nachweisschema als Schubfeld 88
Nachweisschema Dampfsperre 22
Nachweisschema für Träger, die durch STP-Tafeln stabilisiert werden (Drehbettung) 76
Nachweisverfahren 54
Nietwerkstoff 100
Noppen 145
Normen 246

Öffnungen in Verlegeflächen 60, 65, 107, 109, 159, 164
Ortgang 119, 122, 124, 132, 135, 173

Plattenbandanlage 8
Profilbzeichnung 7

Profilfüller 10
Profilierungsschritte 6
Profillage 60
Profilprogramm 7
Profilverformung 79
Profilwahl 60
[PE-Profile, parallelflanschig 205

Querbeanspruchung, Schub 110
Querbelastung 66, 87
Querrand 87, 104
Querschnittsgrößen 235
Querstoß 15, 121, 125, 158
Querüberdeckung 129
Querverteilung 106

Randausbildung 105
Regelprofile 171
Reibungsverbund 12, 147
Reststützmoment 58, 66, 235 237
Richtlinien 246
Rinnenquerschnitt 26
Rohrdurchführung 123
Rollformanlage 6

Sandwich-Elemente siehe SPS
Schallabsorptionsgrad $\alpha$ 30
Schalldämmaß 32
Schalldämmaß $R$ 28
Schallschluckgrad 30
Schallschluckung 29
Schallschutz 28
Schallschutzmaßnahmen 28
Scheibendurchmesser 78
Schneidarbeiten 162
Schnittflächen 162
Schrauben 13, 98, 100, 115, 212
Schubfeld (Berechnung siehe Nachweisverfahren) 7, 64, 87, 115, 159
Schubfeldlänge 236
Schubfeldwerte 87, 236
Schubfeldwirkung 159
Schubfluß 87, 169
Schutzbahnen 10
Schwächungen 108
Schweißverbindungen 101
Sechskant-Blechschraube 98
Sechskant-Holzschraube 98
selbstbohrende Schraube 98
Setzbolzen 13, 98, 100, 112, 227
Sicken 29, 41, 59, 145

Sicherheit 163
Sicherheitsfaktor 151
Slim-floor-Bauweise 143
Sollbruchstelle 100
Sonderkonstruktionen 8, 36, 165
Spannrichtung 108
Stabilisierungskräfte 94
Stahlbezeichnung 3
Stahlblech 2
Stahlkassettenprofil (SKP), 1, 6, 12, 14, 131, 176, 190
Stahl-PUR-Sandwichelemente für Dach und Wand (SPS) 1, 8, 12, 15, 45, 133, 157, 176, 195
Stahltrapezprofile (STP) 6, 12, 31, 36, 60 f., 75 f.
Stegkrüppeln 59
Stehfalzsystem 1, 174
Stützweite 63, 131, 138, 237,

Taupunkt 27
Tauwasser 25
Tauwasserausfall 25
Teilsicherheitsbeiwerte 51, 54, 56, 66, 110, 229, 232
Temperaturdifferenz 63
thermische Trennstreifen 10
Thermodach 138
THYSSEN-Thermodach 138
Tonnengewölbe 173
Tragsicherheitsnachweis 66
Tragverhalten 59
Trägerstabilisierung 76
Trägerwellblech 173
Transport 157
Trapezprofillage 78
Traufe 119, 122, 124, 135, 172
Typenblätter 57, 66, 87, 96, 234

Überdeckung 13, 106
Überdeckungslängen 106
Überlauf 63
Unfallverhütungsvorschriften 164
Unterkonstruktionen 13, 60, 65, 97, 100, 104, 115, 118, 158, 172
Unterschalen 9
Ursachen 50

VBG (Verordnung der Berufsgenossenschaft) 163
Verbindungen 97

Verbindungselemente 13, 87, 90, 97, 131, 205
– Abstände 90, 104
– Anwendung 98
– Beanspruchungsarten und Nachweisführung 109
– Bedarf 115
– Blindniete 99, 115, 207
– Schrauben 100, 115, 212
– Schweißverbindungen 101
– Setzbolzen 100, 115, 227
Verbindungsmittelbedarf 115
Verbundarten 148
Verbunddecke 11, 145
Verbundsicherung 147
Verformungsbegrenzung 143
Verformungsbehinderung s. Drehbettung
Verlegeplan 107, 158, 159, 161
Verlegevorgang 162
– Abnahme nach der Verlegung 163
– Kontrollen vor der Verlegung 158
– Voraussetzungen zur Verlegung 159
Verlorene Schalung 11, 144
Veröffentlichungen 241
Versagensart 112, 149
Versandeinheit 157
Versteifungselemente 60
Verzeichnis der Hersteller und Lieferfirmen 176
– Stahlkassettenprofile 190
– Stahltrapezprofile 179
– Stahl-PUR-Sandwichelemente 195
Verzinkung 2, 5, 48
VOB (Verdingungsordnung f. Bauleistungen) 25, 158, 164


Wärmebrücken 27
Wärmedämmung 7, 9, 17, 21, 25, 131
Wärmedurchgangskoeffizient $k_m$ 18, 195
Wärmedurchlaßwiderstand 17, 23, 195
Wärmeleitfähigkeit 17
Wärmeschutz 17
Wärmeschutzverordnung 17, 27
Wärmeübergangswiderstand 18
Wandkonstruktionen – doppelschalig, wärmegedämmt 131
Wandkonstruktionen – einschalig, ungedämmt 128
Wandkonstruktionen – einschalig, wärmegedämmt 128
Warmdach – doppelschalig, Wärmedämmung 121

Warmdach – doppelschalig, Wärmedämmung und Hinterlüftung (Kaltdachprinzip) 127
Warmdach – einschalig, Wärmedämmung außen 120
Warmdach – einschalig, Wärmedämmung innen 120
Wasserdampfdiffussionswiderstandszahl $\mu$ 21
Wassersackbildung 63
Werkstoff 2, 229
Werkzeuge 115
Widerstand 50
Widerstandsgrößen 50, 52, 56, 66, 233 ff.
Widerstandsgrößen 58, 235
Widerstandspunktschweißen 99
Windsogspitzen 62

wirksame Breite 59
Wirkungen der Profilierung 59

Zeitschriften-Artikel 249
– Anwendung, Konstruktion 249
– Forschung, Entwicklung 250
– Nachweisführung 252
Zinküberzug 2, 175
Zugbeanspruchung 110, 114
zulässige Stützweiten 63, 136 ff.
Zulassungen 8, 97, 110, 159, 166, 168, 247
Zulassungsbescheid 110, 205
Zusammenbau 133
Zwängungsbeanspruchung 63
Zwischenauflager 136 ff., 158
Zwischenauflagerbreite 101, 141, 142

# Schneiders Bautabellen in Neuauflage

**Schneider (Hrsg.)**
**Bautabellen für Architekten**
mit Berechnungshinweisen und Beispielen
*WIT, 14., neubearbeitete und erweiterte Auflage 2000. Etwa 1080 Seiten 14,8 x 21 cm, gebunden mit Daumenregister,*
**DM 72,–/öS 526,–/sFr 72,–**
*ISBN 3-8041-4183-8*
*Erscheint voraussichtlich im November 2000.*

**Schneider (Hrsg.)**
**Bautabellen für Ingenieure**
mit Berechnungshinweisen und Beispielen
*WIT, 14., neubearbeitete und erweiterte Auflage 2000. Etwa 1300 Seiten 14,8 x 21 cm, gebunden mit Daumenregister, inkl. CD-ROM*
**DM 92,–/öS 672,–/sFr 92,–**
*ISBN 3-8041-4184-6*
*Erscheint voraussichtlich im November 2000.*

**S**chneiders Bautabellen, seit vielen Jahren das Standardwerk für jeden Architekten und jeden Bauingenieur, sind wieder auf dem aktuellen Stand der nationalen und europäischen Vorschriften. Auch neueste bautechnische Entwicklungen wurden umfassend berücksichtigt.

**Neu in dieser Auflage u.a.:**

- DIN 1045-neu
- Holzschutz
- Sandwichplatten
- Feinkornbaustähle

Postfach 105354 • 40044 Düsseldorf
Tel. (02 11) 3 87 98-0 • Fax 38 31 04    Erhältlich im Fachbuchhandel oder beim Verlag.

# Stahlbau

Kahlmeyer
*Stahlbau nach
DIN 18 800 (11.90)*
Bemessung und Konstruktion
Träger – Stützen –
Verbindungen
3., korrigierte Auflage 1998.
320 Seiten 17 x 24 cm,
kartoniert
DM 58,–/öS 423,–/sFr 58,–
ISBN 3-8041-4938-3

Das Buch behandelt die Bemessung und Konstruktion von Grundelementen des Stahlbaus nach den Normen DIN 18 800 Teil 1 und Teil 2 vom November 1990.

In vier Hauptteilen finden Sie für die Praxis bestimmte Informationen zu den Themen:

- Berechnung der Vollwandträger bis zur Biegedrillknickuntersuchung
- Gestaltung und Berechnung von Stützen
- Schweiß- und Schraubenverbindung
- Beispiele zur Konstruktion und Berechnung von Verbindungen

Detaillierte Beispiele erläutern die Berechnungsansätze für Träger und Stützen.

*Zu beziehen
über Ihre Buchhandlung
oder direkt beim Verlag*

Postfach 10 53 54 · 40044 Düsseldorf
Telefon (02 11) 3 87 98-0 · Telefax (02 11) 38 31 04